Android 应用设计与开发 第2版

基于 Android Studio 开发环境

Building
Android App
Using Android Studio

胡敏 黄宏程 李冲 编著

人 民 邮 电 出 版 社
北 京

图书在版编目（CIP）数据

Android移动应用设计与开发 ：基于Android Studio
开发环境 / 胡敏，黄宏程，李冲编著. -- 2版. -- 北京：
人民邮电出版社，2017.4
（移动开发人才培养系列丛书）
ISBN 978-7-115-44780-7

Ⅰ. ①A… Ⅱ. ①胡… ②黄… ③李… Ⅲ. ①移动终
端—应用程序—程序设计 Ⅳ. ①TN929.53

中国版本图书馆CIP数据核字(2017)第032285号

内容提要

本书以一个完整的案例来讲述移动应用的开发过程，并将其功能需求穿插到书中各章节，系统生动地阐述各个知识点，最终引领读者构建一款完整的移动应用产品。全书共分 12 章，涵盖 Android 开发基础知识、基本原理、项目设计和 Android 新技术。内容组织上由易到难，由设计到研发，讲述了一个完整的移动应用项目，层层递进，力图使初学者能够快速入门。

本书可作为高等院校理工科各专业本科生相关课程的教材，也可作为开发人员或软件实践者自学和提高的参考书。

◆ 编　　著　胡　敏　黄宏程　李　冲
　责任编辑　刘　博
　责任印制　杨林杰
◆ 人民邮电出版社出版发行　　北京市丰台区成寿寺路 11 号
　邮编　100164　　电子邮件　315@ptpress.com.cn
　网址　http://www.ptpress.com.cn
　三河市君旺印务有限公司印刷
◆ 开本：787×1092　1/16
　印张：17.25　　　　2017 年 4 月第 2 版
　字数：452 千字　　　2024 年 8 月河北第12次印刷

定价：49.80 元

读者服务热线：(010)81055256　印装质量热线：(010)81055316
反盗版热线：(010)81055315
广告经营许可证：京东市监广登字 20170147 号

前言

Android 是由以 Google 为首的 OHA（Open Handset Alliance）推出的一款开放的嵌入式操作系统平台。从 2007 年推出 Android SDK 1.0 到现在，Android 系统的市场占有率越来越高，其应用也越来越多，正在席卷当前整个智能手机产业和移动互联网行业。面对这种形势，开发者纷纷转向 Android 应用的开发，但其中很多人并不熟悉如何在 Android 平台上开发移动互联网应用软件。本书将对 Android 基础知识做系统详细的讲解，并通过实际案例让读者了解移动应用产品的开发过程。

目前市场上有众多讲解 Android 基础开发的图书，其中大部分主要是讲述 Android 系统中各种组件的使用。纵观这些图书，大都将各个部分分开来进行讲解，少见一本能够使各部分内容紧密联系起来的书，也很少有讲述 Android 客户端如何与移动互联网中的服务器进行交互的书。有些初学 Android 编程的读者对于如何将各章节所学内容形成一个统一的有机整体以开发一个完整的应用，以及如何让 Android 应用与网络中的服务器进行交互，均充满疑惑。

本书力求让读者掌握如何有效地使用 Android 中的各种组件，以及 Android 的应用程序是如何与服务器联网并进行数据传递的。本书的特色在于使用一个完整的案例来讲述移动应用的开发过程，并将其功能需求穿插到书中各章节，结合该案例系统生动地向读者阐述各个知识点，最终引领读者构建一款完整的移动应用产品。

自本书第 1 版出版以来，便得到了众多读者的青睐和大力支持。根据 Android 相关技术的发展，编者对书中的内容进行了更新，主要包括使用最新的 Android Studio 开发环境，并对第 1 ~ 11 章中的案例代码进行了更新，在第 12 章中增加了 Android 应用开发较为重要的新技术，包括热补丁技术、广告拦截技术、Hybrid 技术、手机应用管理技术等。

本书由重庆邮电大学胡敏副教授负责内容、架构及更新章节核心部分的撰写，由黄宏程副教授和李冲负责本书主体内容的编著和全书审校。本书共 12 章，由陈元会、汪腾飞、秦鸣谦、张艳辅助撰写，以及完成案例开发和整理研究工作，具体如下：第 1 章由张艳完成；第 2、3、12 章由李冲完成；第 5、10 章由陈元会完成；第 7、9 章由汪腾飞完成；第 8 章由秦鸣谦完成；第 4 章由李冲和张艳共同完成；第 6 章由陈元会和秦鸣谦共同完成；第 11 章和本书的综合案例由汪腾飞和李冲共同完成。

本书得到重庆瀚斗科技有限公司移动互联网应用开发项目的支持。本书核心内容来自重庆邮电大学的教学总结，书中对此做了系统的组织和讲解，力求做到通俗易懂，深入浅出。由于作者经验有限，撰写时间仓促，书中若有不足之处，恳请读者批评指正。本书在编著过程中参考了 Android 技术网站和相关开发图书，在此向原作者们表示诚挚的感谢。

编　者

2017 年 3 月

目　录

第1章 Android简介

本章通过“Android发展概述”向读者描述Android发展过程中几个重要的里程碑和市场数据，带领读者走入Android世界；随后，引领读者一步一步“配置开发环境”，并在配置的过程中向读者讲述各个环节的作用，以使读者较好地明白所做配置的用途。

1.1 Android发展概述

Android是Google公司在2007年11月5日公布的基于Linux平台的开源手机操作系统。Android早期由Google开发，后由开放手机联盟（Open Handset Alliance，OHA）开发。自OHA成立以后，它就支持Google发布的Android系统及应用软件，并与Google共同开发Android这一开放源代码的移动操作系统。Android 的火热发展让国内外很多企业看到了它的广阔前景。不仅国外很多企业加入了OHA，而且国内很多企业，包括中国移动、华为、小米、联想、魅族等，也纷纷加入了Android的大家庭。

自从Google公司在2007年11月5日发布的第一个版本（Android 1.0）以来，Android已经发布了25个版本，最新的版本为2016年8月22日推送开发者版本Android 7.0。同时除了最初发布的两个版本外（Android 1.0和Android 1.1），Android其他主要的版本都以相应的甜点来命名，值得一提的是，甜点的首字母是按照CDEFGHIJKLMN的顺序延续，如表1.1所示。

表1.1 Android各个版本的代号及特点

Android版本	代　号	发布日期	特　点
Android1.5	Cupcake(纸杯蛋糕)	2009年4月30日	采用WebKit技术的浏览器，支持复制/贴上和页面中搜索等
Android1.6	Donut(甜甜圈)	2009年9月15日	支持CDMA网络；支持更多的屏幕分辨率等
Android2.0/2.0.1/2.1	Eclair(松饼)	2009年10月26日	优化硬件速度；支持HTML5；支持蓝牙2.1；支持数码变焦
Android2.2/2.2.1	Froyo(冻酸奶)	2010年5月20日	整体性能大幅度提升；3G网络共享功能；Flash的支持等
Android2.3	Gingerbread(姜饼)	2011年2月2日	优化针对平板；全新设计的UI增强网页浏览功能；n-app purchases功能等

续表

Android 版本	代　号	发布日期	特　点
Android3.0/3.1/3.2	Honeycomb(蜂巢)	2011 年 5 月 11 日	专门用于平板电脑的版本；全面支持 GoogleMaps 等
Android4.0	Ice Cream(冰激凌三明治)	2011 年 10 月 19 日	专为 3D 优化的驱动；截图功能；人脸识别功能等
Android4.1/4.2/4.3	Jelly Bean(果冻豆)	2012 年 6 月 28 日	桌面插件自动调整大小；OpenGL 3.0；蓝牙低耗电技术；手势放大缩小屏幕等
Android4.4	KitKat(奇巧)	2013 年 9 月 4 日	针对 RAM 占用进行了优化；优化了 RenderScript 计算和图像显示,取代 OpenCL 等
Android5.0/5.1	Lollipop(棒棒糖)	2014 年 6 月 26 日	Material Design 设计风格；整合碎片化等
Android6.0	Marshmallow(棉花糖)	2015 年 5 月 28 日	指纹识别；锁屏下语音搜索等
Android7.0	Nougat(牛轧糖)	2016 年 8 月 22 日	低电耗模式；分屏多任务；通知消息归拢；流量保护模式等

Android 各个版本的市场份额占有比在 2016 年 8 月 1 日的统计结果如图 1.1 所示，从中我们可以看出 Android 操作系统的版本有很多，每个版本的市场占有率不均等。同月数据显示，全球智能手机出货量中，智能手机的各操作系统平台的份额构成如图 1.2 所示，Android 或基于 Android 定制的操作系统占 66.01%，ISO 占 27.84%，Windows Phone 占 2.79%，Java ME 1.44%，Symbian 占 1.03%，BlackBerry 占 0.85%，Android 占绝对优势。

版本	代号	APL	占有率
2.2	Froyo	8	0.1%
2.3.3-2.3.7	Gingerbread	10	1.7%
4.0.3-4.0.4	Ice Cream Sandwich	15	1.6%
4.1.x	Jelly Bean	16	6.0%
4.2.x		17	8.3%
4.3		18	2.4%
4.4	KitKat	19	29.2%
5.0	Lollipop	21	14.1%
5.1		22	21.4%
6.0	Marshmallow	23	15.2%

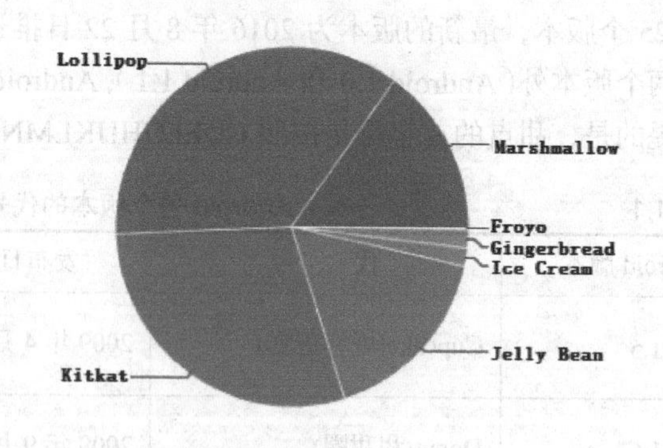

图 1.1　Android 各个版本的市场份额占有比

随着移动通信技术的成熟、智能手机的普及以及基于智能手机的各种应用和服务的增长，移动互联网在真正意义上进入了高速发展的阶段，而移动互联网的迅速发展也得益于统一的软件平台和移动终端硬件的发展。随着 ICT 技术的不断发展，电子产品功能越来越智能化，嵌入式操作系统也得到了迅猛的发展。但是由于产品功能、应用场合等不同也造成不同操作系统“百家争鸣”的状态，而由 Google 统领的 OHA 共同推出的开源软件平台将一统混乱的局面，为各个产业链提供一个完美的公共开发平台。Android 手机等移动终端追求高质量的用户体验，在用户体验上有了全新的改变，同时终端的发展也使得硬件得到了显著的升级。

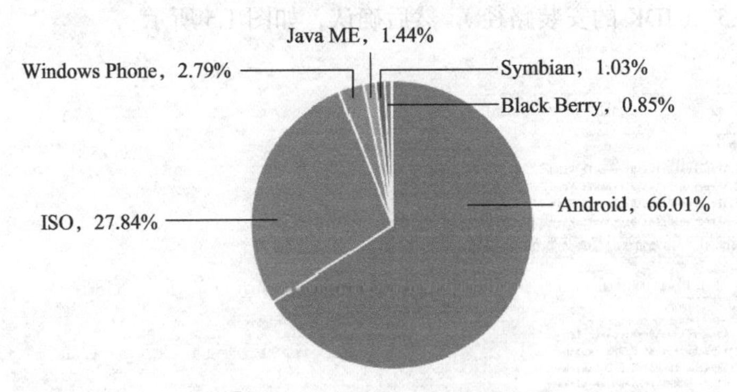

图 1.2　2015 年全球手机操作系统比例

1.2　配置开发环境

本节讲述 Windows 操作系统下 Android 应用程序开发环境的配置。在配置之前相应的准备需要做好，包括相关安装包的选择和下载。本节将按照安装的实际情景进行截图说明，并讲述在安装过程中会遇到的常见问题和解决方法。

1.2.1　安装 JDK

开发 Android 应用程序的时候，仅有 Java 运行环境（Java Runtime Environment，JRE）是不够的，需要完整的 JDK（JDK 包含了 JRE），且要求其版本在 JDK 6 以上，在开发 Android 5 及更高版本时，需要 JDK 7 及其以上版本。如果 JDK 不可用或版本低于 JDK 6，要下载 Java SE 开发工具包 7。可以访问网站：http://www.oracle.com/technetwork/java/javase/downloads/index.html 进行下载，下载页面如图 1.3 所示，当前最新版本为 Java SE 8u112。

图 1.3　JDK 下载页面

使用 JDK 7 及以上版本无需再对环境变量进行中设置。若安装 JDK 6，需要在 cmd 下使用 Java 命令和编译、运行程序，可以配置环境变量：新建环境变量 JAVA_HOME，右击“我的电脑”→

“属性”→“高级”→“环境变量”，如图 1.4 所示。

（1）单击系统变量下的“新建”按钮，“变量名”为：JAVA_HOME，“变量值”为：“E:\Program Files\code\Java\Jdk1.5”（JDK 的安装路径），然后确认，如图 1.5 所示。

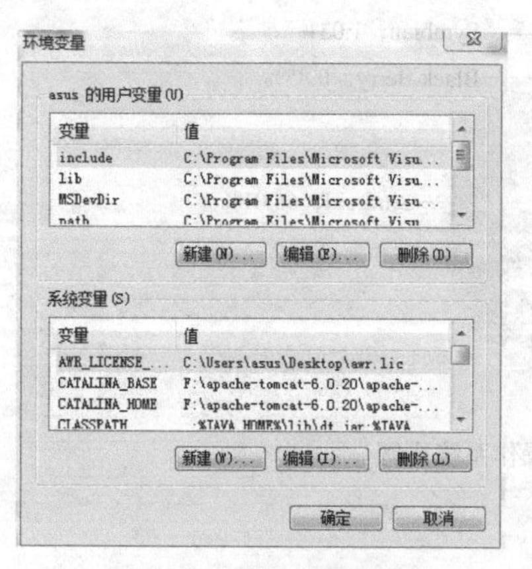

图 1.4　环境变量界面

图 1.5　新建 JAVA_HOME 环境变量

（2）新建环境变量 CLASSPATH（步骤和上一步类似），“变量名”为：CLASSPATH，“变量值”为：“%JAVA_HOME%\lib\dt.jar;%JAVA_HOME%\lib\tools.jar;”，然后确认，如图 1.6 所示。

（3）编辑环境变量 Path，在“系统变量”中，选中 Path 项，单击下面的“编辑”，在“变量值”文本框的最前面加入“%JAVA_HOME%\bin;”，如图 1.7 所示。

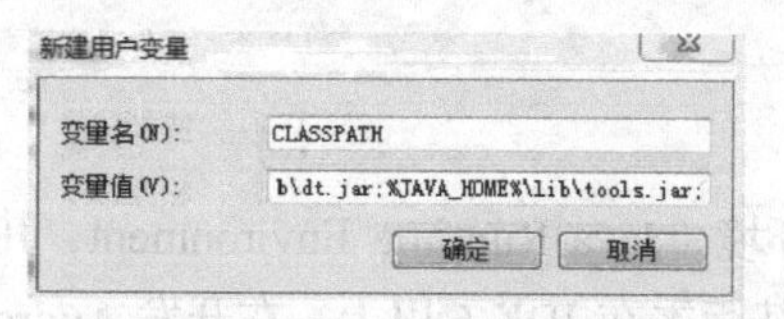

图 1.6　新建 CLASSPATH 环境变量

图 1.7　编辑系统变量

单击“确定”按钮，完成环境变量配置。配置环境变量后，单击开始→运行（cmd），在弹出的 DOS 窗口中输入“javac”，然后回车，得到图 1.8 所示的结果，说明配置成功。

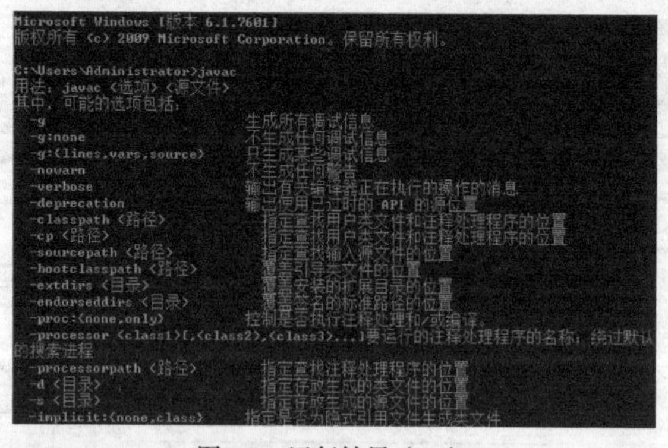

图 1.8　运行结果（一）

也可以用一个小程序测试一下，代码如下。

```
public class Test
{
```

```
public static void main(String args[])
  {
    System.out.println("Android! ");
  }
}
```

将以上代码保存为一个 “Test.java” 文件，假设保存在 E:盘，单击 “开始” → “运行（cmd）”，在弹出 DOS 的窗口中输入: E:（回车），继续输入： javac Test.java（回车），最后输入：java Test（回车），得到图 1.9 所示的结果则说明运行完毕，JDK 配置成功。

```
Microsoft Windows [版本 6.1.7601]
版权所有 (c) 2009 Microsoft Corporation。保留所有权利。

C:\Users\Administrator>E:

E:\>javac Test.java

E:\>java Test
Android!

E:\>
```

图 1.9　运行结果（二）

1.2.2　安装 Android Studio

Android Studio 是一个为 Android 平台开发程序的集成开发环境，2013 年 5 月 16 日由 Google 产品经理艾丽·鲍尔斯在 Google I/O 上发布，可供开发者免费使用。2013 年 5 月，Android Studio 发布早期预览版本，版本号为 0.1；2014 年 6 月发布 0.8 版本，至此进入 beta 阶段；第一个稳定版本 1.0 于 2014 年 12 月 8 日发布。Android Studio 基于 JetBrains IntelliJ IDEA,类似 Eclipse ADT，为 Android 开发特殊定制，在 Windows、OS X 和 Linux 平台上均可运行。安装好 JDK 后，就可以接着安装 Android Studio 了，可以访问网站 http://developer.android.com/sdk/index.html 下载 Android Studio，下载页面如图 1.10 所示。

选择 Windows 平台“DOWNLOAD ANDROID STUDIO FOR WINDOWS”下载，弹出“android-studio-bundle-141.2343393\版本号\-windows.exe”，按照安装提示，进行下载安装。如图 1.11 所示。

图 1.10　Android Studio 的下载页面

图 1.11　启动 Android Studio 界面

1.2.3　安装 SDK

Android SDK（Software Development Kit）提供了在 Windows、Linux、Mac 平台上开发 Android 应用的开发组件。Android 支持所有的平台，其包含了在 Android 平台上开发移动应用的各种工具集。Android SDK 不仅包括了 Android 模拟器和用于 Android Studio 开发的工具插件，而且包括了各种用来调试、打包以及在模拟器上安装应用的工具。Android SDK 主要是以 Java 语言为基础，用户可以使用 Java 语言来开发 Android 平台上的软件应用。通过 SDK 提供的一些工具将其打包成 Android 平台使用的 apk 文件，然后用 SDK 中的模拟器（Emulator）来模拟和测试软件在 Android 平台上的运行情况和效果。

安装好 JDK 和 Android Studio 后，若先前安装的 Android Studio 内不包含 SDK，此时有两种方法安装 SDK。一种为在线安装，打开 Android Studio，它会提示你没有安装 SDK，此时如果连接到网络，它会访问服务器进行在线下载；另一种为独立安装，用户可以通过访问 Android develops 网站（网址：http://developer.android.com/sdk/index.html）下载 Android SDK 并安装，如图 1.12 所示。若先前安装的 Android Studio 内包含 SDK，则无需再安装 SDK。

平台	SDK 工具包	大小	SHA-1 校验和
Windows	installer_r24.4.1-windows.exe	144 MB (151659917 bytes)	f9b59d72413649d31e633207e31f456443e7ea0b
	android-sdk_r24.4.1-windows.zip 无安装程序	190 MB (199701062 bytes)	66b6a6433053c152b22bf8cab19c0f3fef4eba49
Mac OS X	android-sdk_r24.4.1-macosx.zip	98 MB (102781947 bytes)	85a9cccb0b1f9e6f1f616335c5f07107553840cd
Linux	android-sdk_r24.4.1-linux.tgz	311 MB (326412652 bytes)	725bb360f0f7d04eaccff5a2d57abdd49061326d

图 1.12　Android SDK 下载页面

另外可以在 Android Studio 中下载并安装所需的其他 Android SDK 包，以便进行 Android 应用程序的开发。打开 SDK Manger，如图 1.13 所示，窗口中会显示本机当前安装的所有 Android 版本。

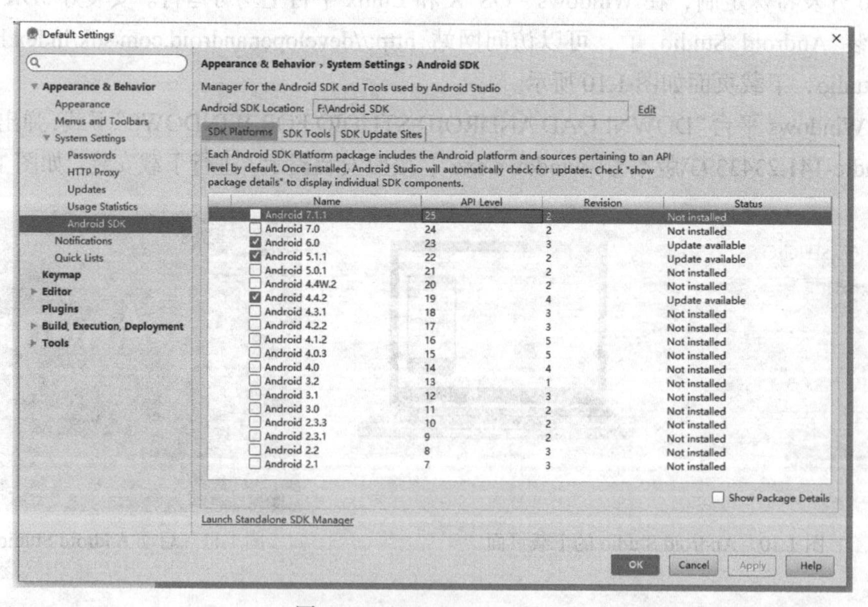

图 1.13　Default Setting 界面

也可以单击图 1.13 中“Launch Standalone SDK Manager”选项，打开 Android SDK Manager 进行编辑，如图 1.14 所示。注意此过程需要连接谷歌服务器，应保证网络正常连接。

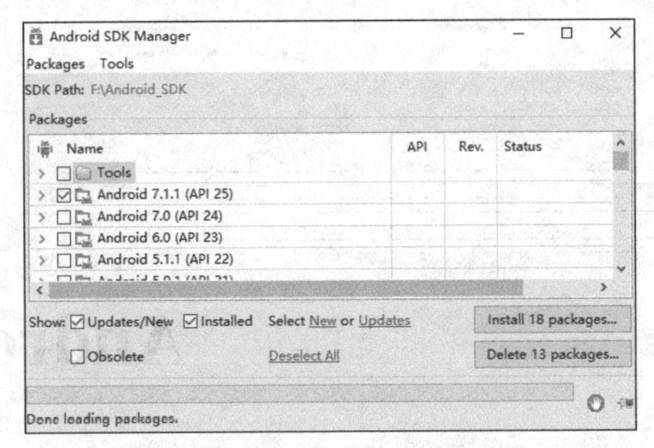

图 1.14　Android SDK Manager 界面

至此，Android 应用程序的开发环境已经安装完成了。

1.3　本章小结

本章主要介绍了 Android 的发展及其在 Windows 环境下开发 Android 的配置方法，诸如 JDK 的安装和配置，Android Studio 的下载与安装，SDK 的下载与安装。总体看来，本章是 Android 开发的基础，虽然简单但很重要，希望读者有个好的开始。

习　　题

1. 简述 Android 平台的特性，并将其与其他平台进行比较。
2. 试比较集成开发工具 Eclipse ADT 与 Android Studio 的差异。
3. 从 Android 的各历史版本的更新中，可以看出 Android 有什么样的发展趋势？
4. 请动手独立完成 Android 开发环境的搭建。

第2章 Android项目

经过上一章的讲解，相信大家已经配置好了Android应用开发所需的环境。本章将介绍如何在Android Studio中创建或添加一个工程，同时介绍工程中包含的内容。另外，本章最后将设计一个具有需求分析和概要设计的综合案例。该综合案例的实现将分布在本书各章节的例子中，读者将从该综合案例中学习如何开发一款Android应用。

2.1 第一个应用程序

2.1.1 创建Android项目

创建Android项目的操作步骤如下。

（1）打开Android Studio，新建一个工程，如图2.1所示。

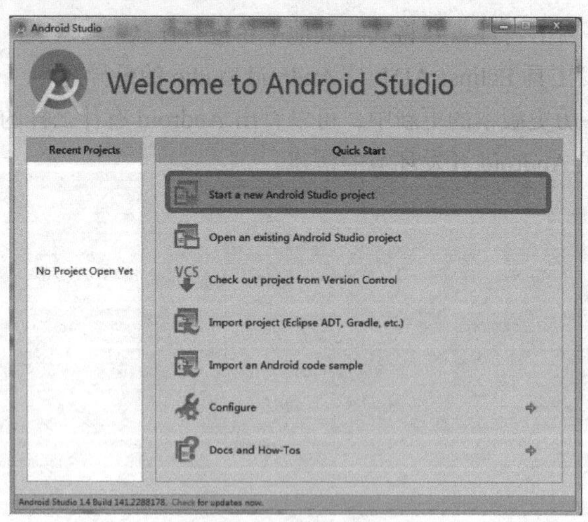

图2.1 新建工程

（2）配置新工程，如图2.2所示。

（3）设置应用运行模式。这里选择“Phone and Table”，向下最低支持的SDK选择“API 15”。在我们选择相应的API时，可以看到这个应用能支持的设备比例，如图2.3所示。

（4）活动添加。这里选择“Blank Activity”，如图2.4所示。

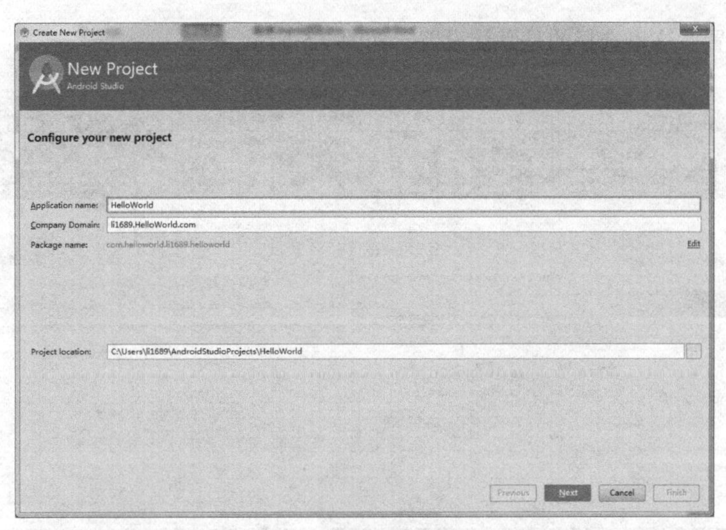

图 2.2　配置新工程

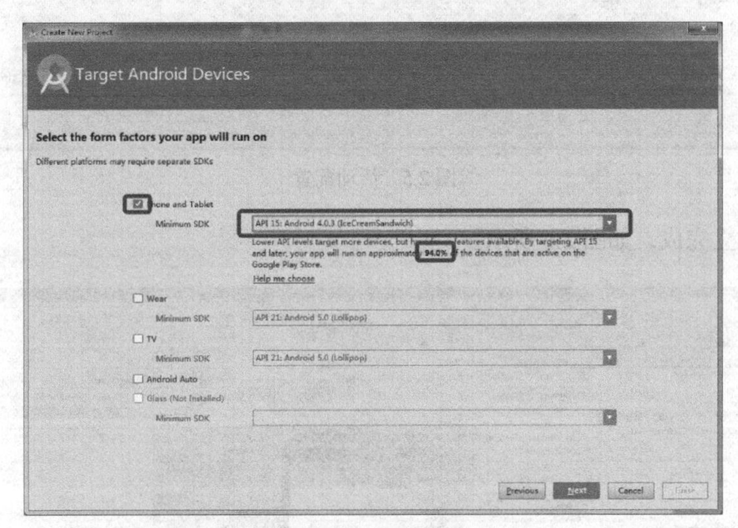

图 2.3　设置运行模式

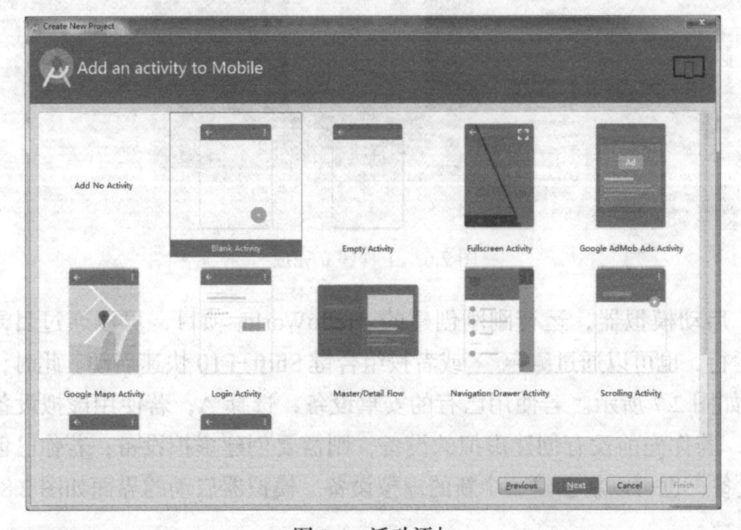

图 2.4　活动添加

（5）活动配置。这里选择的是默认设置，如图 2.5 所示。

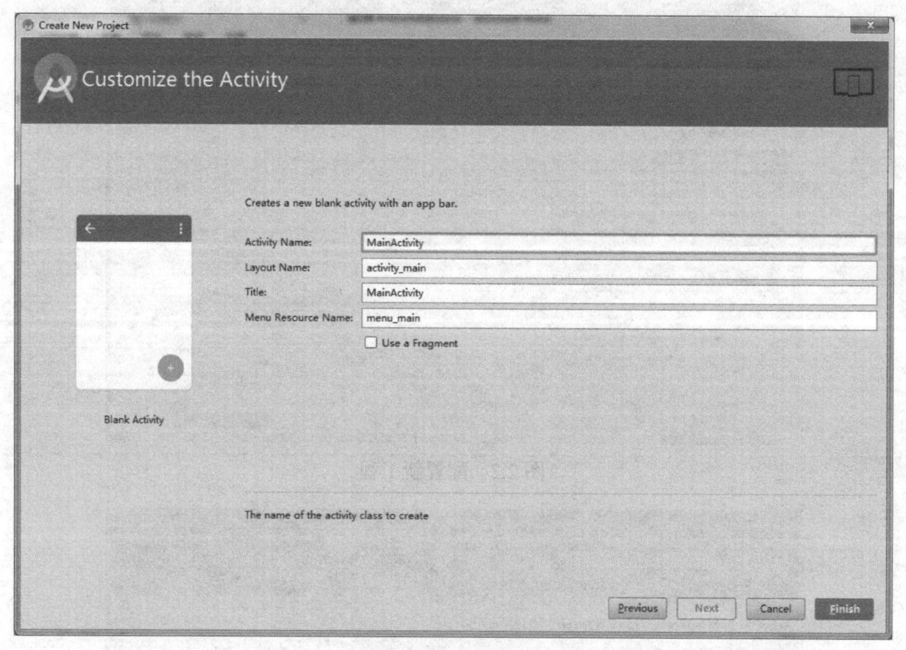

图 2.5　活动配置

（6）工程建立完成，如图 2.6 所示。

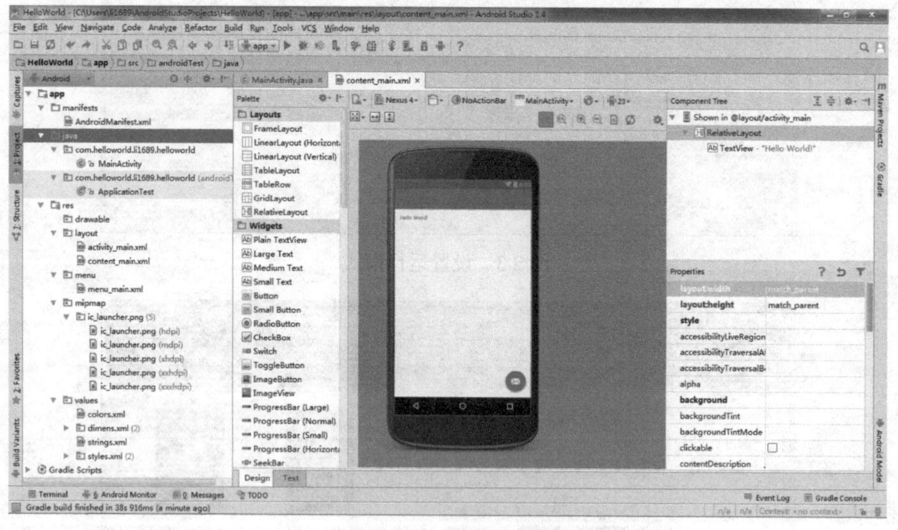

图 2.6　工程建立完成

（7）运行。启动模拟器，运行刚刚创建的 HelloWorld 项目，可以通过目录栏“Run”→“Run‘app’”来运行，也可以通过 app ▶ 或者按组合键 Shift+F10 快速启动。此时，会打开 Device Chooser 窗口，如图 2.7 所示。若使用已有的安卓设备，选择 A；若使用虚拟设备，选择 B。这里选择 B 模式，若你先前没有创建虚拟的设备，则需要创建虚拟设备；若你已创建，可以选择已创建的虚拟设备，也可以新创建一个新的虚拟设备。模拟器启动的界面如图 2.8 所示。

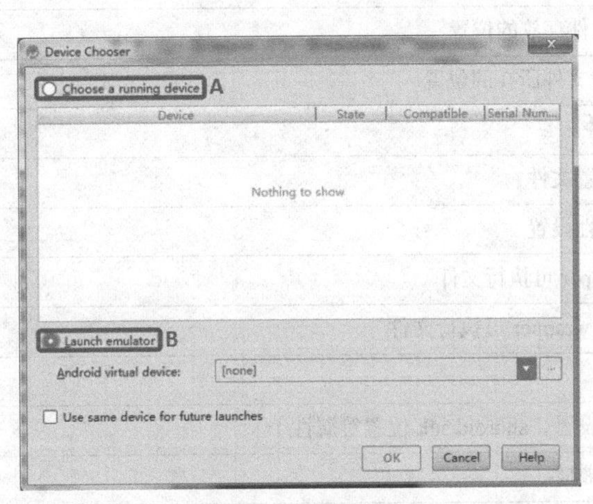

图 2.7　设备选择

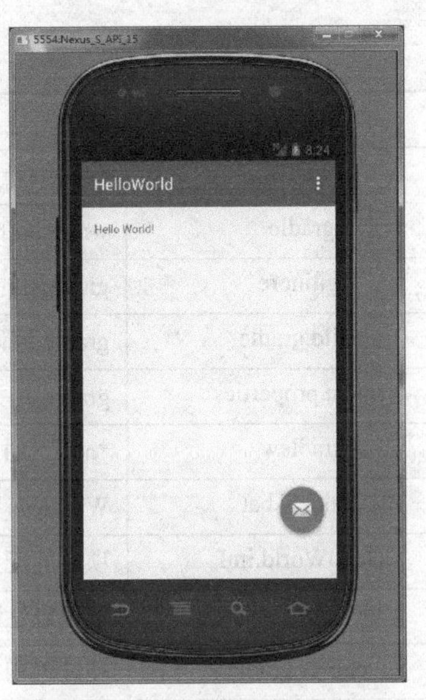

图 2.8　启动模拟器运行项目

我们可以看到启动的模拟器上显示了一段文字，此时尚未在项目中输入任何代码，这是项目默认的显示。

2.1.2　Android 项目结构

Android Studio 中的文件管理功能非常便利和强大，其提供八种查看项目文件的模式，这里主要介绍 Project 模式，如图 2.9 所示。

在 Project 模式下，会显示当前所有的 Module，如图 2.10 所示。

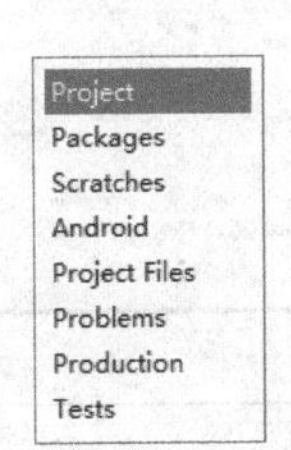

图 2.9　项目文件的模式

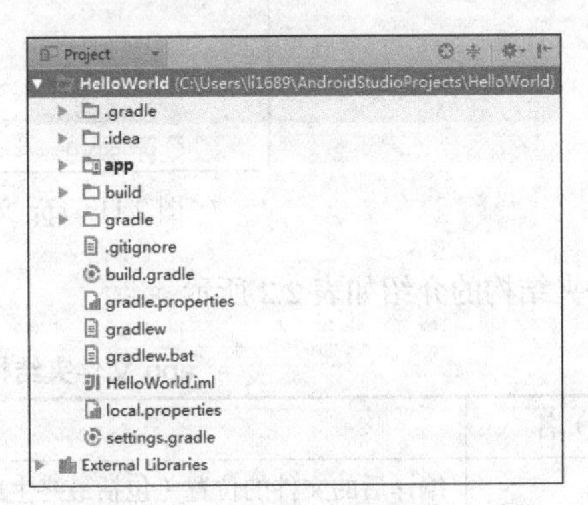

图 2.10　Project 面板

Project 目录结构按功能分为三个主要部分，分别是编译系统、配置文件以及应用模块，如表 2.1 所示。

表 2.1　Project 目录结构介绍

文件（夹）名	用　途
.gradle	Gradle 编译系统，版本由 wrapper 指定
.idea	Android Studio IDE 所需要的文件
app	核心文件夹

续表

文件（夹）名	用　　途
build	代码编译后生成的文件存放的位置
gradle	wrapper 的 jar 和配置文件所在的位置
.gitinore	git 使用的 ignore 文件
build.gradle	gradle 编译的相关配置文件
gradle.properties	gradle 相关的全局属性设置
gradlew	*nix 下的 gradle wrapper 可执行文件
graldew.bat	Windows 下的 gradle wrapper 可执行文件
HelloWorld.iml	项目的配置文件
local.properties	本地属性设置（key 设置，android sdk 位置等属性）
settings.gradle	和设置相关的 gradle 脚本
External.Libraries	引用库显示

app 文件夹如图 2.11 所示。

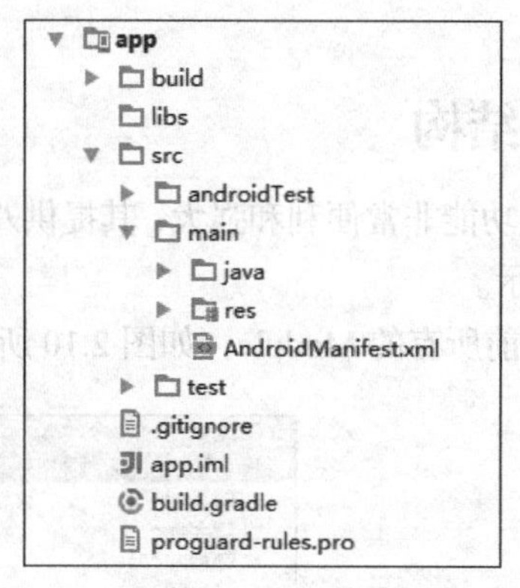

图 2.11　app 文件夹

app 文件夹结构的介绍如表 2.2 所示。

表 2.2　　app 文件夹结构介绍

文件（夹）名	用　　途
builds	编译后的文件的位置（包括最终生成的 apk）
libs	项目依赖的外部库目录
src	用于放置应用程序源代码的地方，开发人员将包和类文件放在该目录下
src/main	主要代码所在位置
src/main/java	Java 代码所在的位置
src/main/res	存放各种资源。layout 子目录下放置描述界面的 xml 文件。values 子目录下放置各种值相关的 xml 文件，比如 strings.xml 描述了字符串资源，dimens.xml 描述了尺寸资源，colors.xml 描述了颜色资源。drawable_ldpi、drawable_mdpi、drawable_hdpi、drawable_xhdpi 这 4 个子目录分别存放低分辨率、中分辨率、高分辨率、超高分辨率的 4 种图片文件

续表

文件（夹）名	用　途
src/main/res/layout	布局文件夹，包含应用程序的视图。使用 XML 描述符创建应用视图，而不用直接编辑
src/main/res/menu	菜单文件夹，包含应用程序中的菜单的 XML 描述符文件
src/main/res/values	资源文件夹，包含应用程序使用的其他资源。此文件夹中的资源实例包括字符串、数组、样式和颜色
src/main/AndroidMainifest.xml	项目清单文件，设置应用名称、图标等属性。Android 应用中的 Activity、Service、ContentProvider 和 BroadcastReceiver 都要在该文件中设置
src/main/test	测试代码所在位置
app.iml	项目的配置文件
build.gradle	和这个项目有关的 gradle 配置
proguard-rules.pro	代码混淆配置文件

2.1.3 自动构建工具 Gradle

在上一节中，我们在 Android Studio 中创建了第一个项目“HelloWorld”，在项目创建时会加载 Gradle 文件，如图 2.12 所示。Gradle 是以 Groovy 语言为基础，面向 Java 应用为主，基于 DSL（领域特定语言）语法的自动化构建工具。它可以自动化地进行软件构建、测试、发布、部署、软件打包，同时也可以完成项目相关功能，如生成静态网站、生成文档等。另外，Gradle 集合了 Ant 的灵活性和强大功能，以及 Maven 的依赖管理和约定，从而创造了一个更有效的构建方式。凭借 Groovy 的 DSL 和创新打包方式，Gradle 提供了一个可声明的方式，并在合理默认值的基础上描述所有类型的构建。Gradle 目前已被选作许多开源项目的构建系统，如图 2.13 所示。

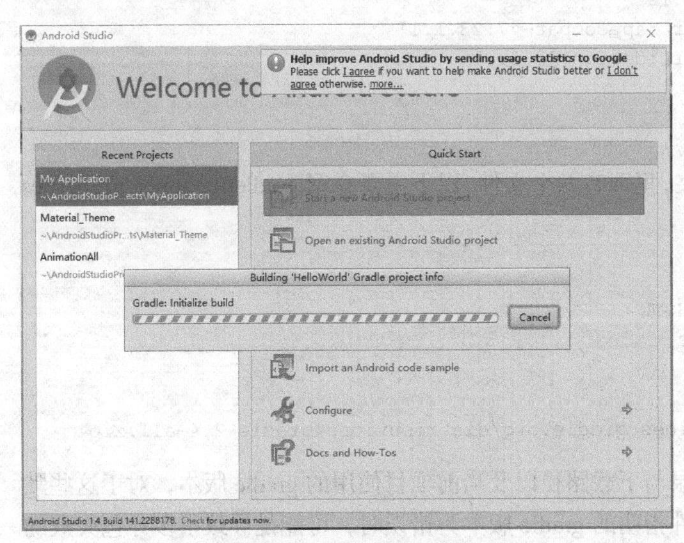

图 2.12　Gradle 文件加载

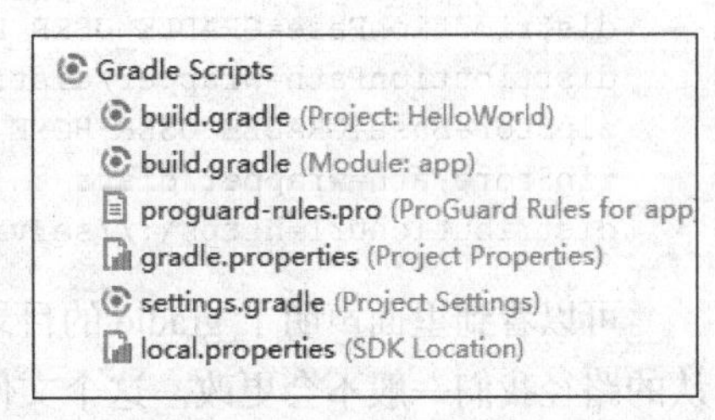

图 2.13　Android Studio 中的 Gradle 文件

1. HelloWorld/app/build.gradle

这个文件是 app 文件夹下这个 Module 的 gradle 配置文件，也可以算是整个项目最主要的 gradle

配置文件，其在 HelloWorld 中对应的内容如下。

```
//声明是 Android 程序
apply plugin: 'com.android.application'
android {
//编译 SDK 的版本
    compileSdkVersion 23
    // build tools 的版本
    buildToolsVersion "23.0.2"
    defaultConfig {
  //应用的包名
        applicationId "com.example.administrator.helloworld"
        minSdkVersion 21
        targetSdkVersion 23
        versionCode 1
        versionName "1.0"
    }
    buildTypes {
        release {
     //是否进行混淆
            minifyEnabled false
  //混淆文件的位置
            proguardFiles getDefaultProguardFile('proguard-android.txt'), 'proguard-rules.pro'
        }
    }
}

dependencies {
//编译 libs 目录下的所有 jar 包
    compile fileTree(dir: 'libs', include: ['*.jar'])
    testCompile 'junit:junit:4.12'
    compile 'com.android.support:appcompat-v7:23.1.1'
    compile 'com.android.support:design:23.1.1'
}
```

2. HelloWorld/gradle

这个目录下有一个 wrapper 文件夹，里面有两个文件。以下主要介绍 gradle- wrapper. properties 文件的内容。

```
#Sat Jan 23 15:58:39 CST 2016
distributionBase=GRADLE_USER_HOME
distributionPath=wrapper/dists
zipStoreBase=GRADLE_USER_HOME
zipStorePath=wrapper/dists
distributionUrl=https\://services.gradle.org/distributions/gradle-2.4-all.zip
```

可以看到里面声明了 gradle 的目录与下载路径以及当前项目使用的 gradle 版本，对于这些默认的路径我们一般不会更改。这个文件指明的 gradle 版本为错误时，可能是导致很多导包失败的原因之一。

3. HelloWorld/build.gradle

这个文件是整个项目的 gradle 基础配置文件，其在 HelloWorld 中对应的内容如下。

```
//构建文件，您可以在其中添加对所有子项目/模块通用的配置选项
buildscript {
    repositories {
        jcenter()
    }
    dependencies {
        classpath 'com.android.tools.build:gradle:1.3.0'

        //注意：不要让您的应用程序依赖关系放在这里
        //在单个模块 build.gradle 文件中
    }
}

allprojects {
    repositories {
        jcenter()
    }
}

task clean(type: Delete) {
    delete rootProject.buildDir
}
```

上述内容主要包含了两个方面：一个是声明仓库的源，这里可以看到是指明的 jcenter()，之前版本则是 mavenCentral()。jcenter 可以理解成一个新的中央远程仓库，兼容 maven 中心仓库，而且性能更优。另一个是声明了 Android Gradle Plugin 的版本，Android Studio 版本必须要求支持 Gradle Plugin 1.3 的版本。

4. HelloWorld/setting.gradle

这个文件是全局的项目配置文件，里面主要声明一些需要加入 Gradle 的 Module，其在 HelloWorld 中对应的内容如下。

```
include ':app'
```

文件中的 app 是 Module，如果还有其他 Module 都需要按照如上格式加进去。

2.1.4 辅助工具介绍

Android 中还有其他一些辅助工具，下面进行详细介绍。

- AAPT：即 Android Asset Packaging Tool，位于 SDK 的 tools 目录下。该工具可以将 AndroidManifest.xml 与其他 XML 文件编译成二进制文件，它会产生 R.java 以使资源可以在 Java 代码中引用。通常不需要直接使用 aapt 工具，IDE 插件和编译脚本可以利用它打包 apk 文件来构成一个 Android 应用程序。
- Navigation Editor：它是一个可视化创建和浏览 Android 应用的结构和布局文件的工具。开发者可以使用 Navigation Editor 来快速创建应用原型。同时，设计师也可以在不用写任何代码的情况下在真实设备上查看他们的设计成果。这个工具能够让设计师和开发者有更好的协作。
- ADB：即 Android Debug Bridge，位于 SDK 的 platform-tools 目录下。该工具可以直接管理 Android 模拟器或真实的 Android 设备。其主要功能有：查询设备信息和数据库，安装程序到设备、映射端口、移动文件、利用日志系统等。

- android 工具：它是一个脚本，用于创建和管理 Android Virtual Devices。
- Android Device Monitor：它是一个提供了图形化界面的可以对 Android 应用进行调试和分析的独立的工具。在 Android Studio 中，Monitor 工具不需要 IDE 环境。
- Android 层级阅览器：即 Hierarchy Viewer，它是一个可视化的工具，能够显示各组件的布局及其联系，从而帮助开发者设计及调试用户界面。
- Draw Nine-patch：它可以让开发者设计能够拉伸的 PNG 图片。
- DDMS：即 Dalvik Debug Monitor Service，它通过 Android 开发工具插件集成在 Android Studio 中，可以通过该工具查看和管理运行在设备上的进程和线程、查看堆栈数据、连接到进程进行调试等。
- sqlite3：它可以对应用程序的数据库进行操作。
- TraceView：它可将 Android 应用程序产生的跟踪日志转换为图形化的分析视图。
- logcat：在开发过程中，通常需要对应用程序进行调试，logcat 是一个非常重要的日志输出工具。

2.2 综合案例：灵客

如何让初学 Android 编程的读者，能够在学习的过程中将各章节内容形成一个统一的有机整体，学习开发一个完整的应用，并掌握 Android 应用与网络中的服务器进行交互的技术，是本书要着力解决的问题之一。

为了降低读者学习的难度，对一款产品的开发有整体的理解，并能够尽快上手自己设计开发应用，本书采用将一个完整的综合案例贯穿全书的方法来讲述移动应用的开发过程，并将其功能需求的实现穿插到书中各章节。通过结合该案例给读者系统而生动地阐述各个知识点，并最终引领读者构建一款完整的移动应用产品。

这个综合案例来自于企业实际开发的互联网产品，并根据需要进行了适当的调整和简化，以利于学习。本书将这个综合案例命名为“灵客”。灵客是一款类似于微博的互联网应用产品，为了便于读者对灵客这个案例的功能有一个全面的认识，以便于后续章节的学习，接下来从“灵客功能需求”和“灵客设计概要”两个方面对案例进行描述。

读者在学习的过程中也可以先粗略了解本节内容，在后续章节的学习过程中根据需要再翻阅本节相应的内容。

2.2.1 灵客功能需求

灵客主要包含发布话题、评论、好友资料查看、私信等功能。本书将从基础版块、操作功能、业务逻辑三方面来介绍灵客的功能需求。

1. 基础版块

如图 2.14 所示，该案例将包含四大基础版块的内容：用户个人资料，话题，私信，好友。

各版块包含的内容如图 2.15 ~ 图 2.18 所示。

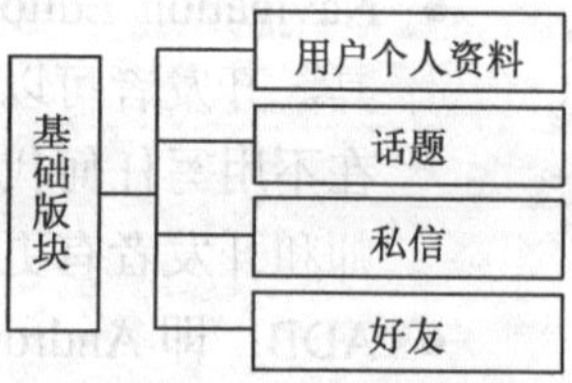

图 2.14 基础版块

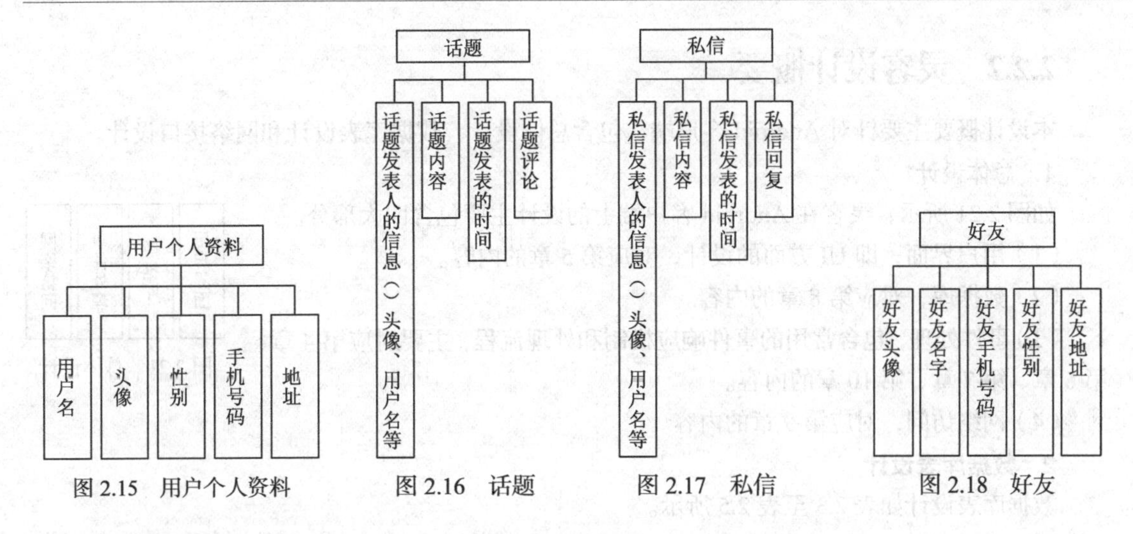

图 2.15　用户个人资料　　图 2.16　话题　　图 2.17　私信　　图 2.18　好友

2. 操作功能

如图 2.19 所示，该综合案例将包含注册、登录、退出、注销、发表/查看话题、评论话题、发送/接收私信、阅读私信、添加/删除好友以及查看用户资料等功能。

3. 业务逻辑

如图 2.20 所示，该综合案例包括如下业务逻辑。

（1）要使用该产品的功能，需要经过有效的注册。

（2）该产品的所有用户都可以发表话题，并且发表的话题能够让本产品所有用户看见，用户还可以回复话题。

（3）本产品所有的用户都能够给任意其他用户发送文本私信，并且保留发送记录。

（4）本产品的所有用户都能够接收任意其他用户发送的文本私信，并且可以进行阅读和查看接收记录。

（5）对于本用户而言，发送或者接收的私信内容都是可以查看的。

（6）任意用户可被其他用户加为好友，前提是同意其他用户所发送的加为好友的消息。

（7）两用户可以解除好友关系，产品将通过一定方式把好友关系中解除一方的操作告知被解除一方。

（8）使用本产品的用户可以查看其他用户的资料。

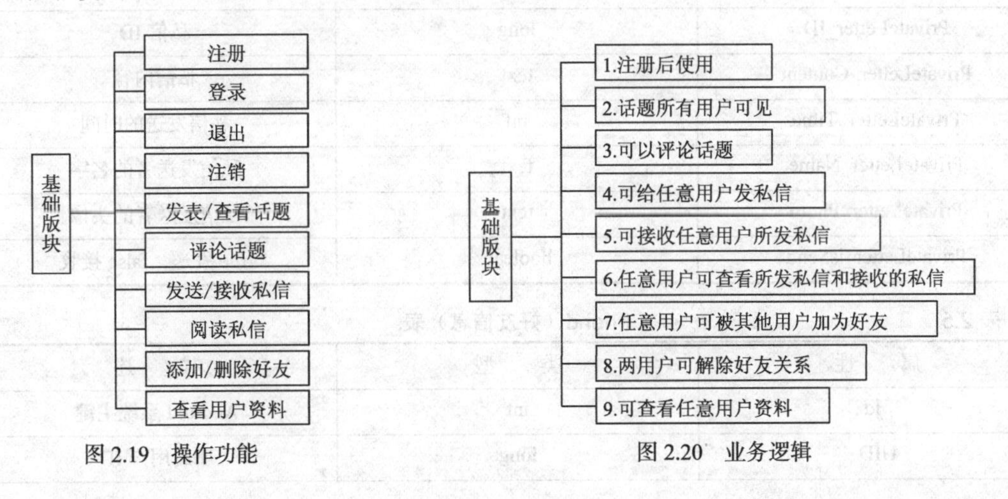

图 2.19　操作功能　　图 2.20　业务逻辑

2.2.2 灵客设计概要

本设计概要主要针对 Android 客户端，包含总体设计、数据库表设计和网络接口设计。

1. 总体设计

如图 2.21 所示，灵客在 Android 客户端上的设计主要包含四大部分。

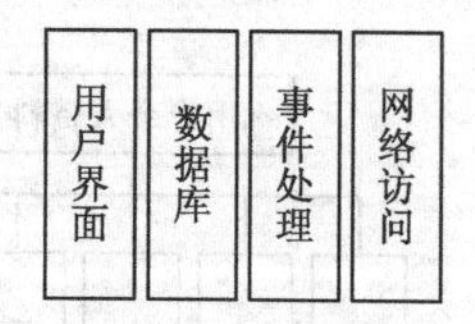

图 2.21 总体设计

（1）用户界面，即 UI 方面的设计，对应第 5 章的内容。

（2）数据库，对应第 8 章的内容。

（3）事件处理，包含常用的事件响应机制和处理流程，主要对应第 4 章、第 6 章、第 7 章、第 10 章的内容。

（4）网络访问，对应第 9 章的内容。

2. 数据库表设计

数据库表设计如表 2.3 至表 2.5 所示。

表 2.3 Topic（话题）表

属　性	类　型	描　述
_id	int	Android 系统主键
UID	long	话题发布者用户 ID
Topic_ID	long	话题 ID
Topic_Content	text	话题内容
Topic_Time	int	话题发表的时间
Topic_Name	text	话题发布者的名字
Topic_Photo	text	话题发布者的头像

表 2.4 PrivateLetter（私信）表

属　性	类　型	描　述
_id	int	Android 系统主键
UID	long	私信发送者的用户 ID
PrivateLetter_UID	long	私信接收者 UID
PrivateLetter_ID	long	私信 ID
PrivateLetter_Content	text	私信内容
PrivateLetter_Time	int	私信发送的时间
PrivateLetter_Name	text	私信发送者的名字
PrivateLetter_Photo	text	私信发送者的头像
PrivateLetter_isSend	boolean	true 发送，false 接收

表 2.5 Friend（好友信息）表

属　性	类　型	描　述
_id	int	Android 系统主键
UID	long	所属用户 ID

续表

属　性	类　型	描　述
Friend_ID	long	好友 ID
Friend_Name	text	好友名字
Friend_Photo	text	好友头像
Friend_Mobile	text	好友电话号码
Friend_Sex	text	好友性别
Friend_State	int	好友的状态

3. 网络接口设计

（1）请求参数。本案例将采用 JSON 格式进行传输，基本参数包括用户名、密码和请求数据。其中请求数据有随机字符串、请求类型、请求参数。请求参数以数组形式传递。其数据格式如下。

```
{
    "username": "xxx",
    "password": "xxx",
    "randomkey": "xxx"
    "requestType": "xxx",
    "params": ["xxx", "xxx", "xxx"]
}
```

（2）返回参数。其数据格式如下。

```
{
    "result": "xxx",
    "requestType": "xxx",
    "content": [ { "xxx", "xxx", ...}, ...]
}
```

请求参数和返回参数的 requestType 需一致。result 的数字表示返回结果，1 为成功，0 为失败。content 中的内容返回的是 JSON 格式的字符串。下面将给出在本书综合案例中会使用到的 19 种请求和返回参数的设计。

① 登录（Login）

请求数据如下。

```
{
    "username": "xxx",
    "password": "xxx",
    "randomkey": "xxx",
    "requestType": "Login",
    "params": []
}
```

返回数据如下。

```
{
    "result": "数字"
```

```
    "requestType": "Login"
    "content": [用户个人资料]
}
```

② 注销（Logout）

请求数据如下。

```
{
    "username": "xxx",
    "password": "xxx",
    "randomkey": "xxx",
    "requestType": "Logout",
    "params": []
}
```

返回数据如下。

```
{
    "result": "数字"
    "requestType": " Logout"
    "content": []
}
```

③ 注册（Signin）

请求数据如下。

```
{
    "username": "xxx",
    "password": "xxx",
    "randomkey": "xxx",
    "requestType": "Signin",
    "params": [UID，姓名，密码，手机号，头像，性别，地址]
```

返回数据如下。

```
{
    "result": "数字"
    "requestType": " Signin"
    "content": []
}
```

④ 添加好友（AddFriend）

请求数据如下。

```
{
    "username": "xxx",
    "password": "xxx",
    "randomkey": "xxx",
    "requestType": "AddFriend",
```

```
    "params": ["好友 ID, 好友 ID, ... "]
}
```

返回数据如下。

```
{
    "result": "数字"
    "requestType": "AddFriend"
    "content": []
}
```

⑤ 发表话题（AddTopic）

请求数据如下。

```
{
    "username": "xxx",
    "password": "xxx",
    "randomkey": "xxx",
    "requestType": "AddTopic",
    "params": ["话题内容", "话题发送时间", "话题名字", "话题包含的图片"]
}
```

返回数据如下。

```
{
    "result": "数字"
    "requestType": "AddTopic"
    "content": []
}
```

⑥ 添加话题回复（AddTopicComment）

请求数据如下。

```
{
    "username": "xxx",
    "password": "xxx",
    "randomkey": "xxx",
    "requestType": "AddTopicComment",
    "params": ["话题 ID", "评论内容", "评论的图片", "评论时间", "评论 ID"]
}
```

返回数据如下。

```
{
    "result": "数字"
    "requestType": "AddTopicComment"
    "content": ["评论 ID"]
}
```

⑦ 删除好友（DeleteFriend）

请求数据如下。

```
{
    "username": "xxx",
    "password": "xxx",
    "randomkey": "xxx",
    "requestType": "DeleteFriend",
    "params": [好友 ID]
}
```


返回数据如下。


```
{
    "result": "数字"
    "requestType": "DeleteFriend"
    "content": []
}
```


⑧ 删除私信（DeletePrivateLetter）

请求数据如下。


```
{
    "username": "xxx",
    "password": "xxx",
    "randomkey": "xxx",
    "requestType": "DeletePrivateLetter",
    "params": [私信 ID]
}
```


返回数据如下。


```
{
    "result": "数字"
    "requestType": "DeletePrivateLetter"
    "content": []
}
```


⑨ 获得所有好友（GetAllFriends）

请求数据如下。


```
{
    "username": "xxx",
    "password": "xxx",
    "randomkey": "xxx",
    "requestType": " GetAllFriends",
    "params": []
}
```


返回数据如下。


```
{
    "result": "数字"
    "requestType": "GetAllFriends"
```

```
    "content": [
    {
        "personAddress": "xxx",
        "personName": "xxx",
        "personSex": "xxx",
        "personMobile": "xxx"
        "personPhoto": "xxx"
    }
    ,
    {
        "personAddress": "xxx",
        "personName": "xxx",
        "personSex": "xxx",
        "personMobile": "xxx"
        "personPhoto": "xxx"

    }
    ...
    ]
}
```

⑩ 获得所有私信（GetAllPrivateLetter）

请求数据如下。

```
{
    "username": "xxx",
    "password": "xxx",
    "randomkey": "xxx",
    "requestType": "GetAllPrivateLetter",
    "params": []
}
```

返回数据如下。

```
{
    "result": "数字"
    "requestType": "GetAllPrivateLetter"
    "content": [
    {
        "privateLetterIsSend": "xxx",
        "privateLetterID": "xxx",
        "privateLetterName": "xxx",
        "privateLetterContent": "xxx",
        "UID": "xxx",
        "privateLetterPhoto": "xxx",
        "privateLetterUID": "xxx"

    }
    ,
```

```
        {
            "privateLetterIsSend": "xxx",
            "privateLetterID": "xxx",
            "privateLetterName": "xxx",
            "privateLetterContent": "xxx",
            "UID": "xxx",
            "privateLetterPhoto": "xxx",
            "privateLetterUID": "xxx"

        }
        ...
        ]
}
```

⑪ 获得所有话题（GetAllTopic）

请求数据如下。

```
{
    "username": "xxx",
    "password": "xxx",
    "randomkey": "xxx",
    "requestType": " GetAllTopic",
    "params": []
}
```

返回数据如下。

```
{
    "result": "数字"
    "requestType": " GetAllTopic"
    "content": [
    {
        "topicID": "xxx",
        "topicUID": "xxx",
        "topicContent": "xxx",
        "topicTime": "xxx",
        "topicName": "xxx",
        "topicPhoto": "xxx"

    }
    ,
    {
        "topicID": "xxx",
        "topicUID": "xxx",
        "topicContent": "xxx",
        "topicTime": "xxx",
        "topicName": "xxx",
        "topicPhoto": "xxx"
```

```
    }
    ...
    ]
}
```

⑫ 获得所有删除的好友（GetAllDeleteFriends）

请求数据如下。

```
{
    "username": "xxx",
    "password": "xxx",
    "randomkey": "xxx",
    "requestType": " GetAllDeleteFriends",
    "params": []
}
```

返回数据如下。

```
{
    "result": "数字"
    "requestType": " GetAllDeleteFriends"
    "content": [删除好友的 ID，删除好友的 ID，...]
}
```

⑬ 获得所有新增加的好友（GetNewFriends）

请求数据如下。

```
{
    "username": "xxx",
    "password": "xxx",
    "randomkey": "xxx",
    "requestType": " GetNewFriends",
    "params": []
}
```

返回数据如下。

```
{
    "result": "数字"
    "requestType": " GetNewFriends"
    "content": [新友的 ID，新友的 ID，...]
}
```

⑭ 获得所有新私信（GetNewPrivateLetter）

请求数据如下。

```
{
    "username": "xxx",
    "password": "xxx",
    "randomkey": "xxx",
    "requestType": " GetNewPrivateLetter",
```

```
    "params": []
}
```

返回数据如下。

```
{
    "result": "数字"
    "requestType": " GetNewPrivateLetter"
    "content": [{
        "privateLetterIsSend": "xxx",
        "privateLetterID": "xxx",
        "privateLetterName": "xxx",
        "privateLetterContent": "xxx",
        "UID": "xxx",
        "privateLetterPhoto": "xxx",
        "privateLetterUID": "xxx"

    }
    ,
    {
        "privateLetterIsSend": "xxx",
        "privateLetterID": "xxx",
        "privateLetterName": "xxx",
        "privateLetterContent": "xxx",
        "UID": "xxx",
        "privateLetterPhoto": "xxx",
        "privateLetterUID": "xxx"

    }
    ...]
}
```

⑮ 获得新话题（GetNewToipc）

请求数据如下。

```
{
    "username": "xxx",
    "password": "xxx",
    "randomkey": "xxx",
    "requestType": " GetNewTopic",
    "params": []
}
```

返回数据如下。

```
{
    "result": "数字"
    "requestType": " GetNewTopic"
```

```
    "content": [
    {
        "topicID": "xxx",
        "topicUID": "xxx",
        "topicContent": "xxx",
        "topicTime": "xxx",
        "topicName": "xxx",
        "topicPhoto": "xxx"

    }
    ,
    {
        "topicID": "xxx",
        "topicUID": "xxx",
        "topicContent": "xxx",
        "topicTime": "xxx",
        "topicName": "xxx",
        "topicPhoto": "xxx"

      }
    ...
    ]
}
```

⑯ 获得某用户的资料（GetPersonInfo）

请求数据如下。

```
{
    "username": "xxx",
    "password": "xxx",
    "randomkey": "xxx",
    "requestType": " GetPersonInfo",
    "params": []
}
```

返回数据如下。

```
{
    "result": "数字"
    "requestType": " GetPersonInfo"
    "content": [
    {
        "personAddress": "xxx",
        "personName": "xxx",
        "personSex": "xxx",
        "personMobile": "xxx"
        "personPhoto": "xxx"
    }
    ]
}
```

⑰ 获得某用户的状态（GetPersonStatus）

请求数据如下。

```
{
    "username": "xxx",
    "password": "xxx",
    "randomkey": "xxx",
    "requestType": " GetPersonStatus",
    "params": []
}
```

返回数据如下。

```
{
    "result": "数字"
    "requestType": " GetPersonStatus"
    "content": [
    {
        "UID": "xxx",
       ...
    }
    ]
}
```

⑱ 获得话题评论（GetTopicComment）

请求数据如下。

```
{
    "username": "xxx",
    "password": "xxx",
    "randomkey": "xxx",
    "requestType": "GetTopicComment",
    "params": []
}
```

返回数据如下。

```
{
    "result": "数字"
    "requestType": "GetTopicComment"
    "content": [
    {
        "Topic_Com_ID": "xxx",
        "Topic_Com_Content": "xxx",
        "Topic_Com_Photo": "xxx",
        "Topic_Com_Time": "xxx",
        "Topic_Com_From": "xxx"
    }
    ,
    {
```

```
        "Topic_Com_ID": "xxx",
        "Topic_Com_Content": "xxx",
        "Topic_Com_Photo": "xxx",
        "Topic_Com_Time": "xxx",
    "Topic_Com_From": "xxx"
    }
    ...
    ]
}
```

⑲ 发送私信（SendPrivateLetter）

请求数据如下。

```
{
    "username": "xxx",
    "password": "xxx",
    "randomkey": "xxx",
    "requestType": "SendPrivateLetter",
    "params": [用户 id，内容，时间，私信名，图片]
}
```

返回数据如下。

```
{
    "result": "数字"
    "requestType": "SendPrivateLetter"
    "content": [私信 id]
}
```

这些接口表示了本书的综合案例“灵客”所构建的产品与服务器之间进行交互的格式，客户端和服务端之间的信息交互涉及网络和协议，在第 9 章 Android 网络通信编程中将做详细讲解。

2.3　本章小结

本章首先向读者创建并演示了第一个 Android 应用程序的项目创建，并介绍了一个项目的目录结构和主要文件；然后介绍了贯穿于本书各章节的综合案例“灵客”的功能需求及设计概要，希望读者在接下来各章知识点的学习中，紧密围绕该案例的各种功能需求，学习如何设计、开发一款应用产品。此外，读者亦可多加练习和思考，在该案例的基础上做进一步的完善。

习　题

1. 请读者熟悉 Android Studio 项目查看模式下各个项目文件的含义及其功能。

2. 在 Android SDK 中，Android 模拟器、Android 调试桥和 DDMS 是 Android 应用程序开发过程中经常使用到的工具，简述这三个工具的用途。

3. 请读者熟悉 Android 中工具的使用。

（1）在所建项目中使用 Log 和 System.out 的方法打印信息，并利用 logcat 工具查看输出。

（2）通过 DDMS 查看设备情况和 Android 文件结构，并查看应用程序的运行状况（如线程信息、堆栈使用情况等）。

（3）使用 adb 命令在模拟器中安装或卸载应用程序。

4. 请读者查阅资料了解 JSON 格式和 Android 内置的 SQLite 数据库。

5. 要在 res\layout 文件夹下建立一个 XML 文件，应该如何操作？

6. 要在 src 文件夹下建立一个 java 文件，应该如何操作？

7. 试运行 Android 中自带的例子，并将“Hello World!”改成“你好世界”。

8. 查找资料，简要描述 Android 项目开发的大致开发流程。

第3章 Android 基本原理

本章将从宏观的角度向读者介绍 Android 的体系结构和运行原理，以及 Android 应用程序中核心组件的机制。读者通过本章的学习将会对 Android 的内部有更为宏观的认识。

3.1 Android 框架

3.1.1 Android 体系结构

Android 系统采用了分层的架构，总共四层，如图 3.1 所示，由上到下分别是应用程序层、应用程序框架层、系统运行库层和 Linux 内核层，每一层都使用其下面各层所提供的服务。

图 3.1　Android 体系结构

1. 应用程序层

Android 平台包含了许多核心的应用程序，诸如 E-mail 客户端、SMS 短消息程序、日历、地图、浏览器、联系人等应用程序。这些应用程序都是用 Java 语言编写的。开发人员可以灵活地根据需求替换这些自带的应用程序或者开发新的应用程序。

2. 应用程序框架层

开发者可以完全访问核心应用程序所使用的 API 框架。该层简化了组件的复用，使开发人员可以直接使用系统提供的组件来进行快速的开发，也可以通过继承灵活地加以拓展。这些内容包括：活动管理器（Activity Manager，管理各个应用程序的生命周期以及通常的导航回退功能）、视图系统（View System，构建应用程序的基本组件）、内容提供器（Content Provider，使不同的应用程序之间可以存取或者分享数据）、资源管理器（Resource Manager，提供应用程序使用的各种非代码资源，如本地化字符串、图片、布局文件等）、通知管理器（Notification Manager，使应用程序可以在状态栏中显示自定义的提示信息）等。

3. 系统运行库层

该层分为两部分：系统库和 Android 运行环境。

（1）系统库。它包含图层管理（显示子系统管理器，对多个应用程序提供 2D 与 3D 图层的无缝合成显示）、媒体库（基于 PacketVideo OpenCore，支持多种常用的音频、视频格式录制和回放，编码格式包括 MPEG4、MP3、H.264、AAC、AMR、JPG 和 PNG）、SQLite（本地小型关系数据库，Android 提供了一些新的 SQLite 数据库 API，以替代传统的耗费资源的 JDBC API）、Open GL|ES（基于 OpenGL ES 1.0 APIs 的实现，该库使用硬件 3D 加速或者优化的 3D 软件加速）、FreeType（位图和向量字的显示）、WebKit（能够支持 Android 浏览器和嵌入式 Web 视图的 Web 浏览器引擎）、SGL（底层的 2D 图形引擎）、SSL（安全套接层，是为网络通信提供安全及数据完整性的一种安全协议）、libc 函数库（继承自 BSD 的 C 函数库 bionic libc，更适合基于嵌入式 Linux 的移动设备）。

（2）Android 运行时。它提供了 Java 编程语言核心库的大多数功能，由核心库和 Dalvik Java 虚拟机组成。每个应用程序都在自己的进程中运行，都拥有一个独立的 Dalvik 虚拟机实例。Dalvik 虚拟机执行后缀名为.dex 的 Dalvik 可执行文件，该格式的文件针对小内存的使用做出了优化。同时，虚拟机是基于寄存器的，所有的类都是通过核心库编译，然后通过 SDK 中的“dx”工具转化为.dex 格式的文件由虚拟机执行。Dalvik 虚拟机依赖于 Linux 内核的一些功能，比如线程机制和底层内存管理机制。

4. Linux 内核层

Android 基于 Linux 2.6 的内核，其核心系统服务如安全性、内存管理、进程管理、网络协议以及驱动模型都依赖于 Linux 内核。内核层也扮演了介于硬件层和软件栈之间的抽象层的角色。

Linux 内核层和系统运行库层之间，从 Linux 操作系统的角度来看，是内核空间与用户空间的分界线，Linux 内核层运行于内核空间，以上各层运行于用户空间。系统运行库层和应用框架层之间是本地代码层和 Java 代码层的接口。应用程序框架层和应用程序层是 Android 的系统 API 的接口，对于 Android 应用程序的开发，应用程序框架层以下的内容是不可见的，仅考虑系统 API 即可。

3.1.2 Android 运行原理

1. 系统启动过程

通过 ls 命令查看 Android 系统的根目录，如图 3.2 所示。使用 ps 命令查看 Android 系统的进程，如图 3.3 所示。

```
C:\Users\Administrator>adb shell
# ls -l
ls -l
dr-x------ root     root              2012-06-25 09:35 config
drwxrwx--- system   cache             2012-06-25 09:35 cache
lrwxrwxrwx root     root              2012-06-25 09:35 sdcard -> /mnt/sdcard
drwxr-xr-x root     root              2012-06-25 09:35 acct
drwxrwxr-x root     system            2012-06-25 09:35 mnt
lrwxrwxrwx root     root              2012-06-25 09:35 d -> /sys/kernel/debug
lrwxrwxrwx root     root              2012-06-25 09:35 etc -> /system/etc
drwxr-xr-x root     root              2010-06-30 21:06 system
drwxr-xr-x root     root              1970-01-01 00:00 sys
drwxr-x--- root     root              1970-01-01 00:00 sbin
dr-xr-xr-x root     root              1970-01-01 00:00 proc
-rwxr-x--- root     root              12995 1970-01-01 00:00 init.rc
-rwxr-x--- root     root              1677 1970-01-01 00:00 init.goldfish.rc
-rwxr-x--- root     root              107412 1970-01-01 00:00 init
-rw-r--r-- root     root              118 1970-01-01 00:00 default.prop
drwxrwx--x system   system            2012-06-25 09:37 data
drwx------ root     root              2010-01-28 00:59 root
drwxr-xr-x root     root              2012-06-25 09:36 dev
#
```

图 3.2　用 ls 命令查看 Android 系统根目录

```
# ps
ps
USER     PID   PPID  VSIZE  RSS    WCHAN    PC         NAME
root     1     0     296    204   c009b74c 0000ca4c S /init
root     2     0     0      0     c004e72c 00000000 S kthreadd
root     3     2     0      0     c003fdc8 00000000 S ksoftirqd/0
root     4     2     0      0     c004b2c4 00000000 S events/0
root     5     2     0      0     c004b2c4 00000000 S khelper
root     6     2     0      0     c004b2c4 00000000 S suspend
root     7     2     0      0     c004b2c4 00000000 S kblockd/0
root     8     2     0      0     c004b2c4 00000000 S cqueue
root     9     2     0      0     c018179c 00000000 S kseriod
root     10    2     0      0     c004b2c4 00000000 S kmmcd
root     11    2     0      0     c006fc74 00000000 S pdflush
root     12    2     0      0     c006fc74 00000000 S pdflush
root     13    2     0      0     c00744e4 00000000 S kswapd0
root     14    2     0      0     c004b2c4 00000000 S aio/0
root     22    2     0      0     c017ef48 00000000 S mtdblockd
root     23    2     0      0     c004b2c4 00000000 S kstriped
root     24    2     0      0     c004b2c4 00000000 S hid_compat
root     25    2     0      0     c004b2c4 00000000 S rpciod/0
root     26    1     740    196   c0158eb0 afd0d8ac S /system/bin/sh
system   27    1     812    232   c01a94a4 afd0db4c S /system/bin/servicemanager
root     28    1     3736   316   ffffffff afd0e1bc S /system/bin/vold
root     29    1     3716   332   ffffffff afd0e1bc S /system/bin/netd
root     30    1     668    180   c01b52b4 afd0e4dc S /system/bin/debuggerd
radio    31    1     5392   456   ffffffff afd0e1bc S /system/bin/rild
root     32    1     101664 13596 c009b74c afd0dc74 S zygote
media    33    1     21740  1072  ffffffff afd0db4c S /system/bin/mediaserver
root     34    1     812    232   c02181f4 afd0d8ac S /system/bin/installd
```

图 3.3　用 ps 命令查看 Android 系统进程

```
keystore 35    1     1616   212    c01b52b4 afd0e4dc S /system/bin/keystore
root     36    1     740    196    c003da38 afd0e7bc S /system/bin/sh
root     37    1     840    276    c00b8fec afd0e90c S /system/bin/qemud
root     39    1     3392   184    ffffffff 0000ecc4 S /sbin/adbd
root     50    36    796    240    c02181f4 afd0d8ac S /system/bin/qemu-props
system   64    32    185400 25368  ffffffff afd0db4c S system_server
app_23   114   32    138660 14184  ffffffff afd0eb08 S jp.co.omronsoft.openwnn
radio    119   32    147304 14440  ffffffff afd0eb08 S com.android.phone
app_25   130   32    150160 19384  ffffffff afd0eb08 S com.android.launcher
system   141   32    136708 13340  ffffffff afd0eb08 S com.android.settings
app_0    157   32    138964 15928  ffffffff afd0eb08 S android.process.acore
app_9    163   32    131332 12912  ffffffff afd0eb08 S com.android.alarmclock
app_2    177   32    133136 13320  ffffffff afd0eb08 S android.process.media
app_15   189   32    147364 13588  ffffffff afd0eb08 S com.android.mms
app_30   210   32    134804 13140  ffffffff afd0eb08 S com.android.email
app_51   230   32    137600 15064  ffffffff afd0eb08 S com.wd.AndroidDaemon
app_51   240   32    136344 13860  ffffffff afd0eb08 S com.wd.AndroidDaemon:service
app_7    243   32    130500 12064  ffffffff afd0eb08 S com.android.protips
app_12   254   32    133284 13128  ffffffff afd0eb08 S com.android.quicksearchbox
app_22   261   32    131660 12752  ffffffff afd0eb08 S com.android.music
app_39   267   32    130372 11940  ffffffff afd0eb08 S com.dzy.practice
root     273   39    740    332    c003da38 afd0e7bc S /system/bin/sh
root     294   273   888    332    00000000 afd0d8ac R ps
```

图 3.3　用 ps 命令查看 Android 系统进程（续）

从系统的进程中可以看到，系统 1 号和 2 号进程都以 0 号进程为父进程。init 是系统运行的第一个进程，这是一个用户空间的进程。kthreadd 是系统的 2 号进程，这是一个内核进程，其他内核进程都直接或间接以它为父进程。Zygote、/system/bin/sh、/system/bin/mediaserver 等进程是被 init 运行起来的，因此它们以 init 为父进程。其中，android.process.acore(Home)、com.android.mms 等进程代表的是应用程序进程，它们的父进程都是 Zygote。

我们可以从图 3.4 看 Android 系统的启动过程。Linux 的 init 进程在启动若干守护进程后，就启动了 Android 的 runtime 和 Zygote，Zygote 再启动虚拟机、系统服务；系统服务再启动完本地服务后，又启动若干 Android 服务，并完成对 Service Manager 的注册工作；最后系统启动完成。

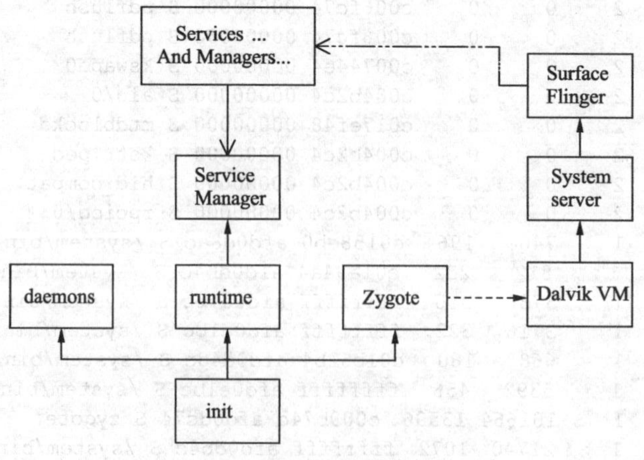

图 3.4　Android 系统的启动过程

2. 应用程序编译原理和运行原理

Android 应用程序的编译过程如图 3.5 所示。

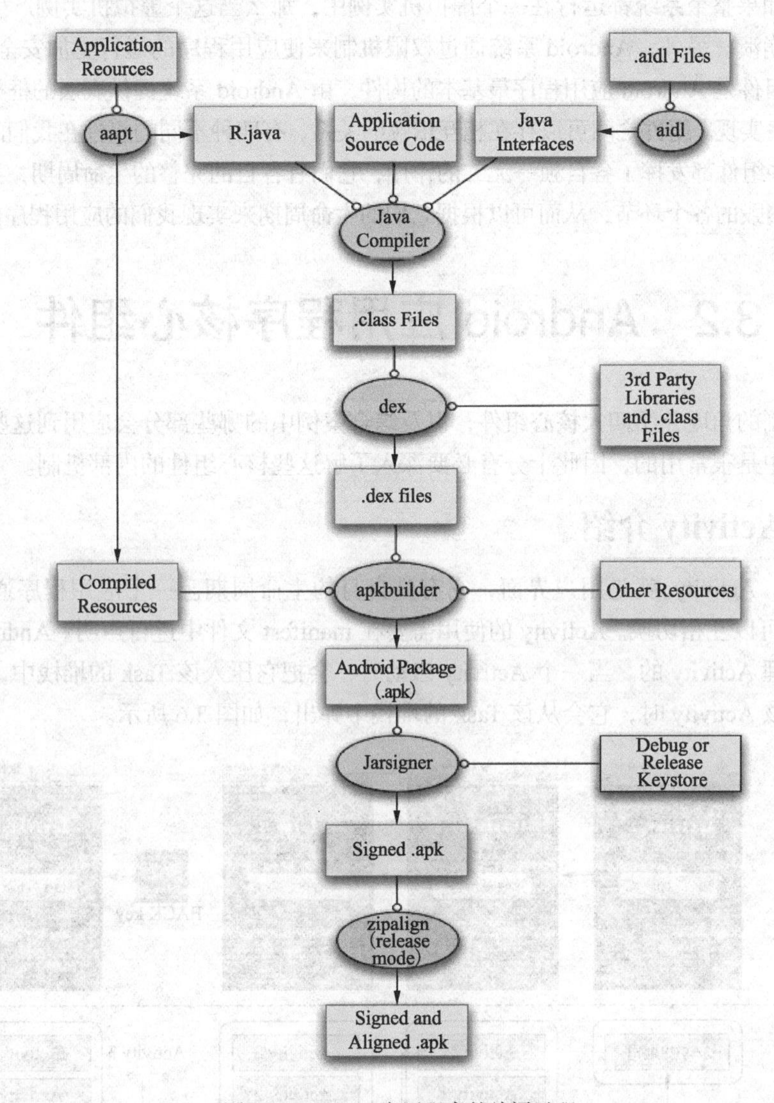

图 3.5　Android 应用程序的编译过程

Android 应用程序的编译过程如下。

（1）利用 aapt 工具生成 R.java 文件。

（2）使用 aidl 工具将.aidl 文件编译成.java 文件。AIDL 是 Android 系统提供的一种进程间调用的方式,类似于 IPC 调用。通过 aidl 工具将使用 Android Interface Definition Language 描述的.aidl 文件编译成包含 Java 接口类的.java 文件，然后进程间遵循这些接口进行相互调用。

（3）使用 javac 工具将.java 文件编译成.class 文件。

（4）使用 dx.bat 批处理将众多.class 文件转换成一个.dex 文件。

（5）使用 aapt 工具打包资源文件。

（6）使用 apkbuilder 生成未签名的 apk 安装文件。

（7）使用 JDK 中的 jarsigner 对 apk 安装文件进行签名。

Android 应用程序都运行在一个 Dalvik 虚拟机实例中，而每个虚拟机实例都是一个独立的进程空间，故每个应用程序都独立于其他应用程序而运行。Android 系统这样做的目的在于保证系统的安全性，如果整个系统都运行在一个虚拟机实例中，那么当这个虚拟机实例产生异常时，整个系统将可能崩溃。另外，Android 系统通过权限机制来使应用程序的运行更加安全。

应用程序组件是 Android 应用程序最基本的构件，由 Android 系统提供底层的框架支持，并由我们的应用程序实现。组件之间可以存在相互依赖的关系，有四种不同的组件在我们的应用程序中经常出现。这些组件都发挥了各自独一无二的作用，它们有各自的完整的生命周期，我们可以获得它们从创建到销毁的各个环节，从而可以根据它们的生命周期来实现我们的应用程序的需求。

3.2 Android 应用程序核心组件

本节从机制的角度介绍四大核心组件，以及综合案例中的哪些部分会应用到这些组件。它们在开发的过程中是很常用的，因此十分有必要深入了解这些核心组件的内部机制。

3.2.1 Activity 介绍

通俗地讲，Activity 就是用户界面，它有其自身的生命周期。一个应用程序通常包含多个 Activity，它们可以互相切换。Activity 的使用需要在 manifest 文件中进行声明。Android 系统是通过任务栈来管理 Activity 的。当一个 Activity 启动时，会把它压入该 Task 的堆栈中，当用户按返回键或者结束该 Activity 时，它会从该 Task 的堆栈中弹出，如图 3.6 所示。

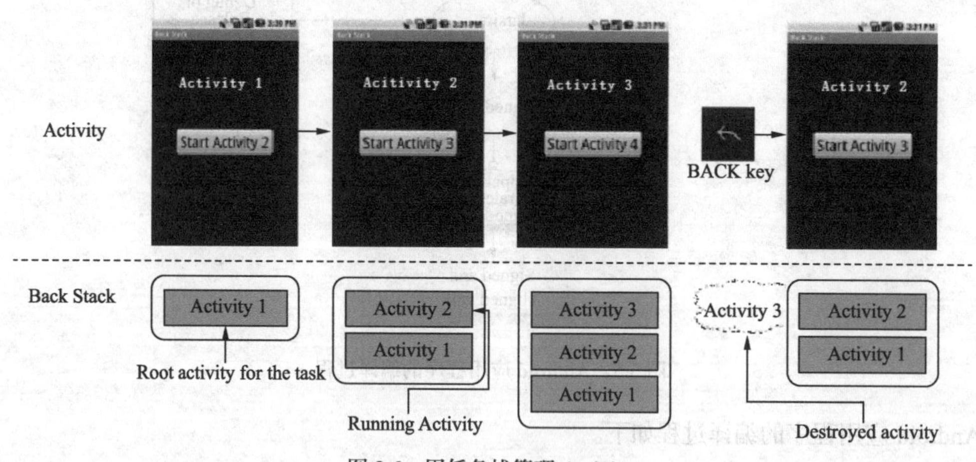

图 3.6　用任务栈管理 Activity

当用户按 Home 键时，当前应用程序的任务栈将转到后台，该任务栈中保存着压入其中的各个 Activity 的状态。此时，用户可以启动任意其他应用程序。如果是另外的应用程序，那么它所在的任务栈将处于前台，用户可以与之进行相应的交互，图 3.7 表示了这个过程。

上述任务栈默认采用“后进先出”的原则，这对于大部分应用程序是适宜的。不过，我们依然可以通过两种方式来指定 Activity 的任务模式：使用 manifest 文件在定义 Activity 时指定它的加载模式或者在开启一个 Activity 时使用 Intent 标志。如果两种方式都用了，则后者的优先级会更高。Android 为我们定义了四种加载模式，分别是 standard、singleTop、singleTask 和 singleInstance。

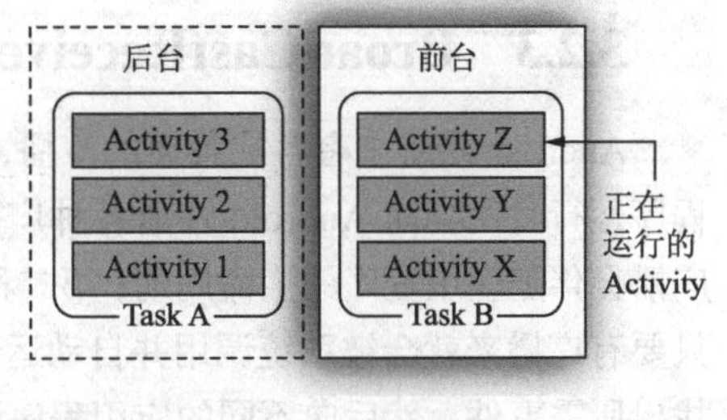

图 3.7 不同的任务栈

- standard 是 Activity 默认的加载模式，一调用 startActivity()方法就会产生一个新的实例，这种模式下的 Activity 可以被实例化多次。
- singleTop 表示如果已经有一个实例位于任务栈的顶部，就不会产生新的实例，而只是调用 onNewIntent()方法；如果不位于栈顶，会产生一个新的实例，这种模式下的 Activity 也可以被实例化多次。
- singleTask 会在一个新的 Task 中产生这个实例，以后每次调用都会使用这个实例，而不会去产生新的实例。
- singleInstance 和 singleTask 基本上一样，只是在这个模式下的 Activity 实例所处的 Task 中，只能有这个 Activity 实例，不能有其他的实例。

Activity 加载模式的 Intent 标识如下。

- FLAG_ACTIVIYT_NEW_TASK（同 singleTask 效果）。
- FLAG_ACTIVITY_SINGLE_TOP（同 singleTop 效果）。
- FLAG_ACTIVITY_CLEAR_TOP。

在本书的综合案例中将大量用到 Activity 组件，比如登录界面、用户列表、话题列表等，大部分呈现给用户的界面都是通过 Activity 来实现的。

3.2.2 Service 介绍

Service 不像 Activity 那样，它不直接与用户进行交互，没有用户界面，能够长期在后台运行，且比 Activity 具有更高的优先级，在系统资源紧张时不会轻易被 Android 系统终止。每个服务都是从 Service 基类中派生的。Service 的生命周期没有 Activity 那样复杂，也是从 onCreate()到 onDestory()结束，但经历的生命周期方法要更少，过程也相对简单。Service 不仅可以实现后台服务的功能，也可以用于进程间的通信。使用 Service 时，需要在 manifest 中进行声明。对于进程内的 Service 调用如图 3.8 所示，而对于进程间的 Service 调用则需要使用 AIDL 定义进程间的通信接口，如图 3.9 所示。在本书的综合案例中将会利用 Service 来做定时查询以获得最新的消息数据。

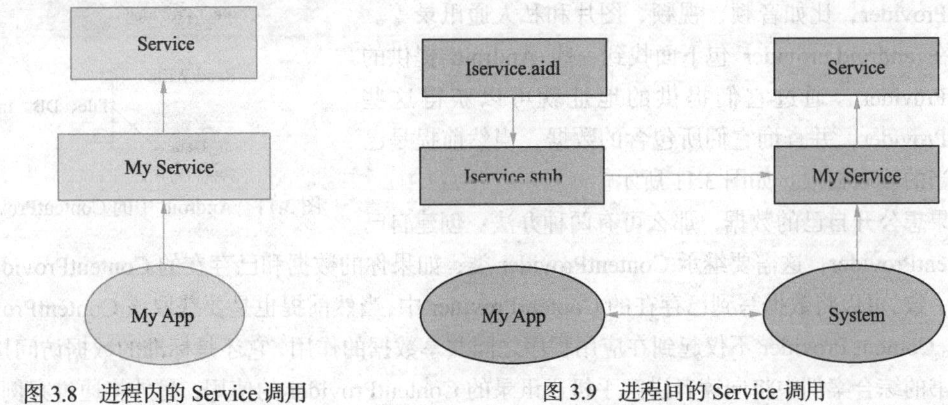

图 3.8 进程内的 Service 调用　　图 3.9 进程间的 Service 调用

3.2.3 BroadCastReceiver 介绍

Android 系统中有各式各样的广播，像电话或短信的接收等都会产生一个广播。当系统/应用程序运行时便会向 Android 注册各种广播，主要有两种注册类型：第一种是非常驻型广播，此类广播会伴随应用程序的生命周期；第二种是常驻型广播，此类广播不受应用程序是否关闭的影响，只要有广播来就会被系统调用并自动运行。Android 系统接收到广播后便会对广播进行判断，并找出所需事件，然后向不同的应用程序注册事件。不同的广播可以处理不同的广播事件，也可以处理相同的广播事件，Android 系统会对此进行筛选，另外需要注意权限的声明。Android 广播如图 3.10 所示。

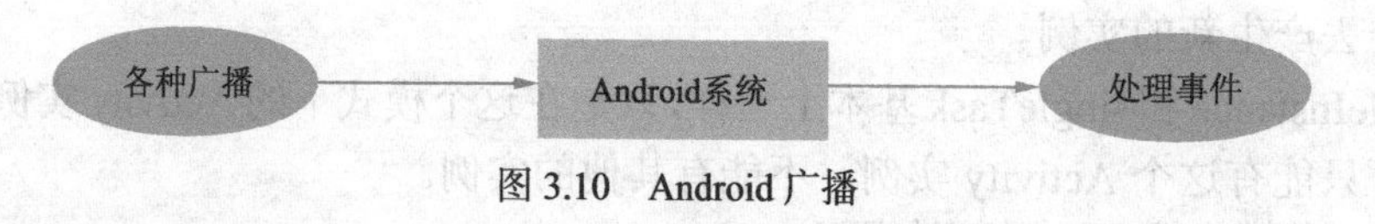

图 3.10　Android 广播

BroadCastReceiver（广播接收器）是为了实现系统广播而提供的一种组件，广播事件处理机制是系统级别的。广播接收器通过在 onReceive()方法中实现事件的接收处理，这需要在 manifest 中注明哪个类需要进行广播并且为其设置过滤器，如下所示。

```
<receiver android:name=".MyBroadCast">  <!-- 广播接收类 -->
        <intent-filter>
            <action android:name="com.example.testbroadcast"/>
<!-- 表示所接收的广播动作，这里是自定义的一个动作，也可以是系统里面自带的广播动作-->
      </intent-filter>
    </receiver>
```

在本书综合案例中，我们会以广播的形式来提醒用户登录或注销是否成功。

3.2.4 ContentProvider 介绍

Android 中的 ContentProvider 机制可支持在多个应用中存储和读取数据，这也是跨应用共享数据的唯一方式。在 Android 系统中，没有一个公共的内存区域供多个应用程序共享存储的数据。Android 系统提供了一些主要类型的 ContentProvider，比如音频、视频、图片和私人通讯录等。我们可在 android.provider 包下面找到一些 Android 提供的 ContentProvider，通过它们提供的地址就可以获得这些 ContentProvider，并查询它们所包含的数据，当然前提是已获得适当的读取权限。如图 3.11 所示。

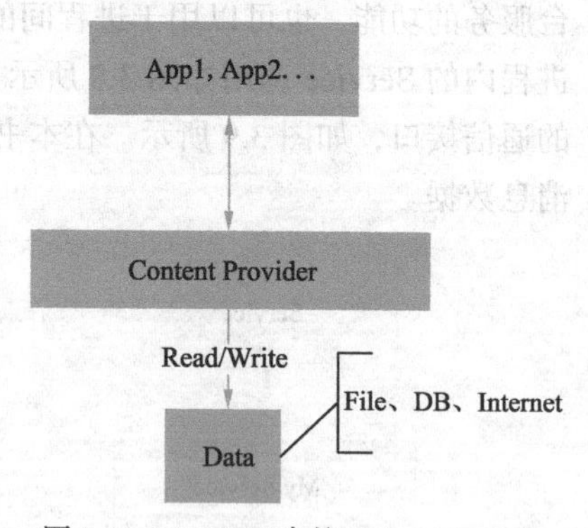

图 3.11　Android 中的 ContentProvider

如果想公开自己的数据，那么可有两种办法：创建自己的 ContentProvider，这需要继承 ContentProvider 类；如果你的数据和已存在的 ContentProvider 数据结构一致，可以将数据写到已存在的 ContentProvider 中，当然前提也是要获取该 ContentProvider 的权限。Content Provider 不仅起到在应用程序之间共享数据的作用，它还是标准的数据访问接口。

本书的综合案例中将向读者讲解手机通讯录的 ContentProvider 的使用，另外将通过案例实现自己的应用程序给其他应用程序的数据共享。

3.3　本章小结

本章介绍了 Android 系统的体系结构并且分析了其运行原理。在 Android 系统中构建应用程序时，最常用的四大组件为：Activity、Service、BroadCastReceive 以及 ContentProvider。本章从机制的角度对其进行了分析，希望读者在接下来的学习中体会它们的使用场景并且深入理解 Android 应用程序框架层的机制。

习　题

1. 简述 Android 体系结构图。
2. 试阐明 apk 的生成和运行机制。
3. Activity 在应用程序中是否必不可少？若不是，请举例说明。
4. 试阐明 Android 中的权限机制。
5. 简述应用程序组件的生命周期的概念。
6. 简述 Android 系统的四种基本组件 Activity、Service、BroadcaseReceiver 和 ContentProvider 的用途。
7. Android 系统如何保证应用程序数据的安全性？

第4章 Activity、Fragment以及Intent通信机制

当我们使用 Android 手机时，通过触摸或者按键等形式与手机应用程序进行交互的过程中，一般对应用程序进行了许多不同类型操作，比如打开应用程序、退出应用程序、横竖屏模式切换、将微博信息分享至微信朋友圈等，这些操作运行的原理是什么呢？本章将从 Activity、Fragment 和 Intent 三个方面解释上述问题，让读者理解 Activity 的生命周期、Fragment 的使用原理以及 Intent 的通信机制。

4.1 Activity 生命周期

在 Android 应用程序中，所有的 Android 组件都有自己的生命周期，表示从这一组件的创建到销毁的整个过程。在这一过程中，组件会在活动、非活动以及可见或不可见等状态中不断因应用场景的改变而进行切换。这一小节中，我们将对 Android 系统中 Activity 组件的生命周期进行详细的介绍。

4.1.1 Activity 交互机制

Android 针对 Activity 的管理使用的是栈机制，Activity 栈保存了已经启动并且没有终止的 Activity，并遵循“先进后出”的原则。也就是说在某个时刻只有一个 Activity 处在栈顶，当这个 Activity 被销毁后，下面的 Activity 才可能处于栈顶，或者是有一个新的 Activity 被创建出来，则上一个 Activity 被压下去。Android 按照一种层次管理所有的 Activity。因为 Activity 直接涉及用户交互界面的处理，而任意时刻与用户交互的界面只有一个，所以 Android 针对 Activity 的管理采用了具有层次感的栈的数据结构。

4.1.2 Activity 状态

Activity 生命周期是指 Activity 从创建到销毁的过程，在这一过程中，Activity 一般处于 4 种状态，即 Active/Running、Paused、Stop、Killed。

（1）Active/Running。此时 Activity 一定处于屏幕的最前端，可以被看到，并且可以与用户进行交互。对于 Activity 栈来说，它处于栈顶。

（2）Paused。此时 Activity 在屏幕上仍然可见，但是它已经失去了焦点，用户不能与之进行

交互。暂停状态的 Activity 是存活的，它仍然维持着其内部的状态和信息，但是系统可能会在手机内存极低的情况下杀掉该 Activity。

（3）Stop。此时 Activity 在屏幕上完全不能被用户看见，也就是说，这个 Activity 已经完全被其他 Activity 所遮住。处于停止状态的 Activity，系统仍然保留有其内部的状态和成员信息，但是它经常会由于手机系统内存被征用而被系统杀死回收。

（4）Killed。Activity 被系统杀死回收或者未启动。

这 4 种状态的转换关系如图 4.1 所示。

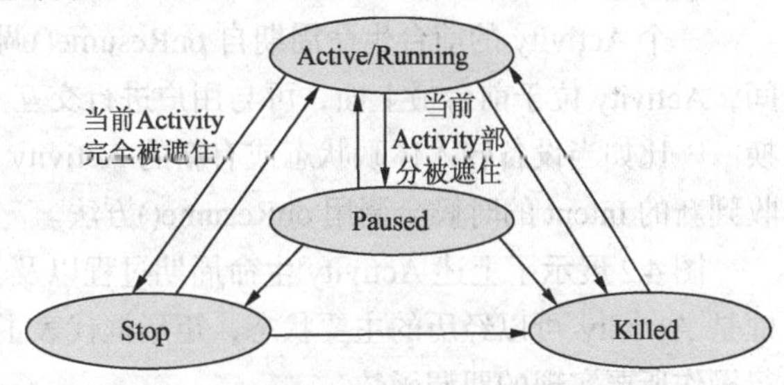

图 4.1　Activity 的 4 种状态之间的转换关系

如图 4.1 所示，Activity 启动后处于 Activc/Running 状态，此时的 Activity 处于屏幕的最上面，用户可与之进行交互。Android 系统为了保证此时的 Activity 处于 Active/Running 状态，在内存紧张时，可能会终止其他状态的 Activity。当用户启动了新的 Activity，并且此 Activity 部分遮挡了当前的 Activity 时；或者是此 Activity 拥有透明属性时，则当前的 Activity 转换为 Paused 状态，Android 系统也可以从 Paused 状态到 Active/Running 状态。当用户启动的 Activity 完全遮住了当前的 Activity 时，则当前的 Activity 转换为 Stop 状态，对于处于 Stop 状态的 Activity。当手机系统内存被其他应用程序征用时，Stop 状态的 Activity 将首先被杀死。Active/Running 状态的 Activity 被用户终止或是 Paused 状态及 Stop 状态的 Activity 被系统终止后，Activity 进入了 Killed 状态。

4.1.3　Activity 生命周期的事件回调函数

为了能够让 Android 程序了解自身状态的变化，Android 系统中具有很多事件回调函数，我们可以重载这些方法来实现自己的操作。Android 生命周期的事件回调函数如下。

```
void onCreate(Bundle savedInstanceState)
void onStart()
void onRestart()
void onResume()
void onPause()
void onStop()
void onDestroy()
```

所有的 Activiy 都必须实现 onCreate()方法，在该方法中可以对 Activity 进行一些初始化设置。注意，所有的 Activity 生命周期方法的实现都必须先调用其父类的方法。例如：

```
public void onPause() {
    super.onPause();
    . . .
}
```

这七个事件回调函数表示了一个 Activity 完整的生命周期，我们可以实现这些方法跟踪 Activity 的生命周期。Android 生命周期可分为全生命周期、可视生命周期、前台生命周期。

一个 Activity 的全生命周期自第一次调用 onCreate()开始，直至调用 onDestroy()为止。Activity 在 onCreate()中设置所有“全局”状态以完成初始化，而在 onDestroy()中释放所有系统资源。比如我们在 Activity 的 onCreate()方法中创建一个线程，在 onDestroy()中释放该线程。

一个 Activity 的可视生命周期从 onStart()开始到 onStop()结束。在此期间，用户可以在屏幕上看到该 Activity。在这两个方法中，你可以管理该 Activity 的资源。比如你可以在 onStart()中注册一个 BroadcastReceiver 来监控 UI 变化，而在 onStop()中取消该注册。当单击 Home 按钮时，当前 Activity 处于不可见状态；当再次进入之前不可见的 Activity 时，系统会调用 onRestart()方法，之后调用 onStart()方法，该方法的调用可用来进行 Activity 从不可见到可见过程的处理。onStart()和 onStop()方法可以随着应用程序是否为用户可见而被多次调用。

一个 Activity 的前台生命周期自 onResume()调用开始，至相应的 onPause()调用为止。在此期间，Activity 位于前台最上面，可与用户进行交互。Activity 会经常在暂停和恢复之间进行状态转换——比如当设备转入休眠状态或有新的 Activity 启动时，将调用 onPause() 方法；当 Activity 接收到新的 Intent 的时候会调用 onResume()方法。

图 4.2 展示了上述 Activity 生命周期过程以及 Activity 在这个过程之中历经的状态改变。椭圆框是 Activity 可以经历的主要状态，矩形框代表了当 Activity 在状态间发生改变的时候，我们进行操作所要实现的回调函数。

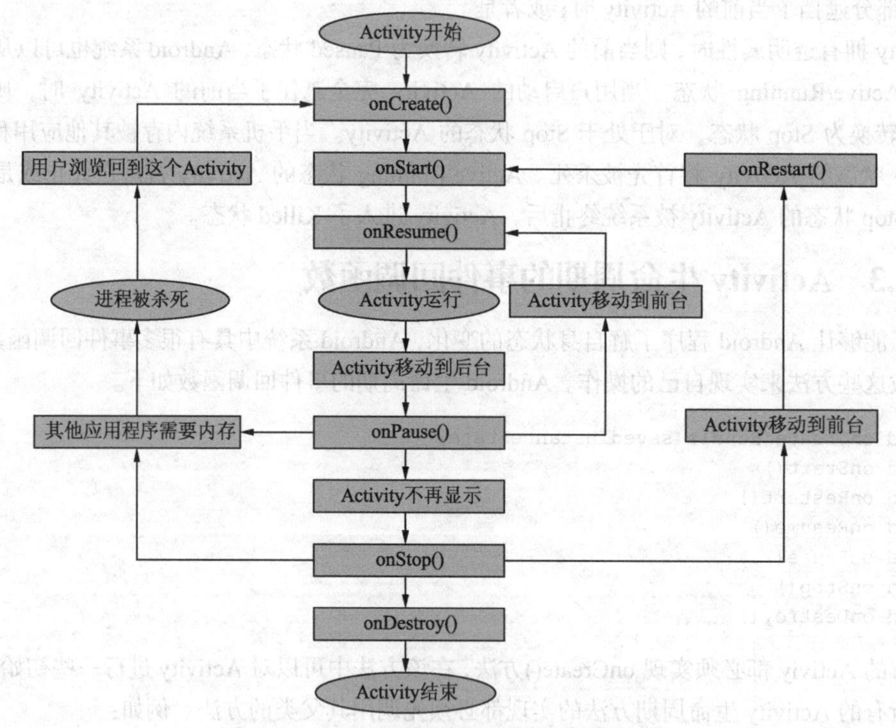

图 4.2　Activity 生命周期过程及历经的状态改变

表 4.1 详细描述了这些回调函数，Activity 的整个生命周期中将使用它们。

表 4.1　Android 生命周期事件回调函数

函　数	描　述	可被杀死	下一个
onCreate()	在 Activity 第一次被创建的时候调用。可在此处做初始化设置——创建视图、绑定数据至列表等。如果曾经有状态记录，则调用此方法时会传入一个表示 Activity 以前状态的包对象作为参数。 继以 onStart()	否	onStart()

续表

函　数	描　述	可被杀死	下一个
onRestart()	在 Activity 停止后，再次启动前被调用。继以 onStart()	否	onStart()
onStart()	当 Activity 正要变得为用户所见时被调用 当 Activity 转向前台时继以 onResume(); 当 Activity 变为隐藏时继以 onStop()	否	onResume() 或 onStop()
onResume()	在 Activity 开始与用户进行交互之前被调用。此时 Activity 位于堆栈顶部，用户可见。继以 onPause()	否	onPause()
onPause()	当系统将要启动另一个 Activity 或者弹出对话框时调用。此方法主要用于将所有持久性数据写入存储之中，这一切动作应该在短时间内完成，因为下一个 Activity 必须等到此方法返回后才会继续 当 Activity 重新回到前台时继以 onResume();当 Activity 变为用户不可见时继以 onStop()	是	onResume() 或 onStop()
onStop()	当 Activity 不再为用户可见时调用此方法。这可能发生在它被销毁或者另一个 Activity（可能是现存的或者是新的）回到运行状态并覆盖它时。 如果 Activity 再次回到前台跟用户交互则继以 onRestart(); 如果关闭 Activity 则继以 onDestroy()	是	onRestart() 或 onDestroy()
onDestroy()	在 Activity 销毁前调用，这可能发生在 Activity 结束（调用了它的 finish() 方法）或者因为系统需要临时空间而销毁该 Activity 实例时。可以用 isFinishing()方法来区分这两种情况	是	无

在表 4.1 中“可被杀死”一列是指在该方法被调用后，系统是否可以杀死包含此 Activity 的进程。在此列表中被标记为“是”的有 onPause()、onStop() 和 onDestroy() 三个方法。onPause()是三个中唯一一个在进程被杀死之前可能不会调用 onStop()和 onDestroy()的方法，因此你应该用 onPause()的方法将所有持久性数据写入存储之中。在此列中被标记为“否”的方法在它们被调用时将保护 Activity 所在的进程不会被杀死。所以只有在 onPause()方法返回后到 onResume()方法被调用时，一个 Activity 才处于可被杀死的状态，在 onPause()再次被调用并返回之前，它不会被系统杀死。

此外为了获取 Activity 被杀死前的状态，可以在 Activity 被销毁前使用 onSaveInstanceState()方法。它会将一个以键值对方式记录的 Activity 动态状态的 Bundle 对象传递给该方法。当 Activity 再次启动时，这个 Bundle 会传递给 onCreate() 方法或随着 onStart() 方法调用的 onRestoreInstanceState()方法，所以它们两个都可以恢复之前保存的状态。与表 4.1 中所讲的 7 种方法不同，onSaveInstanceState()和 onRestoreInstanceState()并不是生命周期方法，它们并不是总会被调用。比如 Android 会在 Activity 系统主动销毁之前调用 onSaveInstanceState()，但用户动作（比如按下了 Back 键）造成的销毁则不可调用。在用户不打算回到该 Activity 的情况下，也没有保存其状态的必要。因为 onSaveInstanceState()不是总被调用，所以你应该只用它来为 Activity 保存一些临时的状态，而不能用来保存持久性数据，对于持久性数据，可通过 onPause()方法来实现。

表 4.2 详细描述了 Activity 中的 onSaveInstanceState()和 onRestoreInstanceState()方法。

表 4.2　　onSaveInstanceState()和 onRestoreInstanceState()方法

方　法	描　述	是否可终止
onSaveInstanceState()	Android 系统在资源不足而终止 Activity 前被调用，用以保存 Activity 的状态信息，供 onCreate()和 onRestoreInstanceState()方法恢复使用。	否
onRestoreInstanceState()	恢复 onSaveInstanceState()保存的 Activity 状态信息，在 onStart()和 onResume()方法之间使用。	否

为了能够让读者更好地掌握 Activity 的生命周期，并且理解 Activity 事件回调函数的调用顺序，接下来我们创建一个 Android 工程对 Activity 生命周期进行详细的跟踪和说明。以下是测试生命周期的小例子。

```
package com.androidbook.activitylife;
import android.app.Activity;
import android.content.Intent;
import android.os.Bundle;
import android.util.Log;
import android.view.View;
import android.view.View.OnClickListener;
import android.widget.Button;

public class Activity1 extends Activity {
/** Called when the activity is first created. */
    private static final String TAG = "Activity1";
    //一个完整生命周期开始时被调用，初始化 Activity
    @Override
    public void onCreate(Bundle savedInstanceState) {
        super.onCreate(savedInstanceState);
        setContentView(R.layout.main);
        Log.e(TAG,"onCreate");
        Button button = (Button)findViewById(R.id.button);
        button.setText("进入 Activity2");
        Button otherButton = (Button)findViewById(R.id.otherbutton);
        otherButton.setText("进入 Activity3,弹出对话框");
        button.setOnClickListener(new OnClickListener() {
            @Override
            public void onClick(View v) {
                //TODO Auto-generated method stub
                Intent intent = new Intent( Activity1.this, Activity2.class);
                startActivity(intent);
            }
        });
      otherButton.setOnClickListener(new OnClickListener() {
            @Override
            public void onClick(View v) {
                // TODO Auto-generated method stub
                Intent intent = new Intent( Activity1.this,Activity3.class);
                startActivity(intent);
            }
        });
    }
```

```
//可视生命周期开始时被调用
@Override
protected void onStart() {
    // TODO Auto-generated method stub
    super.onStart();
    Log.e(TAG,"onStart");
}

//在 onStart()后被调用，用于恢复 UI 信息
@Override
protected void onRestoreInstanceState(Bundle savedInstanceState) {
    // TODO Auto-generated method stub
    //从 savedInstanceState 恢复 UI 状态
    //Bundle 对象同样在 onCreate 方法中被传入
    super.onRestoreInstanceState(savedInstanceState);
    Log.e(TAG,"onRestoreInstanceState");
}
@Override
protected void onResume() {
    // TODO Auto-generated method stub
    //在前台生命周期开始时被调用，恢复被 onPause()停止的用于界面更新的资源
    super.onResume();
    Log.e(TAG,"onResume");
}
//在 onResume()之后被调用，用于保存界面信息
@Overrideprotected void onSaveInstanceState(Bundle savedInstanceState) {
    // TODO Auto-generated method stub
    //保存 UI 状态变化到 savedInstanceState 中
    //当进程被杀死或重启时这个 Bundle 会传入到 onCreate()方法
    super.onSaveInstanceState(savedInstanceState);
    Log.e(TAG,"onSaveInstanceState");
}
//重新进入可视界面前被调用，这个 Activity 已经出现过
@Override
protected void onRestart() {
    // TODO Auto-generated method stub
    super.onRestart();
    Log.e(TAG,"onRestart");
}
//在前台生命周期结束时被调用，用来保存持久的数据或释放占用的资源
@Override
protected void onPause() {
    // TODO Auto-generated method stub
    super.onPause();
    Log.e(TAG,"onPause");
}
//在可视生命周期结束时被调用，保存数据和状态变化
@Override
protected void onStop() {
    // TODO Auto-generated method stub
    super.onStop();
    Log.e(TAG,"onStop");
}
```

```
    //在整个生命周期结束时被调用，清除任何资源，包括结束线程、关闭数据库连接等
    @Override
    protected void onDestroy() {
        // TODO Auto-generated method stub
        super.onDestroy();
        Log.e(TAG,"onDestroy");
    }
}
```

接下来我们分情况进行讨论。

1. 只有一个 Activity 的情况

启动 Activity1，图 4.3 为用户看到的界面。

本示例的核心在 LogCat 视窗里，我们打开应用程序时，先后经历了 onCreate()--onStart()--onResume()三个方法，LogCat 视窗为了滤除其他的 log，采用了 error 级别，完全是为了方便显示，如图 4.4 所示。

图 4.3 Activity1 界面

```
01-20 15:27:57.398 27211-27211/com.example.administrator.application1 E/Activity1: onCreate
01-20 15:27:57.398 27211-27211/com.example.administrator.application1 E/Activity1: onStart
01-20 15:27:57.398 27211-27211/com.example.administrator.application1 E/Activity1: onResume
```

图 4.4 日志信息（一）

（1）按 Back 键

当我们按下 Back 键时，该页面将结束，这时候 Activity 实际上将先后调用 onPause()--onStop()--onDestory()这三个方法，如图 4.5 所示。

```
01-20 15:28:24.168 27211-27211/com.example.administrator.application1 E/Activity1: onPause
01-20 15:28:24.573 27211-27211/com.example.administrator.application1 E/Activity1: onStop
01-20 15:28:24.573 27211-27211/com.example.administrator.application1 E/Activity1: onDestroy
```

图 4.5 日志信息（二）

从上例中可以看出：onDestory 只有在 Activity 真正退出时才会被调用。

（2）按 Home 键

当我们打开应用程序时，比如浏览器，正在浏览新闻时，突然想听歌了，这时候我们可按下 Home 键，然后去打开音乐播放器。在我们按下 Home 键的时候，Activity 实际上先后执行了 onPause()--onSaveInstanceState()--onStop()这三个方法。这时候应用程序并没有被销毁，可以看到系统还调用了保存实例状态的方法：onSaveInstanceState()。也就是说按 Home 键退到主界面，系统会帮助我们保存 Activity 的一些信息，同时给了我们保存额外需要维护的信息的机会。这里需要注明的是在 Pre-Honeycomb 版本是先调用的 onSaveInstanceState()，之后先调用的是 onPause()。

如图 4.6 所示。

```
01-20 15:30:23.238 27211-27211/com.example.administrator.application1 E/Activity1: onPause
01-20 15:30:23.628 27211-27211/com.example.administrator.application1 E/Activity1: onSaveInstanceState
01-20 15:30:23.628 27211-27211/com.example.administrator.application1 E/Activity1: onStop
```

图 4.6　日志信息（三）

而当我们再次启动 Activity1 应用程序时，系统将先后分别执行 onRestart()--onStart()--onResume()这三个方法，如图 4.7 所示。

```
01-20 15:22:09.815 25666-25666/com.example.administrator.application1 E/Activity1: onRestart
01-20 15:22:09.825 25666-25666/com.example.administrator.application1 E/Activity1: onStart
01-20 15:22:09.825 25666-25666/com.example.administrator.application1 E/Activity1: onResume
```

图 4.7　日志信息（四）

2. 两个 Activity 的情况

由 Activity1→Activity2，Activity2 完全覆盖 Activity1，图 4.8 为用户看到的界面。

我们通过 LogCat 视窗可以看到上述示例，如图 4.9 所示。系统将先后执行 Activity1 的 onPause()--Activity2 的 onCreate()--onStart()--onResume()--Activity1 的 onSaveInstance-State()--onStop()。系统在执行完 Activity1 的 onPause()之后，先将 Activity2 显示出来，再执行 Activity1 的 onStop()操作。在执行完 Activity1 的 onPause()后，Activity1 便不显示在屏幕的最前端了。

图 4.8　Activity2 界面

```
01-20 15:26:12.633 27211-27211/com.example.administrator.application1 E/Activity1: onPause
01-20 15:26:12.673 27211-27211/com.example.administrator.application1 E/Activity2: onCreate
01-20 15:26:12.673 27211-27211/com.example.administrator.application1 E/Activity2: onStart
01-20 15:26:12.673 27211-27211/com.example.administrator.application1 E/Activity2: onResume
01-20 15:26:13.173 27211-27211/com.example.administrator.application1 E/Activity1: onSaveInstanceState
01-20 15:26:13.173 27211-27211/com.example.administrator.application1 E/Activity1: onStop
```

图 4.9　日志信息（五）

（1）由 Activity1→Activity2→Back

我们通过 LogCat 视窗可以看到上述操作，如图 4.10 所示。系统先后执行了 Activity2 的 onPause()--Activity1 的 onRestart()--onStart()--onResume()--Activity2 的 onStop()--onDestory()。按下 Back 键之前，由于处在 Activity 栈顶的是 Activity2，所以当执行完 Back 键后，处于栈顶的 Activity2 被系统销毁，执行了 onDestory()方法。由于之前的 Activity1 只是处于停止状态，并没有被销毁，所以此刻 Activity1 处于栈顶，出现在屏幕的最前端。

（2）由 Activity1→Activity2→Home

我们同样通过 LogCat 视窗可以看到上述操作，如图 4.11 所示。系统先后执行了 Activity2 的 onPause()--onSaveInstanceState ()--onStop()这三个方法，如同 Activity1→Home 一样。此刻不同的

是处于栈顶的是 Activity2 而不是 Activity1，当我们再次打开该应用程序时，出现在我们眼前的是 Activity2 的界面。

```
01-20 17:11:32.402 2428-2428/com.example.administrator.application1 E/Activity2: onPause
01-20 17:11:32.412 2428-2428/com.example.administrator.application1 E/Activity1: onRestart
01-20 17:11:32.412 2428-2428/com.example.administrator.application1 E/Activity1: onStart
01-20 17:11:32.412 2428-2428/com.example.administrator.application1 E/Activity1: onResume
01-20 17:11:32.837 2428-2428/com.example.administrator.application1 E/Activity2: onStop
01-20 17:11:32.837 2428-2428/com.example.administrator.application1 E/Activity2: onDestroy
```

图 4.10　日志信息（六）

```
01-20 17:13:01.527 2428-2428/com.example.administrator.application1 E/Activity2: onPause
01-20 17:13:01.942 2428-2428/com.example.administrator.application1 E/Activity2: onSaveInstanceState
01-20 17:13:01.942 2428-2428/com.example.administrator.application1 E/Activity2: onStop
```

图 4.11　日志信息（七）

（3）由 Activity1→Activity2→Activity1

我们通过 LogCat 视窗可以看到上述操作，如图 4.12 所示。系统先后执行了 Activity2 的 onPause()--Activity1 的 onCreate()--onStart()--onResume()--Activity2 的 onSaveInstanceSta -te()--onStop()。系统在执行完 Activity2 的 onPause()之后，先将 Activity1 显示出来，再执行 Activity2 的 onSaveInstanceState()和 onStop()操作。在执行完 Activity2 的 onPause()后，Activity2 便不显示在屏幕的最前端了。

```
01-20 17:15:57.822 2428-2428/com.example.administrator.application1 E/Activity2: onPause
01-20 17:15:57.847 2428-2428/com.example.administrator.application1 E/Activity1: onCreate
01-20 17:15:57.847 2428-2428/com.example.administrator.application1 E/Activity1: onStart
01-20 17:15:57.847 2428-2428/com.example.administrator.application1 E/Activity1: onResume
01-20 17:15:58.287 2428-2428/com.example.administrator.application1 E/Activity2: onSaveInstanceState
01-20 17:15:58.287 2428-2428/com.example.administrator.application1 E/Activity2: onStop
```

图 4.12　日志信息（八）

（4）由 Activity1→Activity2→Activity1→Back

当前这个操作是承接了上一个操作，如图 4.13 所示。系统销毁了 Activity1，但是此刻 Activity 栈里还有两个 Activity，而处于栈顶的是 Activity2，所以屏幕显示的是 Activity2 的内容。

```
01-20 17:24:57.766 2428-2428/com.example.administrator.application1 E/Activity1: onPause
01-20 17:24:57.776 2428-2428/com.example.administrator.application1 E/Activity2: onRestart
01-20 17:24:57.776 2428-2428/com.example.administrator.application1 E/Activity2: onStart
01-20 17:24:57.776 2428-2428/com.example.administrator.application1 E/Activity2: onResume
01-20 17:24:58.186 2428-2428/com.example.administrator.application1 E/Activity1: onStop
01-20 17:24:58.186 2428-2428/com.example.administrator.application1 E/Activity1: onDestroy
```

图 4.13　日志信息（九）

还有一种值得注意的情形是 Activity1→Activity3，此时的 Activity3 并不完全覆盖 Activity1，也就是前面所说的暂停状态，这时的 Activity3 是以对话框的形式出现的。如图 4.14 所示。

对话框风格的 Activity，其实非常简单，只需要在布局文件当中进行一个设置，即在 AndroidManifest.xml 文件中的<activity>标签下添加一句“android: theme = " @ andrid:style /Theme.Dialog"”这样的配置，如下所示。

```
<activity android:name=".SecondActivity"
  android:label="@string/second"
  android:theme="@android:style/Theme.Dialog"/>
```

在 LogCat 窗口中，我们可以看到：处于暂停状态的 Activity1 是不执行 onStop()方法的。如图 4.15 所示。

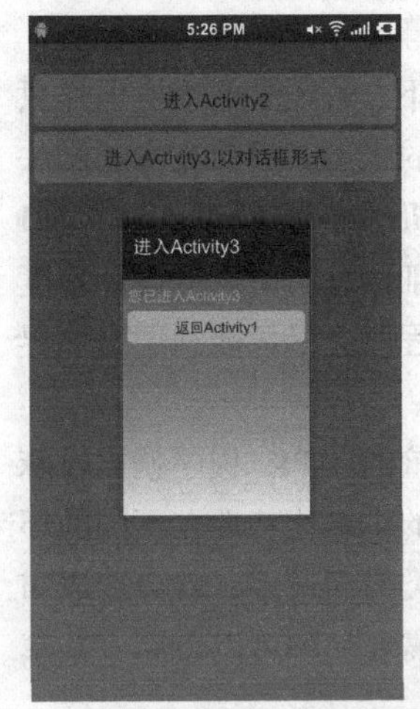

图 4.14　Activity3 界面

```
01-20 17:29:25.596 2428-2428/com.example.administrator.application1 E/Activity1: onPause
01-20 17:29:25.616 2428-2428/com.example.administrator.application1 E/Activity3: onCreate
01-20 17:29:25.616 2428-2428/com.example.administrator.application1 E/Activity3: onStart
01-20 17:29:25.621 2428-2428/com.example.administrator.application1 E/Activity3: onResume
01-20 17:29:25.956 2428-2428/com.example.administrator.application1 E/Activity1: onSaveInstanceState
```

图 4.15　日志信息（十）

总之，Actvity 的生命周期会出现以下一些情况。

- Activity 从创建到进入运行态所触发的事件：onCreate()→onStart→onResume()。
- 从运行态到停止态所触发的事件：onPause()→onStop()。
- 从停止态到运行态所触发事件：onRestart()→onStart()→onResume()。
- 从运行态到暂停态所触发事件：onPause()。
- 从暂停态到运行态所触发事件：onResume()。
- 从停止态到销毁所触发的事件：onDestory()。

4.2　Fragment

Android 可以运行在各种各样的设备中，如小屏幕的手机，超大屏的平板电脑，甚至电视。针对屏幕尺寸的差距，Android 3.0 以前的版本都是先针对手机开发一套 App，然后拷贝一份，修改布局以适应相应的尺寸。如何做到一个 App 可以同时适应不同屏幕尺寸的设备呢？从 Android 3.0 (API level 11)开始，Google 引入 Fragment 技术用于解决此类问题，可以把 Fragment 当成 Activity 的界面的一个组成部分，甚至 Activity 的界面可以由完全不同的 Fragment 组成。Fragment 拥有自己的生命周期和接收、处理用户的事件，这样就不必在 Activity 中写入大量的事件处理代码。更为重要的是，Fragment 可以动态地添加、替换和移除某个 Fragment。

4.2.1　Fragment 简介

在 Android 3.0 之前的版本，通常程序是运行在较小屏幕的设备上（手机等）。尽管手机屏幕尺寸、分辨率、屏幕密度等参数存在较大的差异，但是手机交互界面的操作习惯基本相同。例如，对于一个联系人管理程序，通常都会首先用一个窗口显示所有的联系人名称以及少数的联系人的详细信息（如联系人电话号码等）。然后当单击某一个联系人时会另外显示一个窗口列出该联系人的详细信息，当然，更进一步的操作还可能有修改、删除联系人等。不管与手机屏幕相关的参数如何变化，在手机上的联系人管理程序除了界面风格略有差异外，操作的流程都和这一过程基本上类似。

随着技术的发展，Android 开始支持平板电脑。通常平板电脑的屏幕尺寸较手机大了很多，一般屏幕尺寸在 8 ~ 12 英寸（1 英寸=2.54 厘米）之间。在这种屏幕尺寸下，若还是像手机那样只显示联系人列表，就显得不够自然，同时也不能很好地体现大尺寸屏幕的优点。目前流行的做法是在平板电脑的左侧显示联系人列表，但单击某个联系人时并不是像手机那样重新打开一个窗口显示联系人的详细信息，而是直接在当前的界面的右侧显示联系人的详细信息。所以从设计角度来说，手机程序就是通过不同的窗口显示不同级别的信息，而平板电脑程序会尽可能利用当前界面显示更多的信息。

尽管界面的使用布局很容易实现，但是对于同时适应手机和平板电脑的 APK 程序就比较麻烦。通常是为不同的界面风格提供不同的布局文件，然后利用 Android 的本地化特性在不同的环境使用不同的布局文件。这种做法虽然可行，也能达到复用，但如果这类界面过多，就会造成布局文件过多，对于后期的维护就显得格外麻烦。为了解决这个问题，就需要一种可以布局、共享以及控制的通用式系统。

4.2.2 Fragment 的生命周期

Fragment 必须依存于 Activity 而存在，因此 Activity 的生命周期会直接影响到 Fragment 的生命周期。如果 Activity 是暂停状态，其中所有的 Fragment 都是暂停状态；如果 Activity 是 stopped 状态，这个 Activity 中所有的 Fragment 都不能被启动；如果 Activity 被销毁，那么它其中的所有 Fragment 都会被销毁。但是，当 Activity 在活动状态，可以独立控制 Fragment 的状态，比如加上或者移除 Fragment。当进行 fragment transaction（转换）的时候，可以把 Fragment 放入 Activity 的 back stack 中，这样用户就可以进行返回操作。

由图 4.16 可以看到，Fragment 比 Activity 多了几个额外的生命周期回调函数。

- onAttach(Activity)：当 Fragment 与 Activity 发生关联时调用。从该方法开始，就可以通过 Fragment.getActivity 方法获取与 Fragment 关联的窗口对象了，但在该方法中仍然无法操作 Fragment 中的控件。
- onCreateView(LayoutInflater, ViewGroup, Bundle)：创建该 Fragment 的视图。
- onActivityCreated(Bundle)：当 Activity 的 onCreate 方法返回时调用。

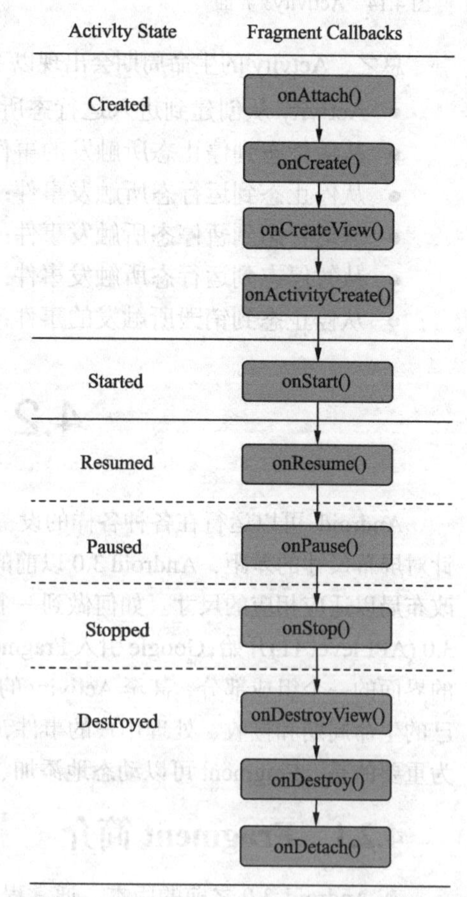

图 4.16 Activity 与 Fragment 生命周期的关系

- onDestoryView()：与 onCreateView 相对应，当该 Fragment 的视图被移除时调用。
- onDetach()：与 onAttach 相对应，当 Fragment 与 Activity 关联被取消时调用。

除了 onCreateView()，如果重写其他的所有方法时，必须调用父类对该方法进行实现。

4.2.3 Fragment 的简单使用

使用 Fragment 可以让我们更加充分地利用平板的屏幕空间。下面我们一起来探究如何使用 Fragment。首先需要注意，Fragment 是在 3.0 版本时引入的，如果你使用的是 3.0 之前的系统，需要先导入 android-support-v4 的 Jar 包才能使用 Fragment 功能。

1. 静态地使用 Fragment

新建一个项目叫作 Fragments，然后在 layout 文件夹下新建一个名为 fragment1.xml 的布局文件。

```
<?xml version="1.0" encoding="utf-8"?>
<LinearLayout xmlns:android="http://schemas.android.com/apk/res/android"
    android:layout_width="match_parent"
    android:layout_height="match_parent"
    android:background="#00ff00" >

    <TextView
        android:layout_width="wrap_content"
        android:layout_height="wrap_content"
        android:text="This is fragment 1"
        android:textColor="#000000"
        android:textSize="25sp" />

</LinearLayout>
```

可以看到，这个布局文件只有一个 LinearLayout，里面加入了一个 TextView。我们再新建一个与 fragment1.xml 相同的 fragment2.xml。

```
<?xml version="1.0" encoding="utf-8"?>

<LinearLayout xmlns:android="http://schemas.android.com/apk/res/android"
    android:layout_width="match_parent"
    android:layout_height="match_parent"
    android:background="#ffff00" >

    <TextView
        android:layout_width="wrap_content"
        android:layout_height="wrap_content"
        android:text="This is fragment 2"
        android:textColor="#000000"
        android:textSize="25sp" />

</LinearLayout>
```

然后新建一个类 Fragment1，这个类继承自 Fragment。

```
package com.androidbook.fragmentapplication;
import android.app.Fragment;
```

```
import android.os.Bundle;
import android.view.LayoutInflater;
import android.view.View;
import android.view.ViewGroup;
/**
 * Created by pc on 2016/1/25
 */
public class Fragment1 extends Fragment {

    @Override
    public View onCreateView(LayoutInflater inflater, ViewGroup container, Bundle
savedInstanceState) {
        return inflater.inflate(R.layout.fragment1, container, false);
    }
}
```

我们可以看到，这个类加载了刚刚写好的 fragment1.xml 布局文件并返回。使用同样的方法，我们再新建一个 Fragment2。

```
package com.androidbook.fragmentapplication;
import android.app.Fragment;
import android.os.Bundle;
import android.view.LayoutInflater;
import android.view.View;
import android.view.ViewGroup;
/**
 * Created by pc on 2016/1/25
 */
public class Fragment2 extends Fragment {

    @Override
    public View onCreateView(LayoutInflater inflater, ViewGroup container, Bundle
savedInstanceState) {
        return inflater.inflate(R.layout.fragment2, container, false);
    }
}
```

然后打开或新建 activity_main.xml 作为主 Activity 的布局文件，在里面加入两个 Fragment 的引用，使用 android:name 前缀来引用具体的 Fragment。

```
<?xml version="1.0" encoding="utf-8"?>

<LinearLayout xmlns:android="http://schemas.android.com/apk/res/android"
    android:layout_width="match_parent"
    android:layout_height="match_parent"
    android:baselineAligned="false" >

    <fragment
        android:id="@+id/fragment1"
        android:name="com.androidbook.fragmentapplication.Fragment1"
        android:layout_width="0dip"
        android:layout_height="match_parent"
        android:layout_weight="1" />

    <fragment
        android:id="@+id/fragment2"
```

```
        android:name="com.androidbook.fragmentapplication.Fragment2"
        android:layout_width="0dip"
        android:layout_height="match_parent"
        android:layout_weight="1" />

</LinearLayout>
```

最后打开或新建 MainActivity 作为程序的主 Activity，其中的代码都是自动生成的。

```
package com.androidbook.fragmentapplication;
import android.app.Activity;
import android.os.Bundle;
public class MainActivity extends Activity {

    @Override
    protected void onCreate(Bundle savedInstanceState) {
        super.onCreate(savedInstanceState);
        setContentView(R.layout.activity_main);
    }
}
```

按照上述操作，创建静态使用的 Fragment 工程，如图 4.17 所示；运行之后得到如图 4.18 所示的静态 Fragment 效果。

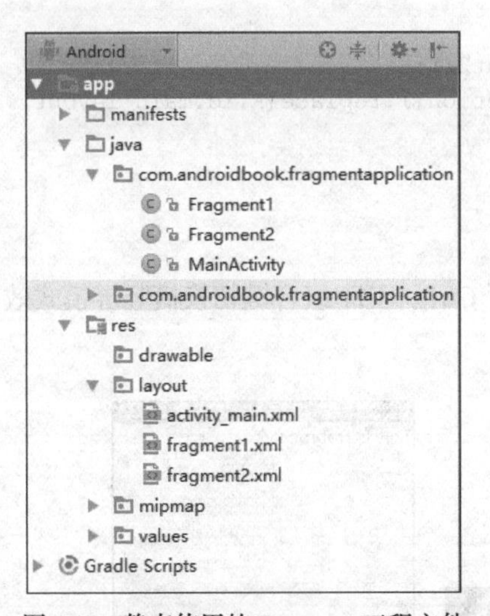

图 4.17　静态使用的 Fragment 工程文件

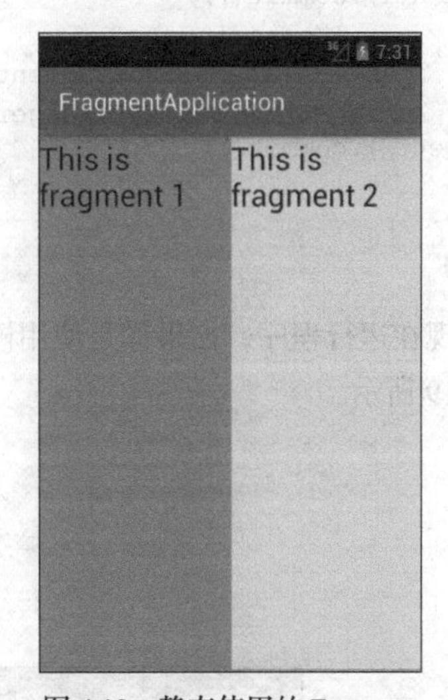

图 4.18　静态使用的 Fragment

2. 动态地使用 Fragment

在 XML 中使用 Fragment，仅仅是 Fragment 最简单的功能而已。Fragment 真正的强大之处在于可以动态地添加到 Activity。当学会了在程序运行时向 Activity 添加 Fragment，程序的界面就可以定制得更加多样化。下面我们来学习如何动态添加 Fragment。同样，还是在静态的 Fragment 的基础上修改。打开 activity_main.xml，将其中对 Fragment 的引用都删除，只保留最外层的 LinearLayout，并给它添加一个 id，因为我们要动态添加 Fragment，不用在 XML 里添加了，删除后代码如下。

```
<?xml version="1.0" encoding="utf-8"?>

<LinearLayout xmlns:android="http://schemas.android.com/apk/res/android"
```

```
    android:id="@+id/main_layout"
    android:layout_width="match_parent"
    android:layout_height="match_parent"
android:baselineAligned="false" >

</LinearLayout>
```

然后打开 MainActivity，修改其中的代码，如下所示。

```
package com.androidbook.fragmentapplication;
import android.app.Activity;
import android.os.Bundle;
import android.view.Display;
public class MainActivity extends Activity {

    @Override
    protected void onCreate(Bundle savedInstanceState) {
        super.onCreate(savedInstanceState);
        setContentView(R.layout.activity_main);
        Display display = getWindowManager().getDefaultDisplay();
        if (display.getWidth() > display.getHeight()) {
            Fragment1 fragment1 = new Fragment1();
            getFragmentManager().beginTransaction().replace(R.id.main_layout,
fragment1).commit();
        } else {
            Fragment2 fragment2 = new Fragment2();
            getFragmentManager().beginTransaction().replace(R.id.main_layout,
fragment2).commit();
        }
    }
}
```

现在运行程序，如果你是使用模拟器运行，按下 Ctrl + F11 组合键切换横竖屏模式效果。如图 4.19 所示。

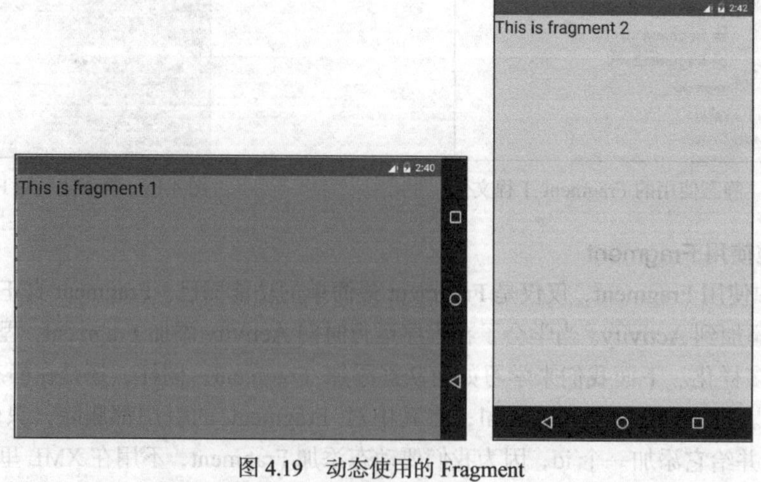

图 4.19 动态使用的 Fragment

3. Fragment 之间的通信

Fragment 的存在必须要依附于 Activity，FragmentActivity 是继承自 Activity 的。Fragment 之间通信的桥梁就是 FragmentManager 类，这个类是用来管理所有 Fragment 的，所以可以找到任何一个所需要的 Fragment 类。另外，Activity 一般都会包含多个 Fragment，这时多个 Fragment 之间如何进行通信就是个非常重要的问题了。下面通过一个例子来演示一下，如何在一个 Fragment 中去访问另一个 Fragment 的视图。

还是在静态 Fragment 的代码的基础上修改，首先打开 fragment2.xml，在这个布局里面添加一个按钮。

```
<?xml version="1.0" encoding="utf-8"?>

<LinearLayout xmlns:android=http://schemas.android.com/apk/res/android
   android:layout_width="match_parent"
   android:layout_height="match_parent"
   android:orientation="vertical"
   android:background="#ffff00" >

   <TextView
      android:layout_width="wrap_content"
      android:layout_height="wrap_content"
      android:text="This is fragment 2"
      android:textColor="#000000"
      android:textSize="25sp" />

   <Button
      android:id="@+id/button"
      android:layout_width="wrap_content"
      android:layout_height="wrap_content"
      android:text="Get fragment1 text"
      />
</LinearLayout>
```

然后打开 fragment1.xml，为 TextView 添加一个 id。

```
<?xml version="1.0" encoding="utf-8"?>

<LinearLayout xmlns:android=http://schemas.android.com/apk/res/android
   android:layout_width="match_parent"
   android:layout_height="match_parent"
   android:background="#00ff00" >

   <TextView
      android:id="@+id/fragment1_text"
      android:layout_width="wrap_content"
      android:layout_height="wrap_content"
      android:text="This is fragment 1"
      android:textColor="#000000"
      android:textSize="25sp" />

</LinearLayout>
```

接着打开 Fragment2.java，添加 onActivityCreated 方法，并处理按钮的单击事件。

```
package com.androidbook.fragmentapplication;

import android.app.Fragment;
import android.os.Bundle;
import android.view.LayoutInflater;
```

```
import android.view.View;
import android.view.ViewGroup;
import android.widget.Button;
import android.widget.TextView;
import android.widget.Toast;

/**
 * Created by pc on 2016/1/25
 */
public class Fragment2 extends Fragment {

    @Override
    public View onCreateView(LayoutInflater inflater, ViewGroup container, Bundle
savedInstanceState) {
        return inflater.inflate(R.layout.fragment2, container, false);
    }

    @Override
    public void onActivityCreated(Bundle savedInstanceState) {
        super.onActivityCreated(savedInstanceState);
        Button button = (Button) getActivity().findViewById(R.id.button);
        button.setOnClickListener(new View.OnClickListener() {
            @Override
            public void onClick(View v) {
                TextView textView = (TextView) getActivity().findViewById(R.id.
fragment1_text);
                Toast.makeText(getActivity(), textView.getText(), Toast.LENGTH_LONG).
show();
            }
        });
    }
}
```

运行程序，并单击 Fragment2 上的按钮，效果如图 4.20 所示。

可以看到，在 fragment2 中成功获取了 fragment1 中的视图，并弹出 Toast。这是怎么实现的呢？主要是通过 getActivity 这个方法实现的。getActivity 方法可以让 Fragment 获取到关联的 Activity，然后再调用 Activity 的 findViewById 方法，就可以获取和这个 Activity 关联的其他 Fragment 的视图了。

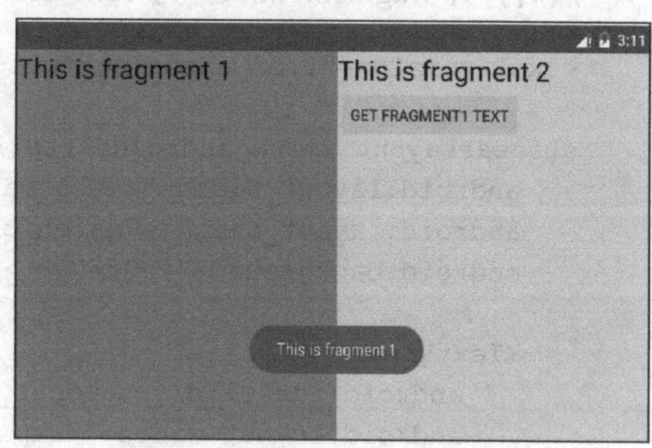

图 4.20 Fragment 之间的通信

4.3 Intent

Intent 是一个动作的完整描述，包含产生组件、接收组件和传递数据信息。并且，Intent 利用消息实现应用程序之间的交互机制，这种消息描述了应用中一次操作的动作、数据以及附加数据。系统通过该 Intent 的描述负责找到对应的组件，并将 Intent 传递给调用的组件，完成组件的调用。

4.3.1 Intent 属性

Intent 由动作、数据、分类、类型、组件和扩展信息等内容组成，每个组成部分都由相应的属性进行表示，并提供设置和获取相应属性的方法，如表 4.3 所示。

表 4.3　Intent 组成

组　成	属　性	设置属性方法	获取属性方法
动作	Action	setAction()	getAction()
数据	Data	setData()	getData()
分类	Category	addCategory()	
类型	Type	setType()	getType()
组件	Component	setComponent() setClass() setClassName()	getComponent()
扩展信息	Extra	putExtra()	getXXXExtra()获取不同数据类型的数据，如 int 类型则使用 getIntExtra()，字符串则使用 getStringExtra()，getExtras()获取 Bundle 包

（1）Action 属性用于描述 Intent 要完成的动作，对要执行的动作进行简要的描述。Intent 类定义了一系列 Action 属性常量，用来标识一套标准动作，如 ACTION_CALL（打电话）、ACTION_EDIT（编辑）等。

Action 属性常量如表 4.4 所示。

表 4.4　Action 属性常量

Action 常量	行为描述	使用组件
ACTION_CALL	打电话，即直接呼叫 Data 中所带的电话号码	Activity
ACTION_ANSWER	接听来电	
ACTION_SEND	由用户指定发送方式进行数据发送操作	
ACTION_SENDTO	根据不同的 Data 类型，通过对应的软件发送数据	
ACTION_VIEW	根据不同的 Data 类型，通过对应的软件显示数据	
ACTION_EDIT	显示可编辑的数据	
ACTION_MAIN	应用程序的入口	
ACTION_SYNC	同步服务器与移动设备之间的数据	
ACTION_BATTERY_LOW	警告设备电量低	Broadcast
ACTION_HEADSET_PLUG	插入或者拔出耳机	
ACTION_SCREEN_ON	打开移动设备屏幕	
ACTION_TIMEZONE_CHANGED	移动设备时区发生变化	

（2）Data 属性是执行动作的 URI 和 MIME 类型，Data 属性常量如表 4.5 所示。

表 4.5　　Data 属性常量

Data 属性	说　明	示　例
tel://	号码数据格式，后跟电话号码	tel://123
mailto://	邮件数据格式，后跟邮件收件人地址	mailto://dh@163.com
smsto://	短信数据格式，后跟短信接收号码	smsto://123
content://	内容数据格式，后跟需要读取的内容	content://contacts/people/1
file://	文件数据格式，后跟文件路径	file://sdcard/mymusic.mp3
geo://latitude,longitude	经纬数据格式	geo://180,65

一般 Action 和 Data 匹配使用，不同的 Action 由不同的 Data 数据指定，如表 4.6 所示。

表 4.6　　Action 和 Data 匹配使用

Action 属性	Data 属性	描　述
ACTION_VIEW	content://contacts/people/1	显示_id 为 1 的联系人信息
ACTION_EDIT	content://contacts/people/1	编辑_id 为 1 的联系人信息
ACTION_VIEW	tel:123	显示电话为 123 的联系人信息
ACTION_VIEW	http://www.google.com	在浏览器中浏览该网页
ACTION_VIEW	file:///sdcard/mymusic.mp3	播放 MP3

（3）Category 属性指明一个执行 Action 的分类，Intent 中定义了一系列 Category 属性常量，如表 4.7 所示。

表 4.7　　Category 属性常量

Category 属性	说　明
CATEGORY_DEFAULT	默认的执行方式，按照普通 Activity 的执行方式执行
CATEGORY_HOME	该组件为 Home Activity
CATEGORY_LAUNCHER	优先级最高的 Activity，通常与入口 ACTION_MAIN 配合使用
CATEGORY_BROWSABLE	可以使用浏览器启动
CATEGORY_GADGET	可以内嵌到另外的 Activity 中

（4）Component 属性用于指明 Intent 目标组件的类名称。通常 Android 会根据 Intent 中包含的其他属性的信息，比如 Action、Data/Type、Category 进行查找，最终找到一个与之匹配的目标组件。但是，如果指定了 Component 这个属性，Intent 则会直接根据组件名查找到相应的组件，而不再执行上述查找过程。指定 Component 属性后，Intent 的其他属性都是可选的。

（5）Extra 属性用于添加一些附加信息，例如发送一个邮件，就可以通过 Extra 属性来添加主题（subject）和内容（body）。通过使用 Intent 对象的 putExtra()方法来添加附加信息。将一个人的姓名附加到 Intent 对象中，代码如下所示。

```
Intent intent = new Intent();
intent.putExtra("name" ,"zhangshan");
```

通过使用 Intent 对象的 getXXXExtra()方法可以获取附加信息。例如，将上面代码存入 Intent 对象中的人名获取出来，因存入的是字符串，所以可以使用 getStringExtra()方法获取数据，代码为：String name=intent.getStringExtra("name")。

4.3.2 Intent 解析

根据 Intent 寻找目标组件时所采用的方式，可以将 Intent 分为两类：直接 Intent 和间接 Intent。

- 直接 Intent 通过直接指定组件来实现，常用方法有 setComponent()、setClassName()或 setClass()，示例如下。

```
//创建一个 Intent 对象
Intent intent = new Intent();
//指定 Intent 对象的目标组件是 Activity2
intent.setClass(Activity1.this, Activity2.class);
```

- 间接 Intent 通过 Intent Filter 过滤实现，过滤时通常根据 Action、Data 和 Category 属性进行匹配查找。Android 提供了两种生成 Intent Filter 的方式：一种是通过 IntentFilter 类生成；另一种通过在配置文件 AndroidManifest.xml 中定义<intent-filter>元素生成。在 AndroidManifest.xml 配置文件中，Intent Filter 以<intent-filter>元素来指定。一个组件中可以有多个<intent-filter>元素，每个<intent-filter>元素描述不同的能力。示例如下。

```
<activity
    android:name="com.androidbook.Activity1"
    android:label="@string/app_name">
    <intent-filter>
        <action android:name="android.intent.action.MAIN" /> <!-- 应用程序入口 -->
        <category android:name="android.intent.category.LAUNCHER" /><!-- 该活动优先
级最高 -->
    </intent-filter>
</activity>
```

<intent-filter>标签中常用<action>、<data>和<category>这些子元素，分别对应 Intent 中的 Action、Data 和 Category 属性，用于对 Intent 进行匹配。接下来我们将对<intent-filter>中的每一种子元素进行介绍。

（1）<action>子元素

一个<intent-filter>中可以添加多个<action>子元素，示例如下。

```
<intent-filter>
    <action android:value="android.intent.action.VIEW"/>
    <action android:value="android.intent.action.EDIT"/>
    <action android:value="android.intent.action.PICK"/>
...
</intent-filter>
```

<intent-filter>列表中的 Action 属性不能为空，否则所有的 Intent 都会因匹配失败而被阻塞。所以一个<intent-filter>元素下至少需要包含一个<action>子元素，这样系统才能处理 Intent 消息。

（2）<category>子元素

一个<intent-filter>中也可以添加多个<category>子元素，示例如下。

```
<intent-filter>
    <category android:value="android.intent.category.DEFAULT"/>
    <category android:value="android.intent.category.BROWSABLE"/>
<intent-filter>
```

与 Action 一样，<intent-filter>列表中的 Category 属性不能为空。Category 属性的默认值“android.intent.category.DEFAULT”是启动 Activity 的默认值，在添加其他 Category 属性值时，该值必须添加，否则也会匹配失败。

（3）<data>子元素

一个<intent-filter>中可以包含多个<data>子元素，用于指定组件可以执行的数据，示例如下。

```
<intent-filter>
    <data
        android:mimeType="video/mpeg"  <!-- MIME 类型，Intent 对象和过滤器都可以用“*”匹配子类型字段，如“text/*”，“audio/*”表示任何子类型 -->
        android:scheme="http"
        android:host="com.example.android"
        android:path="folder/subfolder/1"
        android:port="8888"/>
    <data
        android:mimeType="audio/mpeg"
        android:scheme="http"   <!-- 模式 -->
        android:host="com.example.android"   <!-- 主机 -->
        android:path="folder/subfolder/2"
        android:port="8888"/>
    <data
        android:mimeType="audio/mpeg"
        android:scheme="http"
        android:host="com.example.android"
        android:path="folder/subfolder/3"  <!-- 路径 -->
        android:port="8888"/>  <!-- 端口 -->
</intent-filter>
```

IntentFilter 类是另外一种实现，这里我们不再详细介绍。

4.3.3 Activity 的跳转

在 Android 世界的 Activity、BroadcastReceiver、Service、Content Provider 四大组件中，前三个都是通过 Intent 来解析并进行跳转的，Intent 可以说是连接这四大组件的重要桥梁。下面我们先介绍 Intent 是如何解析 Activity 跳转的。

一般情况下，一个 Android 应用程序中需要多个屏幕，即多个 Activity 类，在这些 Activity 之间进行切换是通过 Intent 机制来实现的。在同一个应用程序中切换 Activity 时，正如“4.2.2”小节介绍的，可以通过直接 Intent 或者是间接 Intent 进行多个 Activity 之间的跳转，使用的方法为 startActivity(Intent intent)，其中 intent 为添加的参数。

在使用 Intent 进行 Activity 之间的跳转时，我们通常有三种 Intent 跳转方式，即不带参数的跳转、带参数的跳转以及带返回值的跳转，下面我们通过直接 Intent 来实现这三种跳转方式。

（1）不带参数跳转

```
Intent intent = new Intent();
intent.setClass(Activity1.this, Activity2.class);
startActivity(intent);
```

（2）带参数的跳转：用 Bundle 封装数据

```
Intent intent = new Intent();
Bundle bundle = new Bundle();
bundle.putString("Name", "kate");
bundle.putString("Age", "25");
intent.putExtras(bundle);
intent.setClass(Activity1.this, Activity2.class);
startActivity( intent );
```

Activity1 跳转到 Activity2 之后，Activity2 通过 Bundle 获取 Intent 传过来的值，方法如下。

```
Bundle bundle = this.getIntent().getExtras();
String name = bundle.getString("Name");
String age = bundle.getString("Age");
```

（3）带返回值的跳转

以下代码表示为第一个页面传送的参数值。

```
Intent_intent=newIntent();
intent.setClass( Activity1.this, Activity2.class);
Bundle bundle = new Bundle();
bundle. putString("参数", "参数值");
intent.putExtra(bundle); //注：不传参数的话，可以不加此行代码
this.startActivityForResult( intent, 0);
```

注：startActivityForResult(Intent intent, Int requestCode)方法中的参数 requestCode 用于识别第二个页面传回来的值。

以下代码位于第二个页面返回方法中，即用 setResut()准备好要回传的数据后，通过 finish()方法结束该 Activity，然后返回到 Activity1 中，通过 Activity1 中的 onActivityResult()方法接收数据，如下所示。

```
Intent intent = new Intent();
Bundle bundle = new Bundle();
bundle. putString("参数", "参数值");
intent.putExtra(bundle);
intent.setClass(Activity2.this, Activity1.class);
setResult( RESULT_OK, intent); 这里有 2 个参数(int resultCode, Intent intent)
finish();
```

注：对于 setResut(int resultCode, Intent intent)的 resultCode，如果 Activity2 子模块可能有几种不同的结果返回，可以用这个参数予以识别区分，比如这里的 RESULT_OK 值。

以下代码表示为第一个页面接收返回值，这里有三个参数 requestCode、resultCode 和 data。

```
protected void onActivityResult(int requestCode, int resultCode, Intent data) {
    switch (requestCode ) {
    //requestCode 为 Activity1 的请求标识
    //resultCode 为回传的标记，在 Activity2 中使用的是 RESULT_OK，所以此处进行选择
    case 0
      if(resultCode == RESULT_OK) {
          Bundle b=data.getExtras(); //data 为 Activity2 中回传的 Intent
          String str=b.getString("参数");//str 即为回传的值"参数值"
```

```
        }
        break;

      default:
        break;
        }
}
```

接下来结合本书综合案例进行 Activity 跳转的演示，相关代码如下。

```
项目名：com.androidbook.client
案例：在登录注册界面，单击注册按钮向注册界面的跳转
源代码位置：com.androidbook.client.activity.loginsignin.LoginSigninActivity
package com.androidbook.client.activity.loginsignin;
import android.app.Activity;
import android.content.Intent;
import android.os.Bundle;
import android.view.View;
import com.androidbook.client.R;

public class LoginSigninActivity extends Activity {
     @Override
     protected void onCreate(Bundle savedInstanceState) {
          super.onCreate(savedInstanceState);
          setContentView(R.layout.signin_layout);
     }
     public void onLoginClick(View v) {
          startActivity(new Intent(this, LoginActivity.class));
          finish();
     }
     public void onSigninClick(View v) {
          startActivity(new Intent(this, SignProfileActivity.class));
     }
}
```

上述代码实现的功能是在登录注册界面，单击注册按钮向注册界面的跳转。图 4.21 为登录注册界面，单击注册按钮，执行 onSigninClick(View v)方法中的 startActivity(new Intent(this, SignProfileActivity.class))指令，跳转到注册界面，如图 4.22 所示。

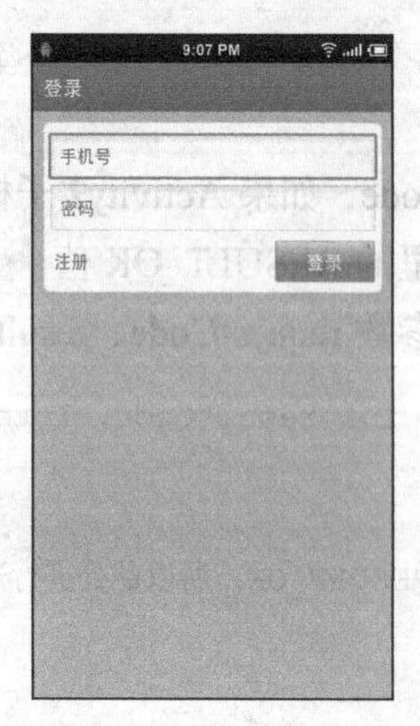

图 4.21　登录界面

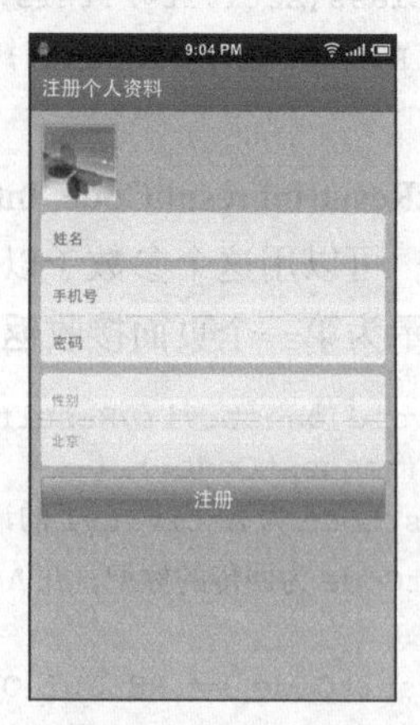

图 4.22　注册界面

此外，Intent 的另外两种用途是：发送和接收广播、开启后台服务。使用 Intent 广播消息非常简单，只需要创建一个 Intent，并调用 sendBroadcast()方法就可以把 Intent 携带的消息广播出去。使用 Intent 开启服务，调用 startService(intent)方法，其中 intent 为传递的参数。使用方法如下所示。

```
Intent intent = new Intent();
intent.setClass(Activity.this,MyService.Class);
startService(intent);
```

关于广播和服务的详细说明，我们将在后面几章具体描述。

关于 Activity，我们这里提供一点 Activity 的小技巧，比如如何锁定 Activity 运行时的方向以及如何控制 Activity 全屏等。

（1）锁定 Activity 的屏幕方向

Android 支持方向感应。Android 会根据所处的方向自动在竖屏和横屏间切换。但是有时我们的应用程序仅需在横屏/竖屏时运行，比如某些游戏用横屏会有更好的感受，那么此时我们就需要锁定该 Activity 运行时的屏幕方向，<activity >节点的 android:screenOrientation 属性可以完成该项任务，示例代码如下。

```
<activity
    android:name=" ClientActivity "
    android:label="@string/app_name"
    android:screenOrientation="portrait"><!-- 竖屏,值为 landscape 时为横屏 -->
…
</activity>
```

（2）全屏的 Activity

要使一个 Activity 全屏显示，可以在其 onCreate()方法中添加如下代码实现。

```
getWindow().setFlags(WindowManager.LayoutParams.FLAG_FULLSCREEN,WindowManager.
LayoutParams.FLAG_FULLSCREEN);
//去除标题栏
requestWindowFeature(Window.FEATURE_NO_TITLE);
```

4.4 本章小结

学习了本章，相信读者对 Activity、Fragment 以及 Intent 有了一定的了解，让我们来做一个小结。本章介绍了 Activity 的生命周期、Fragment 的基本思想、Intent 的属性及解析以及 Activity 的跳转。在 Activity 的生命周期一节讲解了 Android 系统从创建一个 Activity 到这个 Activity 被销毁的整个过程。另外通过对 Fragment 的简单介绍，我们知道 Fragment 并不是 Android SDK 中最复杂的技术，但却是实用的技术。通过使用 Fragment，开发人员就可以简单地对 UI 进行管理。最后通过学习 Intent 的属性及解析，读者对 Intent 有更深入的了解。Intent 机制用来协助应用间的通信与交互，有操作（Action）、数据（Data）、附件信息（Extras）、类别（Category）、类型（Type）以及目标组建（Component）等几种属性。Intent 分为直接 Intent 和间接 Intent，一般来说，间接 Intent 和 Intent filter 搭配使用，Intent filter 接收 Intent 组件。Intent 是连接四大组件的重要桥梁，四大组件 Activity、BroadcastReceiver、Service、Content Provider 中的前三个都是通过 Intent 来解析进行跳转的，本章用例子实现了 Activity 的几种跳转方式。

习 题

1. Android 是如何对 Activity 进行管理的？
2. 简述 Activity 生命周期的四种状态，以及状态之间的变换关系。
3. 简述 Activity 事件回调函数的作用和调用顺序。
4. 说明 onSaveInstanceState(Bundle outState)和 onRestoreInstanceState(BundlesaveInstance State)这两个方法的用途？
5. 试说明 Fragment 和 Activity 的关系？
6. 使用 Fragment 的好处是什么？
7. 简述 Fragment 生命周期。
8. 试解释 Intent 和 Intent filter 的定义的功能。
9. 编程实现书中 Fragment 的两种切换方式，并比较两种的优缺点。
10. 不同 Activity 是如何进行通信和数据传递的？有哪些方式？

第5章 用户界面设计

当我们使用 Android 应用程序时，会发现很多应用程序界面做得特别华丽、优雅、体面，这是怎么做到的呢?

Android 系统给开发者提供了三种设计 UI 的方式：第一种是使用 XML 文件布局；第二种是使用传统的代码布局；第三种是前两者结合使用。使用 XML 文件来布局有点类似于 HTML 的布局方式，是以添加标签的形式来展开布局的。而使用代码进行布局就有点类似于 AWT 中使用的方式。实际上开发者最常使用的是第三种方式。下面将首先介绍 Android 系统提供的 5 大布局容器和常用控件，在此之前读者需弄清两个概念。

（1）控件：继承于 View 类型，可方便完成一些特殊功能的 View 类型。

（2）容器：继承于 ViewGroup，是一种比较特殊的 View 类型或者控件（ViewGroup 继承于 View），它可以以一定的规则展示控件，下文所说的父控件指的就是容器。

图 5.1 所示为 View 的视图关系，可以想象一下，布局就像在桌子上摆放东西，比如书本、水杯、笔等，那么书本、水杯、笔就相当于 View 控件，可以完成指定功能，而桌面相当于一个容器，上面摆放着各种控件。

因此，在绘制一个 Android 应用程序窗口的 UI 之前，我们首先要确定它里面的各个子 UI 元素在父 UI 元素里面的大小以及位置，又称为测量过程和布局过程。Android 应用程序窗口的 UI 渲染过程可以分为测量、布局和绘制三个阶段，如图 5.2 所示。测量，递归（深度优先）确定所有视图的大小（高、宽）；布局，递归（深度优先）确定所有视图的位置（左上角坐标）；绘制，在画布上绘制应用程序窗口所有的视图。

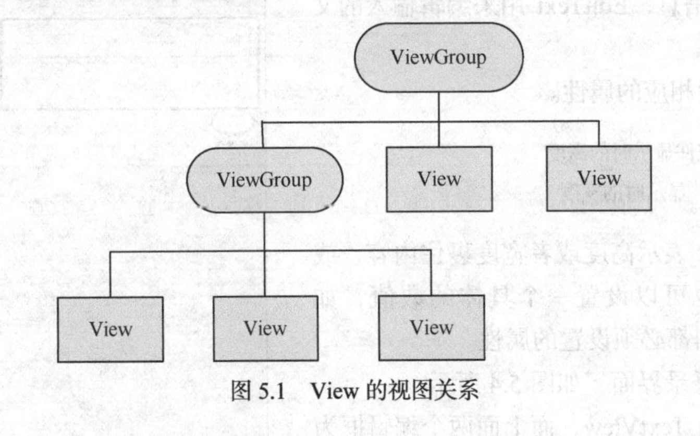

图 5.1　View 的视图关系

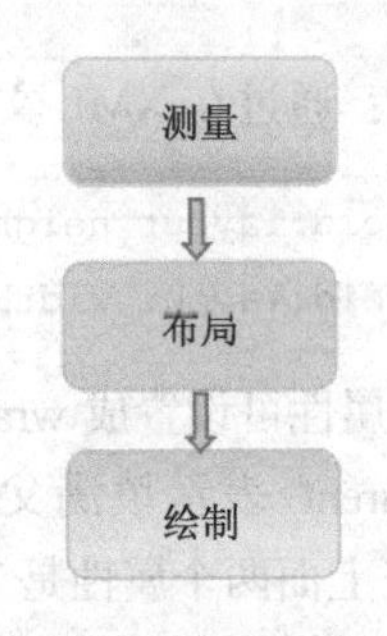

图 5.2　UI 渲染过程

5.1 View

本节属于预备知识，以方便理解后面几节的内容。本节从最简单的视图（View）类的使用来逐步深入理解 Android 系统的 UI 是怎么一回事。Android 的控件全都继承自 View 类，具有所有的 View 属性。其实，在 Android 的 View 类中已经实现了很多功能，如监听点击事件、设置背景、设置内外边距等，View 的子类只需做简单的拓展，就能实现更为特殊的功能，这样的好处是：自定义控件简单了。

5.1.1 View 简介

在 Android 系统中，任何可视化控件都需要从 android.view.View 类中继承。而任何从 android.view.View 继承的类都称为视图（View）。开发人员可以使用两种方式创建视图对象：一种方式是使用 XML 来配置视图相关的属性，然后再装载这些视图；另一种方式是完全使用 Java 代码的方式来创建视图对象。

Android SDK 中的视图类可以分为 3 种：布局（Layout）、视图容器（View Container）类和视图类。android.view.ViewGroup 是一个容器类，该类也是 View 的子类，所有的布局类和视图容器都是 ViewGroup 的子类，而视图类直接继承自 View 类。图 5.3 描述了 View、ViewGroup、容器类以及视图类的继承关系。

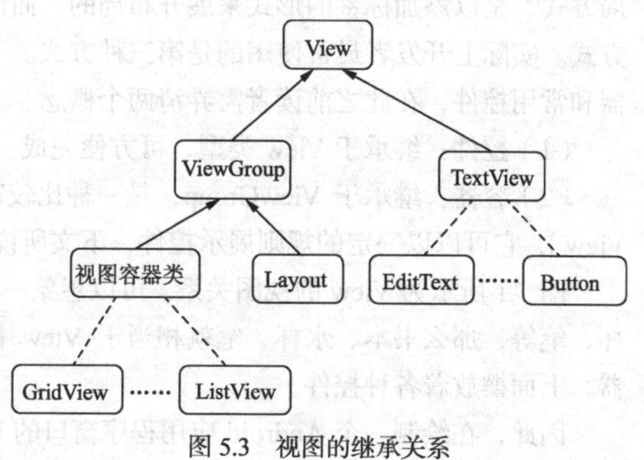

图 5.3 视图的继承关系

从图 5.3 所示的继承关系可以看出，Button、TextView、EditText 都是视图类，TextView 是 Button 和 EditText 的父类。在 Android SDK 中还存在很多这样的控件类。

5.1.2 TextView 和 EditText

功能：TextView 用来显示文本信息，EditText 用来编辑输入的文本信息。

使用：通过在 XML 文件中设置相应的属性。

```
android:layout_height 表示该控件显示时的高度
android:layout_width 表示该控件显示时的宽度
```

上述属性可设置成 wrap_content 表示高度或者宽度裹住内容，或者 fill_parent 表示填满父控件，也可以设置一个具体的数值，如“55dip”。上面两个属性是 View 视图都必须设置的属性。

本书综合案例刚开始的界面为登录界面，如图 5.4 所示。

图 5.4 中“登录”和“注册”为 TextView，而上面两个编辑框为 EditText。TextView 的属性配置代码如下。

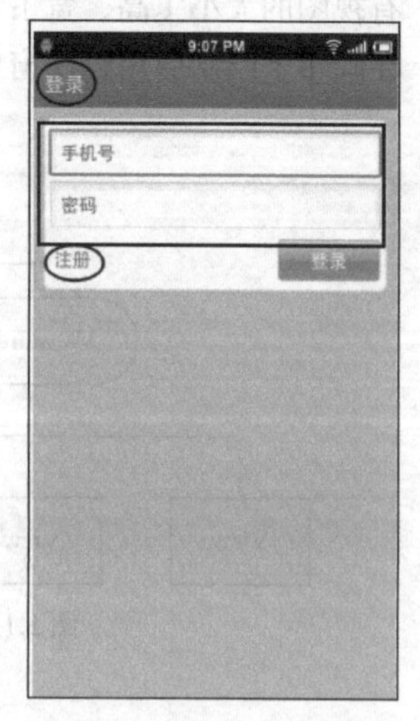

图 5.4 TextView 和 EditText

```
<TextView
        android:id="@+id/textView1"
        android:text="@string/login"
        android:textAppearance="?android:attr/textAppearanceLarge"
        android:textStyle="bold"
        android:layout_marginLeft="10dip"
        android:layout_height="wrap_content"
        android:layout_width="wrap_content"
        android:layout_centerVertical="true"
        android:layout_alignParentLeft="true"/>
```

上述配置代码表示“登录”标题栏的TextView，为了简单起见，只看代码中几个常用的属性。

android:id="@+id/textView1"表示该控件的id，在布局文件中或者代码中被引用

android:textStyle="bold"表示TextView里面的字加粗显示

android:layout_height="wrap_content"表示该控件的高度为其包含内容的高度

android:layout_width="wrap_content"表示该控件的宽度为其包含内容的宽度

“注册”TextView的代码如下。

```
<TextView
        android:layout_height="40dip"
        android:layout_width="wrap_content"
        android:clickable="true"
        android:layout_marginTop="5dip"
        android:layout_marginBottom="10dip"
        android:text="@string/signin"
        android:textColor="#7089c0"
        android:textSize="18sp"
        android:paddingLeft="5dip"
        android:gravity="center_vertical"
        android:id="@+id/signin_text"
        android:layout_below="@+id/password"
        android:onClick="onLoginClick"
        android:layout_alignLeft="@+id/password"
        android:layout_toLeftOf="@+id/login"/>
```

同样为了简单起见，只看代码中常用的属性配置。

android:text="@string/signin" 显示的内容，这里表示存放在string.xml文件中name=signin的文本

android:layout_height="40dip"设置具体的高度

android:textColor="#7089c0"设置文本的颜色

android:textSize="18sp"设置文本的大小

android:gravity="center_vertical"设置文本纵向居中

android:paddingLeft="5dip"设置内边距

android:layout_marginTop="5dip"设置外边距

下面讲解EditText的使用方法，以图5.4的界面为例，对于“手机号”和“密码”这两个编辑框，我们所做的配置如下。

```
<EditText
        android:layout_width="fill_parent"
        android:layout_height="55dip"
        android:hint="@string/name"
```

```
        android:layout_alignParentTop="true"
        android:layout_marginLeft="5dip"
        android:layout_marginRight="5dip"
        android:layout_marginTop="5dip"
        android:id="@+id/name"
        android:singleLine="true"
        android:background="@drawable/top_button"
        android:paddingLeft="10dip"
        />

<EditText
        android:layout_width="fill_parent"
        android:layout_height="55dip"
        android:hint="@string/password"
        android:layout_marginLeft="5dip"
        android:layout_marginRight="5dip"
        android:id="@+id/password"
        android:password="true"
        android:singleLine="true"
        android:layout_below="@+id/name"
        android:background="@drawable/bottom_button"
        android:paddingLeft="10dip"
        />
```

EditText 属性的大部分设置与 TextView 是一样的，这里仅介绍 EditText 与 TextView 不同的属性。

- android:hint="@string/name"表示在输入之前的提示，当 EditText 获得输入焦点，并输入文字时，该文本自动消失，起提示的作用。
- android:singleLine="true"表示该文本输入框不可换行输入，只能在一行内输入文本。
- android:password="true"表示该文本输入框是用来输入密码的，输入的文本会自动转换为“·”，起到隐藏用户密码的作用。

5.1.3 Button

功能：一个按钮。

使用：与 TextView 的设置一样，区别在于 Button 可以有按键的效果和事件的监听。

```
<Button
        android:layout_height="40dip"
        android:layout_width="wrap_content"
        android:minWidth="100dip"
        android:layout_marginLeft="0dip"
        android:layout_marginRight="2dip"
        android:layout_marginTop="5dip"
        android:layout_marginBottom="10dip"
        android:background="@drawable/button"
        android:text="@string/login"
        android:textColor="#fff"
        android:textSize="18sp"
        android:id="@+id/login"
        android:layout_alignRight="@+id/password"
        android:layout_below="@+id/password"
        android:onClick="onLoginClick"
  />
```

关于 android:onClick="onLoginClick"，该属性需要在源代码中设置一个 onLoginClick 方法，作为该 Button 的点击监听方法，如下所示。

```
public void onLoginClick(View v) {
    if(TextUtils.isEmpty(name.getText().toString())) {
        name.setError(getString(R.string.no_empyt_name));
        return;
    }
    //省略……
}
```

这样编写的好处在于可以直接完成按键的监听，不必通过调用 findViewById(int id)找到该 Button，然后再为其设置单击监听器 setOnClickListener(OnClickListener)。但 Android1.5 版本及其以下不支持该属性。

这个方法可以被调用到的原因是 Android 系统可以利用反射调用到该方法，写这样的方法时需要保证该方法是公共的（public），并且是无返回值的（void），另外不要忘记参数的填写（View v）。

5.1.4 ImageView

功能：用于展示图片。

使用：与 TextView 设置一样，区别在于 ImageView 可以显示图片。

本书综合案例中的话题界面如图 5.5 所示。

图 5.5 ImageView

图 5.5 中右上角的两个图片均是采用 ImageView 来实现的，代码如下。

```
<ImageView
        android:src="@drawable/icon_refresh"
        android:scaleType="center"
        android:id="@+id/broadcast_refresh"
        android:layout_height="wrap_content"
        android:layout_width="60dip"
        android:clickable="true"
        android:onClick="onRefrehClick"
        android:layout_alignParentBottom="true"
        android:layout_alignParentRight="true"
        android:layout_alignParentTop="true"
        />
<ImageView
        android:layout_toLeftOf="@+id/broadcast_refresh"
        android:layout_width="60dip"
        android:clickable="true"
        android:onClick="onAddTopicClick"
        android:scaleType="center"
        android:layout_height="wrap_content"
        android:layout_alignBottom="@+id/broadcast_refresh"
        android:layout_alignParentTop="true"
        android:src="@drawable/icon_add"/>
```

值得一提的属性为：

android:src="@drawable/icon_refresh" 设置填充的图片，和 TextView 相比，TextView 填充的是文本，ImageView 填充的是图片资源；

android:scaleType="center" 表示图片以何种方式填充到 View 对应的矩形区域。

从上述各个子 View 的属性配置中可以看出，三者属性值的设置是相似的，原因是它们的父类（即 View 类）相同，而 View 类实现了它们中大部分相同的属性和功能。也就是说，对于这些 View 类的子类，使用方式是相似的，读者可以举一反三。

下面举个简单的例子来使用上述各个子 View，主要讲解 EditText、TextView、ImageView 以及 Button 如何在代码中使用，如图 5.6 和图 5.7 所示，分别为其代码层次和效果。

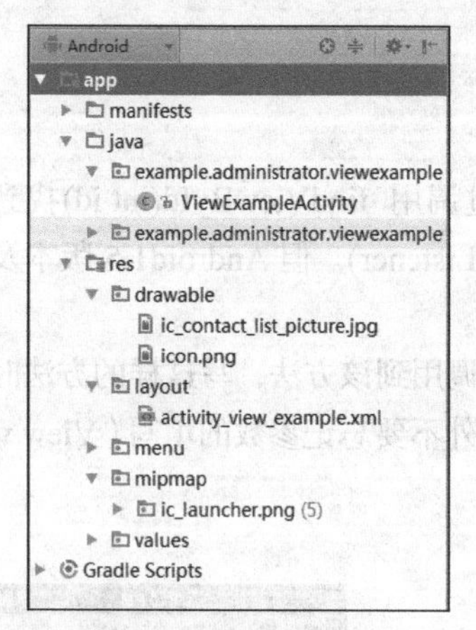

图 5.6　项目代码层次

图 5.7　项目效果

布局代码和源代码如下。

```
<?xml version="1.0" encoding="utf-8"?>
<LinearLayout
    xmlns:android="http://schemas.android.com/apk/res/android"
    android:orientation="vertical"
    android:layout_width="fill_parent"
    android:layout_height="fill_parent"
>
    <EditText
        android:layout_height="wrap_content"
        android:id="@+id/editText1"
        android:layout_width="match_parent"
    />
    <TextView
        android:layout_width="fill_parent"
        android:layout_height="wrap_content"
        android:text="@string/hello"
        android:id="@+id/textText1"
    />
    <ImageView
        android:layout_height="wrap_content"
        android:layout_width="wrap_content"
        android:src="@drawable/icon"
        android:id="@+id/imageView1"
    />
    <Button
        android:text="Button"
        android:id="@+id/button1"
        android:layout_width="wrap_content"
        android:layout_height="wrap_content"
```

```
    />
</LinearLayout>
package com.androidbook.viewexample;

import android.app.Activity;
import android.os.Bundle;
import android.text.Editable;
import android.text.TextWatcher;
import android.view.View;
import android.view.View.OnClickListener;
import android.widget.Button;
import android.widget.EditText;
import android.widget.ImageView;
import android.widget.TextView;

public class ViewExampleActivity extends Activity {

    private Button button1;
    private EditText editText1;
    private TextView textView1;
    private ImageView imageView1;

    private boolean flag = false;

   @Override
   public void onCreate(Bundle savedInstanceState) {
      super.onCreate(savedInstanceState);
      //将布局文件设置到Activity中，由Activity来管理
      setContentView(R.layout.main);
      //通过布局文件中所设置的View的id获得其引用
      textView1 = (TextView) findViewById(R.id.textText1);
      imageView1 = (ImageView) findViewById(R.id.imageView1);
      button1 = (Button) findViewById(R.id.button1);
      //为Button添加监听器，即当按键被按下时的回调函数
      button1.setOnClickListener(new OnClickListener() {
            @Override
            public void onClick(View v) {

                if(flag) {
                //设置ImageView所要展示的图片文件
                //图片资源在res/drawable-hdpi下
                imageView1.setImageResource(R.drawable.icon);
                //设置Button上的文字
                button1.setText("A-->B");
            } else {
                     imageView1.setImageResource(R.drawable.ic_contact_list_
picture);

                     button1.setText("B-->A");
                }
                flag = !flag;
            }
        });

      editText1 = (EditText) findViewById(R.id.editText1);
      //为EditText设置输入监听器，可以监听是否在EditText中进行输入操作
      editText1.addTextChangedListener(new TextWatcher() {
```

```
                //当 EditText 中的文字改变时回调该方法
                @Override
                public void onTextChanged(CharSequence s, int start, int before, int count) {

                }
                //在文字改变之前回调该方法
                @Override
                public void beforeTextChanged(CharSequence s, int start, int count,
                        int after) {
                }
                //在文字输入结束后回调该方法
                @Override
                public void afterTextChanged(Editable s) {
                    //在 TextView 中显示输入的文字
                    textView1.setText(s.toString());
                }
            });
        }
    }
```

5.2 Layout

Android 系统定义了控件的五种布局规则，分别是 LinerLayout（线性布局）、RelativeLayout（相对布局）、FrameLayout（帧布局）、TableLayout（表格布局）、AbsoluteLayout（绝对布局）。它们间接或者直接地继承自 ViewGroup 类。因此，开发者也可以通过间接或者直接的继承方式来实现自定义控件摆放的规则。下面将介绍这五种布局规则，然后通过三个案例来展现它们的差异。

5.2.1 LinearLayout

LinearLayout（线性布局）是指该容器内子控件的摆放方式有两种。

第一种：垂直放置（VERTICAL）。相对水平放置来讲，垂直放置相当于一列，只能在该列中的某个位置放置控件或者容器，两个控件之间只存在上下方向的关系，不存在其他方向的关系。当这一列放满后，再添加的控件就置于屏幕之外，无法看见，如图 5.8 所示。

第二种：水平放置（HORIZONTAL）。该方式指该容器里面存放的控件或者容器只能以一行的形式出现，且只能在该行中的某个位置，两个控件或者容器之间只有左右关系没有其他方向的关系。当放置水平方向满屏时不会自动换行，再放置的控件将置于屏幕之外，无法看见，如图 5.9 所示。

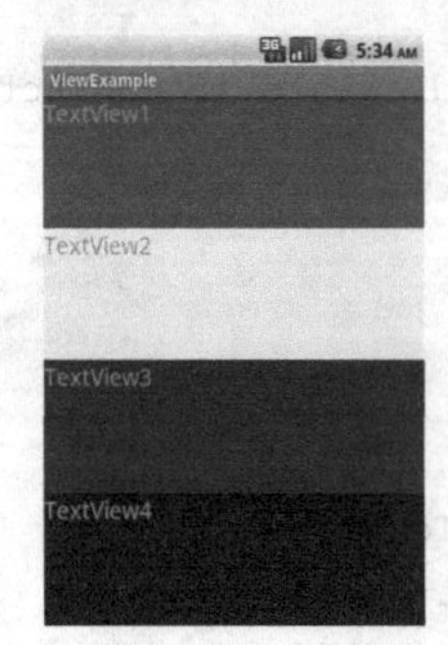

图 5.8　LinearLayout 之垂直布局

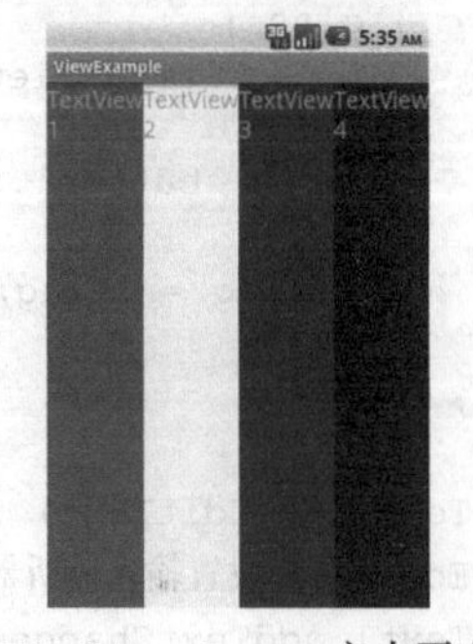

图 5.9　LinearLayout 之水平布局

（1）在线性布局中有以下 5 个重要的属性值。

- android:orientation：设置控件或者容器存放的方式。
- android:id：设置控件 id，方便在使用时找到其引用。
- android:layout_width：容器的宽度，该值必须设置。
- android:layout_height：容器的高度，该值必须设置。
- android:layout_weight：该属性针对其内的子控件。存放在 LinearLayout 中的控件都有这个属性，用来设置该控件或者容器占父控件或者容器的比例。

（2）代码中使用控件和一般的类一样，可以设置属性中的任何值。

下面拓展一下 LinearLayout 的常用属性，如表 5.1 所示。

表 5.1　LinearLayout 的常用属性

属　性　值	含　义
android:background	设置背景
android:clickable	表示是否可以响应单击事件
android:orientation	设置子控件放置方向
xmlns:android="http://schemas.android.com/apk/res/android"	设置该值表示可以当作一个布局文件，被 Android 系统解释使用。每个布局的根布局必须包含该属性，否则，系统将找不到该布局
android:paddingLeft	设置该 layout 的左内边距，该值设置后，位于该 layout 中的 View 或者 ViewGroup 均在 padding 的距离内放置，边距内不能放置控件
android:paddingRight	设置该 layout 的右内边距，该值设置后，位于该 layout 中的 View 或者 ViewGroup 均在 padding 的距离内放置，边距内不能放置控件
android:paddingTop	设置该 layout 的上内边距，该值设置后，位于该 layout 中的 View 或者 ViewGroup 均在 padding 的距离内放置，边距内不能放置控件
android:paddingBottom	设置该 layout 的下内边距，该值设置后，位于该 layout 中的 View 或者 ViewGroup 均在 padding 的距离内放置，边距内不能放置控件
android:padding	设置该 layout 四个方向的内边距，该值设置后，位于该 layout 中的 View 或者 ViewGroup 均在 padding 的距离内放置，边距内不能放置控件
android:layout_margin	表示外边距，还有与内边距相类似的属性，分别为上、下、左、右外边距
android:minHeight	表示该 Layout 的最小高度，layout_height="wrap_content"
android:minWidth	表示该 Layout 的最小宽度，Layout_width="wrap_content"
android:id	表示该 layout，可以在代码中通过 findViewById(int id)找到该 Layout

现在用 LinearLayout 来实现本书综合案例中的“登录界面”，效果如图 5.10 所示，模型如图 5.11 所示，结构如图 5.12 所示。

项目名：com.androidbook.client
案例：使用 LinearLayout 来实现登录界面
源代码位置：res/layout/login_layout1.xml

```
<?xml version="1.0" encoding="utf-8"?>
```

图 5.10 登录界面效果

```
<LinearLayout
    android:id="@+id/root"
    android:orientation="vertical"
    android:layout_width="fill_parent"
    android:background="@drawable/message_list_view_bg"
    android:layout_height="fill_parent"
    xmlns:android="http://schemas.android.com/apk/res/android">
    <LinearLayout
        android:id="@+id/layout_1"
        android:background="@drawable/top_bg"
        android:layout_height="50dip"
        android:layout_width="match_parent">
        <TextView
            android:textAppearance="?android:attr/
            textAppearanceLarge"
            android:id="@+id/textView1"
            android:layout_height="match_parent"
            android:gravity="center"
            android:paddingLeft="10dip"
            android:text="@string/login"
            android:layout_width="wrap_content"
        />
    </LinearLayout>
    <LinearLayout
        android:id="@+id/layout_2"
        android:background="@drawable/panel_bg"
        android:layout_margin="10dip"
        android:minHeight="165dip"
        android:layout_height="wrap_content"
        android:layout_width="match_parent"
        android:orientation="vertical"
    >
        <EditText
            android:layout_width="fill_parent"
            android:layout_height="50dip"
            android:hint="@string/name"
            android:layout_alignParentTop="true"
            android:layout_marginLeft="5dip"
            android:layout_marginRight="5dip"
            android:layout_marginTop="10dip"
            android:id="@+id/name"
            android:singleLine="true"
            android:paddingLeft="10dip"
        />
        <EditText
            android:layout_width="fill_parent"
            android:layout_height="50dip"
            android:hint="@string/password"
            android:layout_marginLeft="5dip"
            android:layout_marginRight="5dip"
            android:id="@+id/password"
            android:password="true"
            android:singleLine="true"
            android:layout_below="@+id/name"
            android:paddingLeft="10dip"
        />
        <LinearLayout
            android:id="@+id/layout_3"
            android:layout_marginTop="5dip"
            android:layout_marginLeft="10dip"
```

```
            android:layout_marginRight="10dip"
            android:layout_width="match_parent"
            android:layout_height="40dip"
        android:weightSum="11"<!--表明将该 Layout 分成 11 份-->
        >
            <TextView
                android:text="@string/signin"
                android:textColor="#7089c0"
                android:textSize="18sp"
                android:gravity="center_vertical"
                android:layout_weight="10" <!--表明占父控件的 10/11-->
                android:layout_width="wrap_content"
                android:textAppearance="?android:attr/textAppearanceMedium"
                android:id="@+id/signin"
                android:layout_height="match_parent"
            />
            <Button
                android:background="@drawable/button"
                android:layout_weight="1"<!--表明占父控件的 1/11-->
                android:minWidth="80dip"
                android:layout_height="40dip"
                android:text="@string/login"
                android:textColor="#fff"
                android:textSize="18sp"
                android:id="@+id/login"
                android:layout_width="wrap_content"
            />
        </LinearLayout>
    </LinearLayout>
</LinearLayout>
```

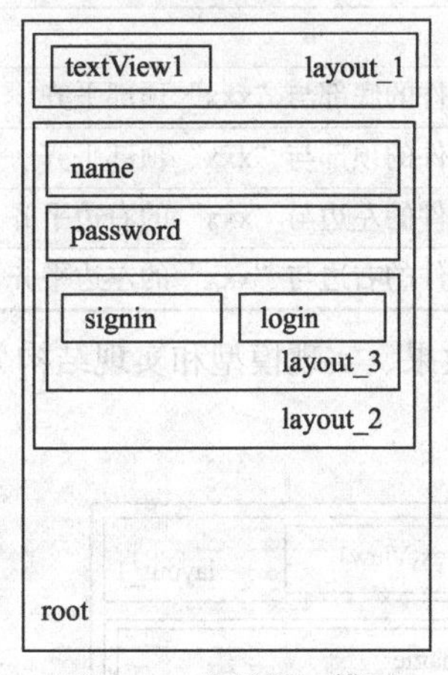

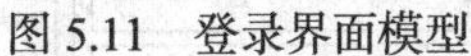

图 5.11　登录界面模型

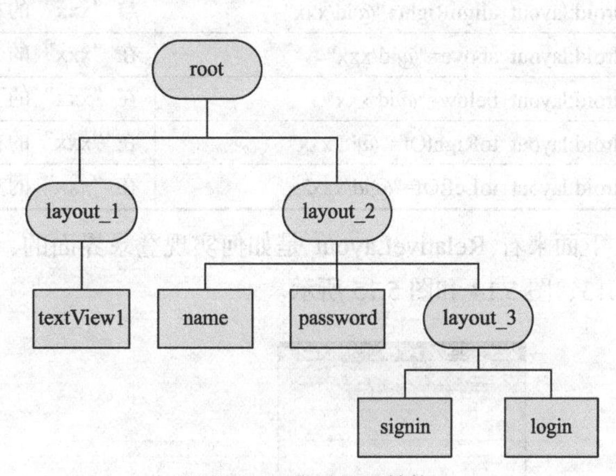

图 5.12　登录界面结构

该界面包含登录的所有内容，并完全通过 LinearLayout 和 View 的子类完成。

（1）最外层 root 包含 layout_1 和 layout_2，放置方向为垂直放置。

（2）layout_1 中只包含一个 TextView，用于显示“登录”。

（3）layout_2 中包含两个 View 和一个 ViewGroup layout_3，以垂直方式放置，这里的 View 和 ViewGroup 是对等的结构。

（4）layout_3 中以水平方式放置一个 TextView 和一个 Button，其中要注意的是，TextView 中的 layout_widget=10 和 Button 中的 layout_widget=1;共同表示在水平方向上 TextView 的宽度占

layout_3 的 10/11，Button 的宽度占 layout_3 宽度的 1/11。该属性是 LinearLayout 中的特性。

5.2.2 RelativeLayout

RelativeLayout（相对布局）是指利用控件之间的相对位置关系来对布局进行放置。换句话说，在该容器中的控件与其他任何一个控件或者容器（包括父控件）有相对关系。为了便于理解，本节采用上节登录界面的显示效果，但用 RelativeLayout 的方式进行布局。读者可以对比这两种布局实现方式的异同。

RelativeLayout 的重要属性如表 5.2 所示。

表 5.2　RelativeLayout 的重要属性

属 性 值	含 义
android:layout_alignParentTop="true|false"	是否和父控件的顶部平齐
android:layout_alignParentBottom="true|false"	是否和父控件的底部平齐
android:layout_alignParentLeft="true|false"	是否和父控件的左边平齐
android:layout_alignParentRight="true|false"	是否和父控件的右边平齐
android:layout_centerInParent="true|false"	是否在父控件的中间位置
android:layout_centerInHorizontal="true|false"	是否水平方向在父控件的中间
android:layout_centerInVertical="true|false"	是否垂直方向在父控件的中间
android:layout_alignTop="@id/xxx"	与“xxx”的顶部平齐（xxx 代表控件或者容器的 ID，可以是父控件的 ID）
android:layout_alignBottom="@id/xxx"	与“xxx”的底部平齐
android:layout_alignLeft="@id/xxx"	与“xxx”的左边平齐
android:layout_alignRight="@id/xxx"	与“xxx”的右边平齐
android:layout_above="@id/xxx"	在“xxx”的上面，该控件的底部与“xxx”顶部平齐
android:layout_below="@id/xxx"	在“xxx”的下面，该控件的顶部与“xxx”顶部平齐
android:layout_toRightOf="@id/xxx"	在“xxx”的右边，该控件的左边与“xxx”的右边平齐
android:layout_toLeftOf="@id/xxx"	在“xxx”的左边，该控件的右边与“xxx”的左边平齐

下面来看 RelativeLayout 是如何实现登录界面的，其实现效果、实现模型和实现结构分别如图 5.13、图 5.14 和图 5.15 所示。

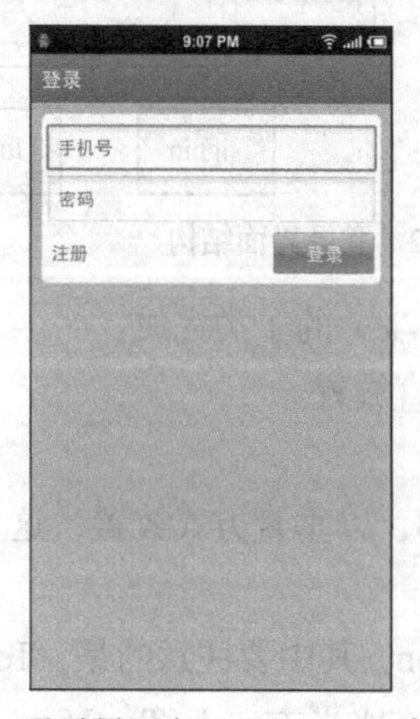

图 5.13　登录界面之 RelateLayout 实现效果

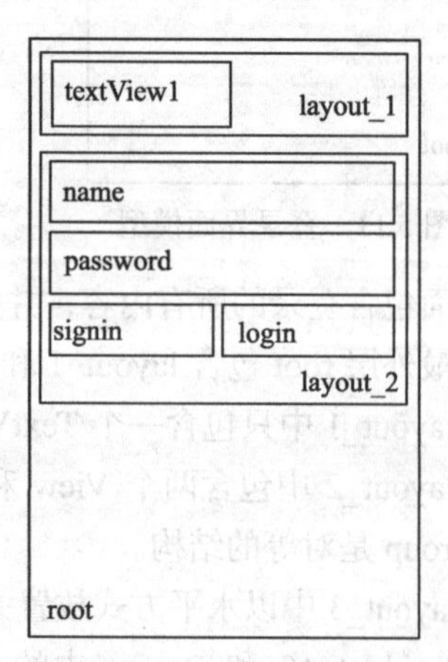

图 5.14　登录界面之 RelativeLayout 实现模型

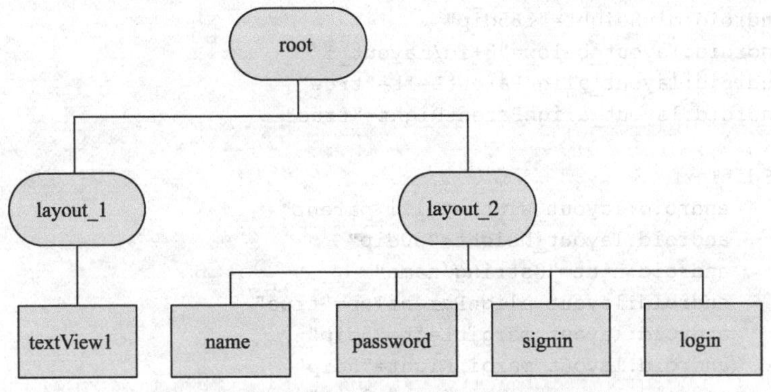

图 5.15　登录界面之 RelativeLayout 实现结构

项目名：com.androidclient.book

案例：使用 RelativeLayout 来实现登录界面

源代码位置：res/layout/login_layout.xml（全部）

```
<?xml version="1.0" encoding="utf-8"?>
<RelativeLayout
    xmlns:android="http://schemas.android.com/apk/res/android"
    android:id="@+id/root"
    android:background="@drawable/message_list_view_bg"
    android:layout_width="fill_parent"
    android:layout_height="fill_parent"
>
        <RelativeLayout
        android:layout_height="50dip"
        android:background="@drawable/top_bg"
        android:layout_width="fill_parent"
        android:id="@+id/layout_1"
        android:layout_alignParentTop="true"
        android:layout_alignParentLeft="true"
        android:layout_alignParentRight="true"
    >
       <TextView
            android:id="@+id/textView1"
            android:text="@string/login"
            android:textAppearance="?android:attr/textAppearanceLarge"
            android:textStyle="bold"
            android:layout_marginLeft="10dip"
            android:layout_height="wrap_content"
            android:layout_width="wrap_content"
            android:layout_centerVertical="true"
            android:layout_alignParentLeft="true"
        />
    </RelativeLayout>
    <RelativeLayout
        android:layout_height="wrap_content"
        android:background="@drawable/panel_bg"
        android:layout_width="fill_parent"
        android:id="@+id/layout_2"
        android:layout_marginLeft="10dip"
        android:layout_marginRight="10dip"
        android:layout_marginTop="10dip"
```

```
        android:minHeight="165dip"
        android:layout_below="@+id/layout_1"
        android:layout_alignParentLeft="true"
        android:layout_alignParentRight="true"
    >
        <EditText
            android:layout_width="fill_parent"
            android:layout_height="50dip"
            android:hint="@string/name"
            android:layout_alignParentTop="true"
            android:layout_marginLeft="5dip"
            android:layout_marginRight="5dip"
            android:layout_marginTop="10dip"
            android:id="@+id/name"
            android:singleLine="true"
            android:paddingLeft="10dip"
        />
        <EditText
            android:layout_width="fill_parent"
            android:layout_height="50dip"
            android:hint="@string/password"
            android:layout_marginLeft="5dip"
            android:layout_marginRight="5dip"
            android:id="@+id/password"
            android:password="true"
            android:singleLine="true"
            android:layout_below="@+id/name"
            android:paddingLeft="10dip"
        />
        <Button
            android:layout_height="40dip"
            android:layout_width="wrap_content"
            android:minWidth="100dip"
            android:layout_marginLeft="0dip"
            android:layout_marginRight="2dip"
            android:layout_marginTop="5dip"
            android:layout_marginBottom="10dip"
            android:background="@drawable/button"
            android:text="@string/login"
            android:textColor="#fff"
            android:textSize="18sp"
            android:id="@+id/login"
            android:layout_alignRight="@+id/password"
            android:layout_below="@+id/password"
            android:onClick="onLoginClick"
        />
        <TextView
            android:layout_height="40dip"
            android:layout_width="wrap_content"
            android:clickable="true"
            android:layout_marginTop="5dip"
            android:layout_marginBottom="10dip"
            android:text="@string/signin"
            android:textColor="#7089c0"
            android:textSize="18sp"
            android:paddingLeft="5dip"
```

```
            android:gravity="center_vertical"
            android:id="@+id/signin_text"
            android:layout_below="@+id/password"
            android:onClick="onLoginClick"
        android:layout_alignLeft="@+id/password"
            android:layout_toLeftOf="@+id/login"/>
    </RelativeLayout>
</RelativeLayout>
```

该布局的模型以及 View 和 ViewGroup 的树形关系图，与上一节 LinearLayout 的布局效果是相同的，但是采用了 RelativeLayout 的布局方式。

（1）最外层为父控件 RelateLayout root，子控件 layout_1 与 root 头部齐平，用 android.layout_alignParentTop="true"来表示。

（2）子控件 layout_2 位于 layout_1 的下面，用 android:layout_below="@id/layout_1"来表示。

（3）siginin 位于 login 的左边，用 android:layout_toLeftOf="@+id/login"来表示，并且与父控件 layout_2 的左边齐平，用 android:layout_alignParentLeft="true"来表示。

（4）login 位于 password 的下面，用 android:layout_below="@+id/password"来表示。

从树形图和模型上可以看出，RelativeLayout 布局的层级地 LinearLayout 的层级少。这意味着，系统在渲染布局的时候，花费的资源和时间相对要少一点，这有助于减少内存的使用和提升运行的速度。

RelativeLayout 的一些值不可冲突设置，如控件“aaa”不能既相对在控件“xxx”的上面，又相对在“xxx”控件的下面。图 5.16 中的界面是本书综合案例中的话题列表，请读者自行分析其列表中一条话题的布局。

图 5.16　项目中出现的另一个 RelateLayout

代码如下。

项目名：com.androidbook.client
案例：使用 RelativeLayout 实现一条话题的布局
源代码位置：res/layout/broadcast_layout_item.xml（全部）

```
<?xml version="1.0" encoding="utf-8"?>
<RelativeLayout
    xmlns:android="http://schemas.android.com/apk/res/android"
    android:id="@+id/relativeLayout1"
    android:layout_width="fill_parent"
    android:layout_height="wrap_content"
    android:paddingTop="5dip"
    android:paddingBottom="5dip"
>
    <ImageView
        android:layout_marginTop="2.5dip"
        android:layout_marginLeft="10dip"
        android:layout_height="wrap_content"
        android:id="@+id/broadcast_thumb"
        android:layout_width="wrap_content"
        android:src="@drawable/ic_contact_list_picture"
        android:layout_alignParentTop="true"
        android:layout_alignParentLeft="true"
    />
    <TextView
        android:layout_height="wrap_content"
        android:id="@+id/broadcast_name"
        android:paddingLeft="10dip"
        android:textColor="#000"
        android:textStyle="bold"
        android:text="@string/broadcast_discussion"
        android:layout_width="wrap_content"
        android:textAppearance="?android:attr/textAppearanceMedium"
        android:layout_alignTop="@+id/broadcast_thumb"
        android:layout_toRightOf="@+id/broadcast_thumb"
    />
    <TextView
        android:layout_height="wrap_content"
        android:id="@+id/broadcast_date"
        android:text="2011/3/18"
        android:textSize="16dp"
        android:layout_width="wrap_content"
        android:layout_alignTop="@+id/broadcast_name"
        android:layout_alignParentRight="true"
        android:layout_marginRight="15dip"
    />
    <TextView
        android:layout_height="wrap_content"
        android:id="@+id/broadcast_content"
        android:text=""
        android:paddingLeft="10dip"
        android:paddingTop="3dip"
        android:autoLink="all"
        android:layout_below="@+id/broadcast_name"
        android:textColor="#99000000"
        android:layout_width="wrap_content"
        android:layout_alignLeft="@+id/broadcast_name"
        android:layout_alignRight="@+id/broadcast_date"
    />
</RelativeLayout>
```

5.2.3　FrameLayout

FrameLayout（帧布局）是指该容器内放置的控件或者容器没有上下或左右的关系，只有层叠的关系。放置在容器内的控件按放置的前后顺序逐一层叠摆放，自然地，后面摆放的控件就将前面摆放的控件覆盖了，叠在它的上面了。

如何将前面放置的控件提到最前面呢？最简单的就是设置属性 android:bringToFront="true|false"。注意：对于放置前后的关系，在没有设置其他属性之前，Android 系统采用的是叠放的原则，即后加入节点的就放置在上面。

本书综合案例会通过三个标签页分别展示话题、好友和私信。这些标签页是通过 TabHost 和 TabActivity 来实现的，下述代码为其所使用的布局文件。

```
项目名：com.androidbook.client
案例：通过 FrameLayout 实现所有子标签的布局容器
源代码位置：res/layout/main.xml(12～19)
<RelativeLayout
   android:layout_width="fill_parent"
   android:layout_height="fill_parent"
>
      <FrameLayout
         android:id="@android:id/tabcontent"
         android:layout_width="fill_parent"
         android:layout_height="wrap_content"
         android:layout_alignParentTop="true"
         android:layout_above="@android:id/tabs"
      >
      </FrameLayout>
      <TabWidget
           android:background="@drawable/tab_bottom_bg"
           android:id="@android:id/tabs"
           android:layout_width="fill_parent"
           android:layout_height="wrap_content"
           android:layout_alignParentBottom="true"
     >
     </TabWidget>
</RelativeLayout>
```

5.2.4　TableLayout

TableLayout（表格布局）指该容器是一个表格，放置的控件在表格的某个位置上。其中 TableRow 是配合 TableLayout 使用的，目的是让 TableLayout 生成多个列，否则 TableLayout 中就只能存在一列，但可以有多行。TableLayout 的直接父类是 LinearLayout，所以其具有 LinearLayout 的属性。TableLayout 中的每一行用 TableRow 表示，每一列是用 TableRow 中的个数指定的。TableRow 的直接父类是 LinearLayout，但是其只能水平放置。本小节照样采用登录界面来分析表格布局，其实现效果、实现模型和实现结构分别如图 5.17、图 5.18 和图 5.19 所示。

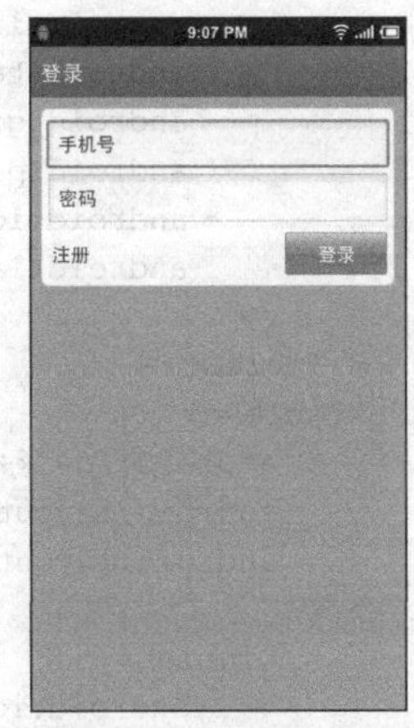

图 5.17　登录界面 TableLayout 实现效果

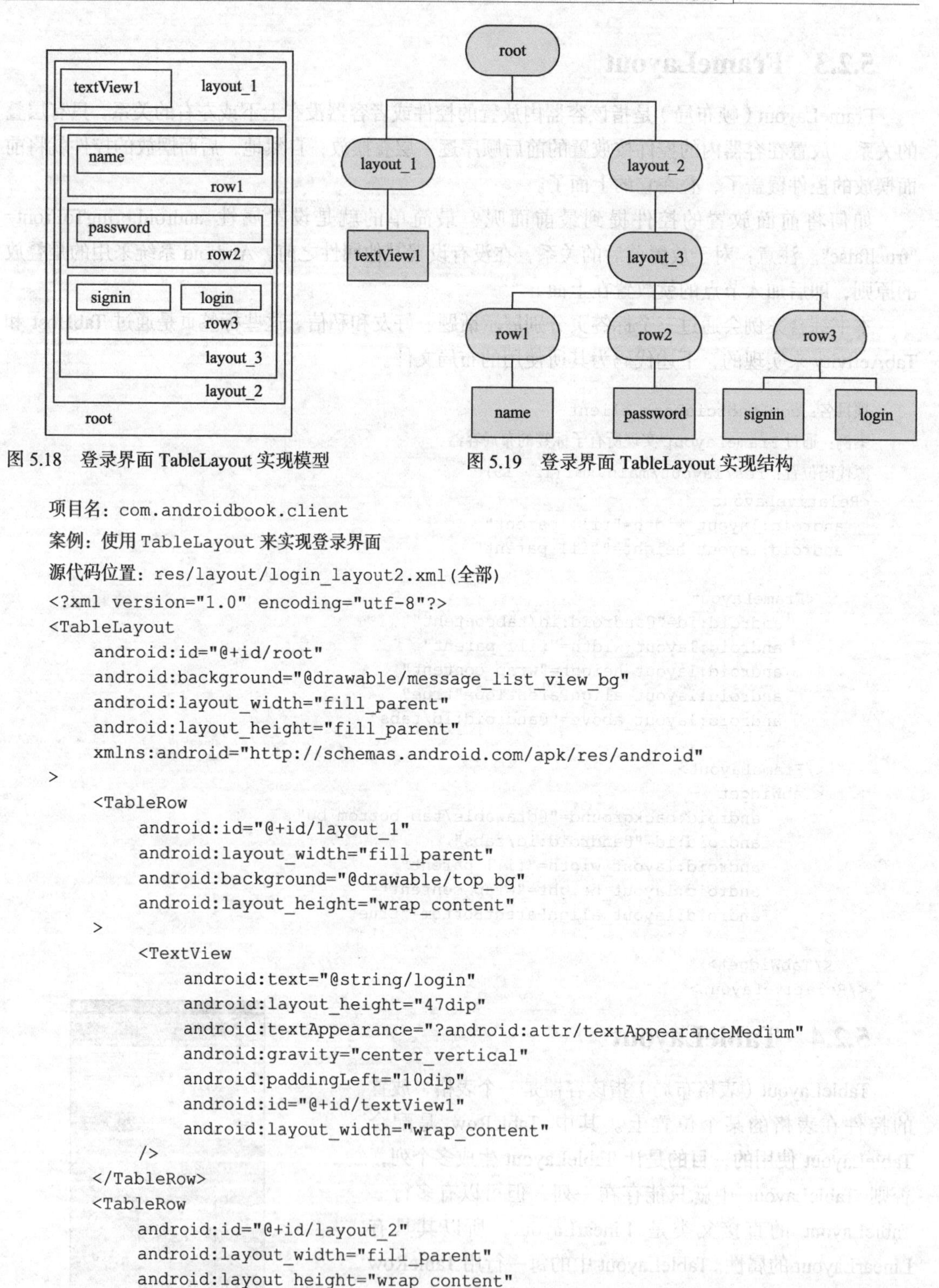

图 5.18　登录界面 TableLayout 实现模型

图 5.19　登录界面 TableLayout 实现结构

项目名：com.androidbook.client

案例：使用 TableLayout 来实现登录界面

源代码位置：res/layout/login_layout2.xml（全部）

```
<?xml version="1.0" encoding="utf-8"?>
<TableLayout
    android:id="@+id/root"
    android:background="@drawable/message_list_view_bg"
    android:layout_width="fill_parent"
    android:layout_height="fill_parent"
    xmlns:android="http://schemas.android.com/apk/res/android"
>
    <TableRow
        android:id="@+id/layout_1"
        android:layout_width="fill_parent"
        android:background="@drawable/top_bg"
        android:layout_height="wrap_content"
    >
        <TextView
            android:text="@string/login"
            android:layout_height="47dip"
            android:textAppearance="?android:attr/textAppearanceMedium"
            android:gravity="center_vertical"
            android:paddingLeft="10dip"
            android:id="@+id/textView1"
            android:layout_width="wrap_content"
        />
    </TableRow>
    <TableRow
        android:id="@+id/layout_2"
        android:layout_width="fill_parent"
        android:layout_height="wrap_content"
    >
        <TableLayout
            android:id="@+id/layout_3"
            android:layout_weight="1"
            android:minHeight="165dip"
```

```
    android:layout_margin="10dip"
    android:background="@drawable/panel_bg"
    android:layout_width="wrap_content"
    android:layout_height="wrap_content"
  >
    <TableRow
        android:id="@+id/Row1"
        android:layout_width="fill_parent"
        android:layout_height="wrap_content"
    >
        <EditText
            android:inputType="number"
            android:layout_marginLeft="5dip"
            android:layout_marginRight="5dip"
            android:layout_marginTop="10dip"
            android:id="@+id/name"
            android:layout_weight="1"
            android:singleLine="true"
            android:hint="@string/name"
            android:paddingLeft="10dip"
            android:layout_height="50dip"
            android:layout_width="fill_parent"
        />
    </TableRow>
    <TableRow
        android:id="@+id/Row2"
        android:layout_width="wrap_content"
        android:layout_height="wrap_content"
    >
        <EditText
            android:inputType="textPassword"
            android:layout_height="50dip"
            android:hint="@string/password"
            android:layout_marginLeft="5dip"
            android:layout_marginRight="5dip"
            android:id="@+id/password"
            android:password="true"
            android:layout_weight="1"
            android:singleLine="true"
            android:paddingLeft="10dip"
            android:layout_width="fill_parent"
        />
    </TableRow>
    <TableRow
        android:id="@+id/row3"
        android:layout_width="wrap_content"
        android:layout_marginLeft="10dip"
        android:minWidth="100dip"
        android:layout_marginRight="10dip"
        android:layout_marginTop="5dip"
        android:layout_height="wrap_content"
    >
        <TextView
            android:text="@string/signin"
            android:textColor="#7089c0"
            android:textSize="18sp"
```

```
                android:gravity="center_vertical"
                android:layout_weight="10"
                android:layout_width="wrap_content"
                android:textAppearance="?android:attr/textAppearanceMedium"
                android:id="@+id/textView2"
                android:layout_height="match_parent"
            />
            <Button
                android:background="@drawable/button"
                android:layout_weight="1"
                android:minWidth="80dip"
                android:layout_height="40dip"
                android:text="@string/login"
                android:textColor="#fff"
                android:textSize="18sp"
                android:id="@+id/login"
                android:layout_width="wrap_content"
            />
        </TableRow>
    </TableLayout>
  </TableRow>
</TableLayout>
```

表格布局的好处在于为多个子控件建立比较均匀的位置，但并不适用于上述的布局实现。TableLayout 中用 TableRow 为子控件提供布局规则。TableRow 与 LinearLayout 的水平布局相似。表 5.3 所示为 TableLayout 的三个重要的属性。

表 5.3　　TableLayout 的重要属性

属 性 值	含 义
android:stretchColumns="1"	设置 TableLayout 所有行的第二列为扩展列。如果每行都有三列的话，剩余的空间由第二列补齐，第一行的索引号为 0
android:shrinkColumns=""	以第 0 行为序，自动拓宽指定的列填充可用部分：当 TableRow 里面的控件还没有填满时，shrinkColumns 不起作用
android:collapseColumns=""	以第 0 行为序，隐藏指定的列，可设置多个值，用逗号隔开，如“0,2”表示隐藏第 1 和第 3 列

5.2.5　AbsoluteLayout

AbsoluteLayout（绝对布局）是指控件在容器中的位置以坐标的形式存在，屏幕左上角为坐标原点（0,0），坐标位置可以随意指定，非常灵活。但这种布局在开发过程中很少使用，原因是屏幕兼容性不好，不便控制两个控件之间的位置。其中控件或者容器放置的位置通过 android:layout_x 和 android:layout_y 这两个属性进行设置。

5.3　对　话　框

对话框（Dialog）是 Android 系统在 Activity 或者其他组件运行过程中提供的一种资源消耗很小的提示机制。它可以帮助应用完成一些必要的提示功能，同时提供一些与用户交互的功能，包括简单的提示、等待、选择、展示等功能。对话框操作简单，资源消耗较少。

对话框分为很多种，下面将一一进行介绍。

5.3.1　提示对话框

提示对话框的用途很多。不少应用在退出程序时会呈现给用户一个提示框，让用户决定是否退出程序，本书的综合案例也采用这种方式，如图 5.20 所示。

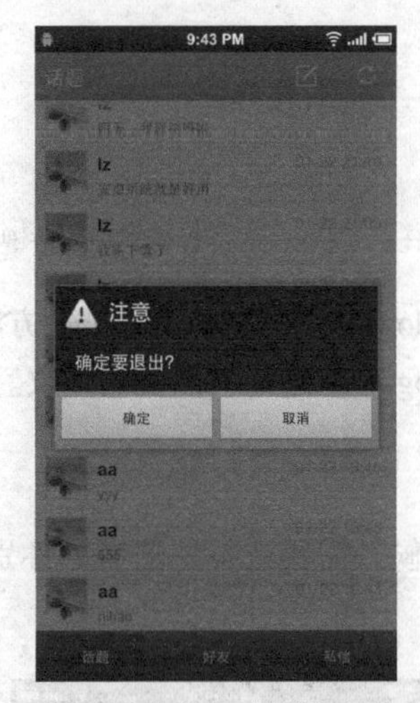

图 5.20　退出程序时的提示对话框

代码如下。

```
项目名：com.androidbook.client
案例：使用提示对话框实现退出程序的提示
源代码位置：com.androidbook.client.activity.controller.BaseActivity
new AlertDialog.Builder(BaseActivity.this)
               .setIcon(android.R.drawable.ic_dialog_alert)
               .setTitle(R.string.alter)
               .setMessage(getString(R.string.is_quit))
               .setPositiveButton(R.string.comfirm, new DialogInterface.OnClickListener() {
               public void onClick(DialogInterface dialog, int whichButton) {
                  finish();
               }
            })
            .setNegativeButton(R.string.cancel, new DialogInterface.OnClickListener() {
               public void onClick(DialogInterface dialog, int whichButton) {
                  }
            })
            .create().show();
```

Android 系统提供的对话框父类为 Dialog，里面并没有实现对话框的具体类型，比如单选、多选、列表等对话框，仅提供一个框架和规范。系统为开发者提供了一个多功能的对话框类 AlertDialog，里面封装了各种对话框的样式，开发者只须提供相应的显示数据和按键的响应监听就可以了。

上述提示对话框所使用的就是系统封装好的对话框 AlertDialog 的实例对象。AlertDialog 并不提供对外的构造方法，而是通过其内部类 Builder 进行构造，然后通过 Builder 对象分别设置对话框的类型、提示文字、单选或多选功能等。上述提示对话框的使用步骤如下。

（1）创建 Builder 实例对象。

（2）通过 Builder 实例对象设置对话框的一些属性。

setSingleChoiceItems 表示单选对话框；
setMultiChoiceItems 表示多选对话框；
setItems 表示列表对话框；
setTitle()设置标题；
setIcon()设置图标；
setMessage()设置内容；
setPositiveButton()、setNegativeButton()设置不同的按键；

（3）通过 Builder 创建 AlertDialog 对象，并调用 show()方法。

（4）当使用完后通过 AlertDialog 对象进行对话框的回收。

5.3.2 单选对话框

本书综合案例中，在注册的时候，需要选择注册者的性别，这时用单选对话框，如图 5.21 所示。

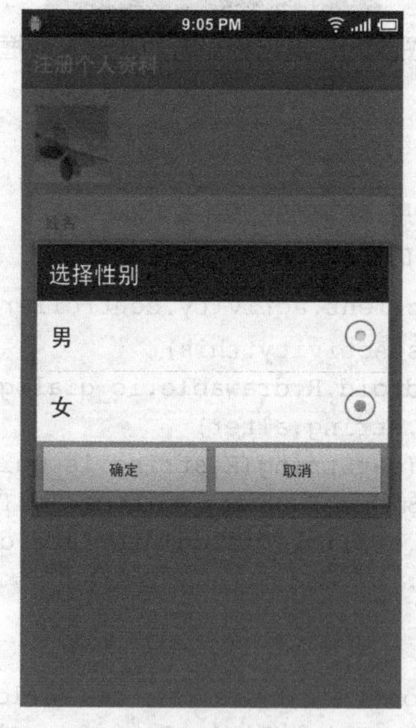

图 5.21 选择性别时的单选对话框

代码如下。

项目名：com.androidbook.client
案例：使用单选对话框实现注册时男女性别的选择
源代码位置：com.androidbook.client.activity.loginsignin.SignProfileActivity

```
private int signProfile(int array, int title, final TextView show) {
        final String[] ssex = getResources().getStringArray(array);
            AlertDialog.Builder builder = new Builder(SignProfileActivity.this);
        builder.setTitle(title);
```

```
    builder.setCancelable(false);
   //表示选用的是单选的对话框，同理，若是多选或者列表对话框只须表示为
   //多选：setMultiChoiceItems(arg0, arg1, arg2)
   //列表：setItems(arg0, arg1)
    builder.setSingleChoiceItems(array, 1, new DialogInterface.OnClickListener() {

        @Override
        public void onClick(DialogInterface dialog, int which) {
            //列表中任一个选项选中的回调函数
            picWhich = which;
        }
    });
    builder.setPositiveButton(R.string.comfirm, new DialogInterface.OnClickListener() {

        @Override
        public void onClick(DialogInterface dialog, int which) {
            //确认按键按下的回调函数
            show.setText(ssex[signSex]);
        }
    });
    builder.setNegativeButton(R.string.cancel, new DialogInterface.OnClickListener() {

        @Override
        public void onClick(DialogInterface dialog, int which) {
            //取消按键按下的回调函数
            show.setText(ssex[1]);
        }
    });
   //通过builder创建并显示对话框
    builder.create().show();
    return picWhich;
}
```

5.3.3 复选对话框

复选对话框和单选对话框用法相似，只需将 setSingleChoiceItems 方法改为 setMultiChoiceItems (arg0, arg1, arg2)即可，如图 5.22 所示，读者可自行练习。

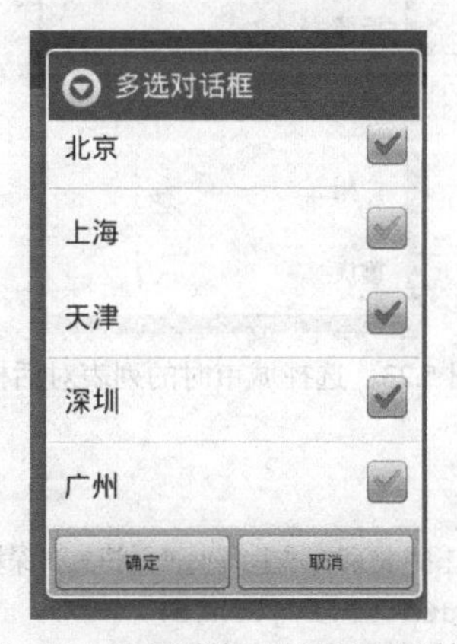

图 5.22　选择城市时的多选对话框

代码如下。

```
String[] addr = new String[]{"北京","上海","天津","深圳","广州","重庆"};
new AlertDialog.Builder(AboutActivity.this)
        .setTitle("多选对话框")
        .setMultiChoiceItems(addr, null, new DialogInterface.OnMultiChoiceClickListener() {
                @Override
                public void onClick(DialogInterface dialog, int which, boolean isChecked) {


                }
        })
        .setPositiveButton("确定", new OnClickListener() {

                @Override
                public void onClick(DialogInterface dialog, int which) {

                }
          })
          .setNegativeButton("取消", new OnClickListener() {

                @Override
                public void onClick(DialogInterface dialog, int which) {

                }
          })
          .create().show();
```

5.3.4 列表对话框

列表对话框和单选对话框用法相似，只需将 setSingleChoiceItems 改为 setItems (CharSequence[] arg0, OnClickListener arg1)即可，如图 5.23 所示，读者可自行练习。

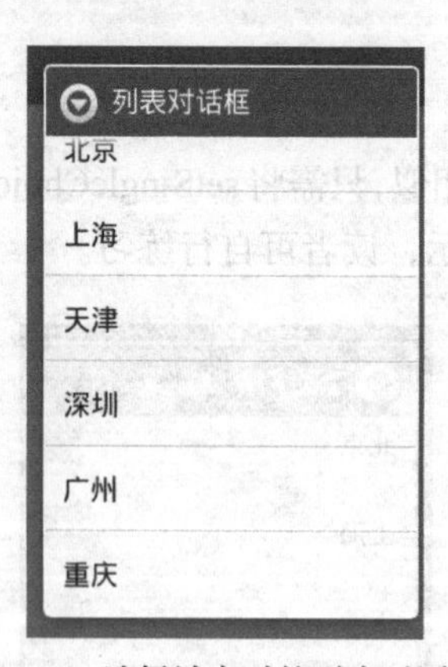

图 5.23 选择城市时的列表对话框

代码如下。

```
String[] addr = new String[]{"北京","上海","天津","深圳","广州","重庆"};
new AlertDialog.Builder(AboutActivity.this)
        .setTitle("列表对话框")
```

```
        .setItems(addr, new DialogInterface.OnClickListener() {
            public void onClick(DialogInterface dialog, int which) {

            }
        }).create().show();
```

5.3.5　进度条对话框

Android 系统的进度条对话框（ProgressDialog）为人机之间提供了良好的交互体验。它是对对话框进行的封装，使用起来简单、方便，开发者可以根据需要定制其个性化样式。进度条对话框的应用场合非常广泛。本书的综合案例的加载或者更新等应用会使用进度条对话框来表示其进度。下面是用户登录过程中进度条对话框的使用，如图 5.24 所示。

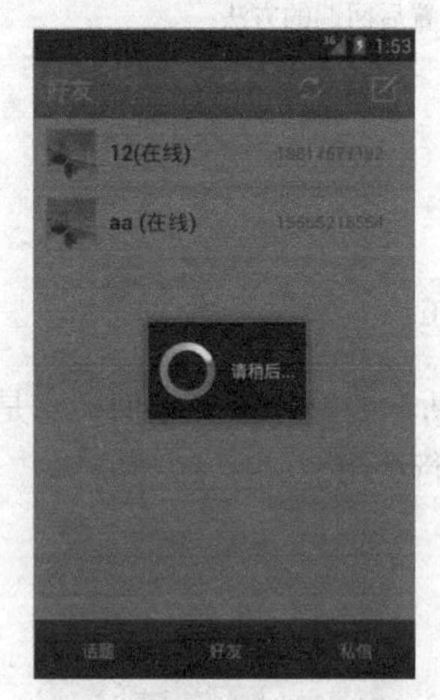

图 5.24　用户登录过程中的进度条对话框

代码如下。

```
项目名：com.androidbook.client
案例：在登录过程中使用进度条对话框
源代码位置：com.androidbook.client.activity.broadcast.BroadCastActivity
dialog = ProgressDialog.show(BroadCastActivity.this, "",
            getText(R.string.waiting));
```

5.3.6　日期选择对话框

日期选择对话框用来对日期进行选取，如设置手机的时间，如图 5.25 所示。

日期选择对话框与一般的对话框不同，开发者可以直接通过对 DatePickerDialog 实例的操作来设置相应的日期。下面介绍该对话框的使用步骤。

（1）创建 DatePickerDialog 实例对象。

（2）设置时间被设定后的回调函数 onDateSet(...)。

（3）设置对话框显示时的时间，一般设置当前时间。

（4）show()方法显示对话框。

图 5.25　设置手机时间的日期选择对话框

需要注意的是，一般的对话框都要显式调用 dismiss()方法来回收对话框，在 DatePickerDialog 对话框中，自带的两个按键的监听中已经默认调用 dissmiss()了。

```
//获得时间相关实例，目的是取初始化日期选择对话框弹出来的初始时间
Calendar calendar = Calendar.getInstance();
calendar.setTimeInMillis(System.currentTimeMillis());
int year = calendar.get(Calendar.YEAR);
int monthOfyear = calendar.get(Calendar.MONTH);
int dayOfMonth = calendar.get(Calendar.DAY_OF_MONTH);
//通过 DatePickerDialog 来创建日期选择对话框
DatePickerDialog dpd = new DatePickerDialog(this, new OnDateSetListener() {
    @Override
    public void onDateSet(DatePicker view, int year, int monthOfYear,int dayOfMonth) {
                    //当时间被设置后回调的方法
    }

  }, year, monthOfyear, dayOfMonth );
dpd.show();
```

5.3.7 时间选择对话框

时间选择对话框与日期选择对话框的操作极其相似，它是用来对时间进行设置，这里不再详细说明，如图 5.26 所示，读者可自行练习。

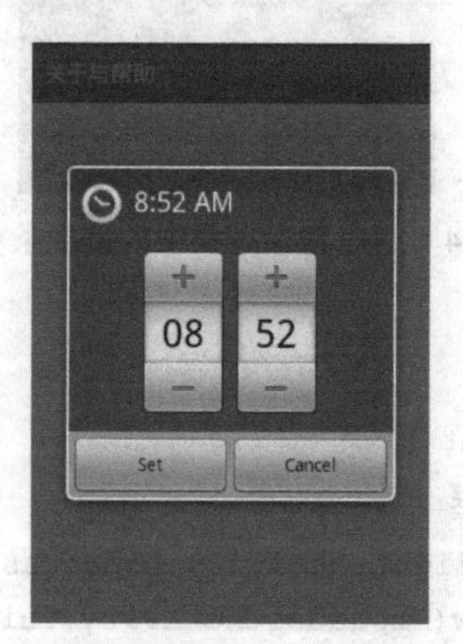

图 5.26　设置时间的时间选择对话框

代码如下。

```
Calendar calendar = Calendar.getInstance();
         new TimePickerDialog(
              this,
              new TimePickerDialog.OnTimeSetListener() {
           @Override
           public void onTimeSet(TimePicker view, int hourOfDay, int minute) {

           } },
                calendar.get(Calendar.HOUR_OF_DAY),
                calendar.get(Calendar.MINUTE),
                true ).show();
```

5.3.8　拖动对话框

我们在设置音量大小或者屏幕亮度时会使用到称为拖动对话框的控件，如图 5.27 所示。由于 AlertDialog 中并没有实现该对话框类型，所以开发者需要创建一个对话框实例，并将想要设置的 View 视图对象如 SeekBar 设置到对话框中。

拖动对话框使用步骤如下。

（1）准备一个简单的布局文件，在里面设置 SeekBar 控件。

（2）直接创建 Dialog 实例对象（Dialog dialog = new Dialog(...)）。

（3）利用对话框实例将布局文件设置到对话框中（dialog.setContentView(...)）。

（4）显示对话框()dialog .show()()。

（5）通过对话框实例找到设置进去的控件（SeekBar sbar = dialog.findViewById(seekBar 的 id)）。

（6）进行响应的监听()sBar.setOnSeekBarChangeListener()()。

布局文件和源代码如下。

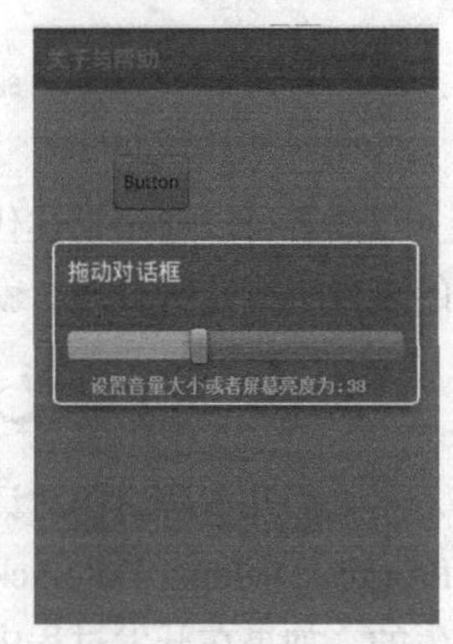

图 5.27　拖动对话框

```
<?xml version="1.0" encoding="utf-8"?>
<RelativeLayout
    android:id="@+id/relativeLayout1"
    android:layout_width="fill_parent"
    android:layout_height="fill_parent"
    xmlns:android="http://schemas.android.com/apk/res/android">
    <SeekBar
        android:layout_width="match_parent"
        android:id="@+id/seekBar1"
        android:layout_margin="10dip"
        android:layout_height="wrap_content"
        android:layout_alignParentTop="true"
        android:layout_alignParentLeft="true"
    />
    <TextView
        android:text=""
        android:layout_width="wrap_content"
        android:id="@+id/textView1"
        android:layout_height="wrap_content"
        android:layout_below="@+id/seekBar1"
        android:layout_centerHorizontal="true"
    />
</RelativeLayout>
```

```
Dialog dialog = new Dialog(this);
dialog.setTitle("拖动对话框");
//将布局文件添加到对话框中
dialog.setContentView(R.layout.seek);
SeekBar sbar = (SeekBar) dialog.findViewById(R.id.seekBar1);
sbar.setMax(100);
final TextView tview = (TextView) dialog.findViewById(R.id.textView1);
tview.setText("当前的进度为 : "+ sbar.getProgress());
sbar.setOnSeekBarChangeListener(new OnSeekBarChangeListener() {

    //停止拖动时回调
    @Override
```

```
            public void onStopTrackingTouch(SeekBar seekBar) {

            }

            //开始拖动是回调
            @Override
            public void onStartTrackingTouch(SeekBar seekBar) {

            }

            //当进度变化时回调该函数
            @Override
            public void onProgressChanged(SeekBar seekBar, int progress,
                    boolean fromUser) {
                tview.setText("设置音量大小或者屏幕亮度为: "+ seekBar.getProgress());
            }
        });
        dialog.show();
```

读者可以通过上述代码举一反三，在对话框中设置任何 View 的实例对象，并对该对话框中的事件进行监听处理，就可以得到我们想要的个性化对话框了。

5.3.9 自定义对话框

上面几节所讲的对话框都是Dialog类系统封装好的，如AlertDialog、ProgressDialog、DatePickerDialog 等。这些对话框的风格、背景都是原生的。如果在开发过程中有个性化定制的需求，就可以通过继承 Dialog 类，并设置其中的属性来改变对话框的风格和展现的位置。

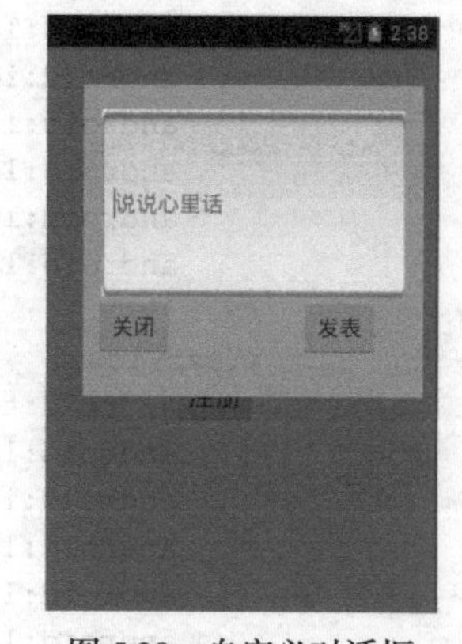

图 5.28 自定义对话框

自定义对话框使用步骤如下。

（1）创建一个对话框类，继承自 Dialog。

（2）获得 window 对象，通过 window 来设置对话框的属性。

（3）在 OnCreate()、onStart()方法中执行任务代码。

上述步骤并不是唯一的，只是一种思路，为获得更好的 Dialog，需要针对各自需求进行相应的设计。下面我们设计一个自己所需要的对话框样式风格，效果如图 5.28 所示。

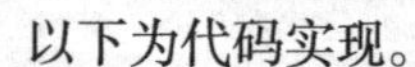

以下为代码实现。

```
    public class MyDialog extends Dialog{

            private Window mWindow;

            public MyDialog(Context context) {
                super(context);
                //获得窗口管理对象
                mWindow = this.getWindow();
                //去掉系统默认的对话框背景
                mWindow.setBackgroundDrawable(new ColorDrawable(0));
                //获得窗口参数
                WindowManager.LayoutParams lp = mWindow.getAttributes();
```

```
            //设置对话框显示在屏幕的顶部，默认是显示在屏幕的中心
            lp.gravity = Gravity.TOP;
            //设置外部点击可以回收对话框
            setCanceledOnTouchOutside(true);
            //去掉对话框的标题栏
            requestWindowFeature(Window.FEATURE_NO_TITLE);
            //设置对话框的内容
            mWindow.setContentView(
                    R.layout.broadcast_broadcast_dialog);
        }

        //下面是几个生命周期函数
        @Override
        protected void onCreate(Bundle savedInstanceState) {
            super.onCreate(savedInstanceState);

        }

        @Override
        protected void onStart() {

            super.onStart();
        }

        @Override
        protected void onStop() {

            super.onStop();
        }
}
```

使用上述自定义的对话框过程如下。

```
MyDialog dialog = new MyDialog(Context);
//显示对话框
dialog.show();
//回收对话框
dialog.dismiss();
```

使用对话框时，要注意窗口泄露（内存泄露）问题。因为对话框是附属在 Activity 上的，所以在 Activity 调用 finish()之前，必须回收 dismiss()所有对话框。

5.4 菜　单

5.4.1 上下文菜单

Android 系统中的 ContextMenu（上下文菜单）类似于 PC 中的右键弹出菜单。当一个视图注册了上下文菜单时，长按该视图对象将出现一个提供相关功能的浮动菜单。上下文菜单可以被注

册到任何视图对象中，最常见的是用于列表视图（ListView）中，但上下文菜单不支持图标和快捷键。

上下文菜单的使用步骤如下。

（1）在 Activity 中使用上下文菜单，复写 onCreateContextMenu()和 onContextItemSelected()方法。

（2）在视图控件 View 中注册上下文菜单，使用 registerForContextMenu(View)方法。

（3）在 onCreateContextMenu(...ContextMenu menu)中添加菜单项 menu.add(...)。

（4）在 onContextItemSelected()中通过设置菜单的 id 来实现菜单子项的监听。

本书综合案例的私信列表界面采用上下文菜单提供回复和删除这两个功能入口，如图 5.29 所示。

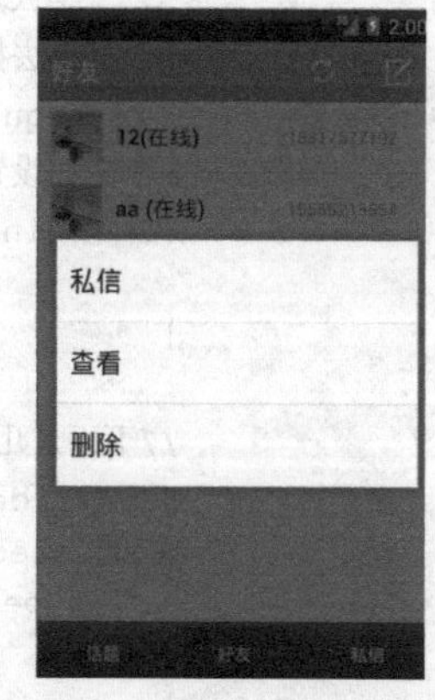

图 5.29　提供恢复和删除的上下文菜单

代码如下。

```
项目名：com.androidbook.client
案例：在某条私信上使用上下文菜单，提供回复和删除这两个功能入口
源代码位置：com.androidbook.client.activity.letter.LetterActivity
// 复写 Activity 中的方法，当上下文菜单被创建时回调该函数
@Override
public void onCreateContextMenu(ContextMenu menu, View v,
        ContextMenuInfo menuInfo) {
     //创建菜单项
     //参数的填写
    menu.add(1, 0, 0, R.string.reply);
    menu.add(1, 1, 1, R.string.delete);
    super.onCreateContextMenu(menu, v, menuInfo);
}

//复写 Activity 中的方法，当上下文菜单某项被选中时回调该函数
@Oerride
public boolean onContextItemSelected(MenuItem item) {
    //获得上下文菜单的相关信息
    AdapterView.AdapterContextMenuInfo menuInfo;
    menuInfo = (AdapterView.AdapterContextMenuInfo) item.getMenuInfo();
    //对选项点击事件的回调
    switch (item.getItemId()) {
    case 0:
        replyLetter(menuInfo.position);
        break;
    case 1:
        deleteLetter(menuInfo.position);
     default:
        break;
     }
   return super.onContextItemSelected(item);
}
```

5.4.2　选项菜单

当 Activity 在前台运行时，如果用户按下手机上的 Menu 键，就会在屏幕底端弹出相应的选项菜单。这个功能需要开发人员来实现，否则程序运行时按下手机的 Meun 键是不会起作用的。

选项菜单每次最多显示 6 个图标，当多于 6 个时，将只显示前 5 个和一个扩展菜单选项，单击扩展菜单选项将会弹出其余的菜单项。扩展菜单项中不会显示图标，但是可以显示单选框和复选框。

选项菜单使用步骤如下。

（1）在 Activity 中复写 onCreateOptionsMenu(...)和 onOptionsItemSelected(...)方法。

（2）在 onCreateOptionsMenu(Menu menu)中添加菜单选项，有两种方式：①调用 menu.add(...)；②从布局文件中添加，在 res 下新建 menu 文件夹，创建 menu 文件，填写相应的选项。

（3）在 onOptionsItemSelected(...)中通过设置菜单的 id 来实现菜单子项的监听。

本书综合案例使用选项菜单提供各种功能入口，如图 5.30 所示。选项菜单功能的作用域是有分别的，既有作用于整个应用程序的，也有作用于某个界面的；如果是作用于某个界面的，那么不同的界面将使用不同的选项菜单功能。

图 5.30　选项菜单

选项菜单的布局文件代码如下。

```
<menu xmlns:android="http://schemas.android.com/apk/res/android">
    <item
        android:id="@+id/menu_profile"
        android:alphabeticShortcut="\n"
        android:icon="@android:drawable/menu_profile
        android:title="@string/menu_profile" />

    <item
        android:id="@+id/menu_letter"
        android:alphabeticShortcut="q"
        android:icon="@android:drawable/menu_letter "
        android:title="@string/menu_letter" />

    <item
        android:id="@+id/menu_signin"
        android:icon="@android:drawable/menu_signin "
        android:title="@string/menu_signin" />

    <item
        android:id="@+id/menu_logout"
        android:icon="@android:drawable/menu_logout"
        android:title="@string/menu_logout" />

    <item
        android:id="@+id/menu_quit"
        android:icon="@android:drawable/menu_quit"
        android:title="@string/menu_quit" />
</menu>
```

项目名：com.androidbook.client

案例：通过选项菜单提供各个功能入口

源代码位置：com.androidbook.client.activity.controller.BaseActivity

```
//复写 Activity 中的方法，当创建选项菜单时回调该方法
@Override
public boolean onCreateOptionsMenu(Menu menu) {
    //通过布局文件创建选项菜单
    //也可通过 menu.add(...)来添加
    getMenuInflater().inflate(R.menu.base_menu, menu);
     return super.onCreateOptionsMenu(menu);
}

// 复写 Activity 中的方法，当选项被选择时回调该方法
@Override
public boolean onOptionsItemSelected(MenuItem item) {
    switch (item.getItemId()) {
    case R.id.menu_profile:
        profile();
        break;
     case R.id.menu_letter:
         sendLetter();
         break;
     case R.id.menu_signin:
         startActivity(new Intent(this, SignProfileActivity.class));
         break;
     case R.id.menu_logout:
         showDialog(DIALOG_YES_NO_LOGOUT);
         break;
     case R.id.menu_quit:
         showDialog(DIALOG_YES_NO_MESSAGE);
         break;
     case R.id.menu_help:
         startActivity(new Intent(this, AboutActivity.class));
         break;
     default:
         break;
     }
    return super.onOptionsItemSelected(item);
}
```

5.4.3 下拉菜单

严格来讲，下拉菜单（Spinner）不算是一个菜单，但是其操作和表现形式具有菜单的行为。Spinner 的有效使用可以提高用户的体验。当用户需要选择的时候，一个下拉列表可以将所有可选的项列出来，供用户选择。

下拉菜单的使用步骤如下。

（1）获得 Spinner 实例对象，可在布局文件中或在代码中获得。

（2）为 Spinner 配置一个数据适配器（ListAdapter，在“5.7.1”小节中有详细讲解），用来提供数据的显示的控制。

（3）监听 Spinner 的数据单击事件。

本书综合案例在注册的时候就使用 Spinner 列出我国所有的省份，供用户选择，如图 5.31 所示。

图 5.31　下拉菜单

布局代码和源代码如下。

项目名：com.androidbook.client
案例：使用 Spinner 让用户在注册时进行地址的选择
源代码位置：com.androidbook.client.activity.loginsignin.SignProfileActivity

```
<Spinner
      android:layout_height="55dip"
      android:id="@+id/sign_address"
      android:layout_width="wrap_content"
      android:text="@string/address"
      android:gravity="center_vertical"
      android:clickable="true"
      android:layout_marginTop="0.5dip"
      android:background="@drawable/bottom_button"
      android:paddingLeft="10dip"
      android:layout_below="@+id/sign_sex"
      android:layout_alignParentLeft="true"
      android:layout_alignParentRight="true"
    />
```

```
//获得实例对象
spinner = (Spinner) findViewById(R.id.sign address);
//实例化一个数据适配器
addrAdapter = new ArrayAdapter<String>(this,
                  /*该参数可设置成自定义的布局*/
                  android.R.layout.simple_spinner_dropdown_item,
                  android.R.id.text1 ,
                  getResources().getStringArray(R.array.pick_address));
//设置下拉对话框的显示效果
addrAdapter.setDropDownViewResource(android.R.layout.simple_spinner_dropdown_item);
```

```
// 将 spinner 和数据适配器关联
spinner.setAdapter(addrAdapter);
//为选项单击设置监听器
spinner.setOnItemSelectedListener(new OnItemSelectedListener() {
        //当某个选项被选中时候，回调该函数
          @Override
          public void onItemSelected(AdapterView<?> parent, View view,
                  int position, long id) {
              signAddress = position;
          }
          @Override
          public void onNothingSelected(AdapterView<?> parent) {

          }
      });
```

5.5 Toast

Toast，中文叫土司（吐丝），是一种非常便捷的提示方式，消耗的资源很小。

5.5.1 常规 Toast

使用 Toast 的静态方法 makeToast(context，context)即可创建一个 Toast。本书综合案例通过 Toast 提示用户已经登录，如图 5.32 所示。

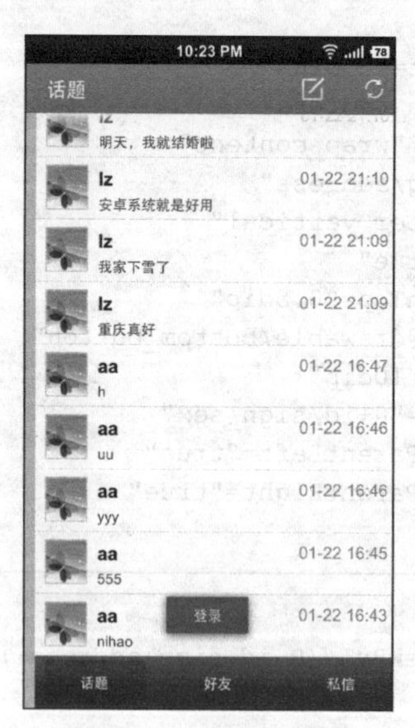

图 5.32　常规 Toast

代码如下。

项目名：com.androidbook.client
案例：通过 Toast 提示用户成功登录
源代码位置：com.androidbook.client.broadcast.LoginLogoutBroadCast

```
Toast.makeText(
      Toast.makeText(getApplicationContext(), "默认 Toast 样式",
 Toast.LENGTH_SHORT).show();
```

5.5.2　自定义 Toast

系统默认的 Toast 只能设置文字和显示特定的时间，往往不能满足应用的需求。系统同时提供了几个方法，使开发者可以自定义 Toast。

Toast 的自定义操作可包含以下 3 个方面。

（1）Toast 显示的位置。

（2）显示的 View 可从 XML 文件中渲染（context.getLayoutInfalut().infulre）。

（3）显示的时间长度（案例中没有示范，读者可以自行拓展）。

我们可以利用综合案例学习如何自定义 Toast。以登录提示为例，我们可以自定义一个带图片的 Toast，并且将它设置在屏幕中间，如图 5.33 所示。

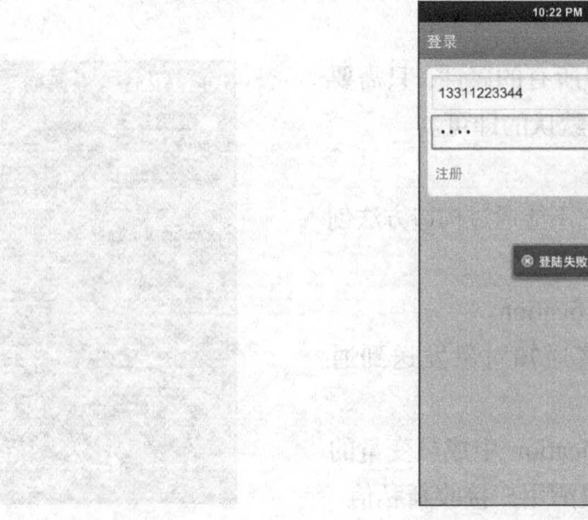

图 5.33　自定义 Toast

代码如下。

```
项目名：com.androidbook.client
案例：在登录过程中使用自定义 Toast 来显示图片
源代码位置：com.androidbook.client.util
public static void myToast( Activity activity, String data, int images) {
        LayoutInflater inflater   =  activity.getLayoutInflater();
        View layout = inflater.inflate(R.layout.toast, null);
        ImageView icon = (ImageView) layout.findViewById(R.id.toast_icon);
        TextView text = (TextView) layout.findViewById(R.id.toast_text);
        icon.setImageResource(images);
        text.setText(data);

        Toast toast = new Toast(activity);
        //设置显示的时间
        toast.setDuration(Toast.LENGTH_LONG);
        //设置显示的内容视图
        toast.setView(layout);
```

```
        //设置显示的位置
        toast.setGravity(Gravity.CENTER, 0, 0);
        toast.show();
    }
```

5.6 Notification

Notification 表示通知，是可以显示在 Android 系统通知栏上的一种数据的封装形式，也是 Android 系统的一大特色。Notification 可以提高应用的交互性，带来良好的用户感受。

Notification 主要涉及 Notification 类与 NotificationManager 类的使用。Notification 类的实例用来在通知栏显示一个通知，其中包括 ID、时间、内容、标题、图标等。NotificationManager 类的实例用来将该通知发送到系统的通知栏上。

5.6.1 常规 Notification

在使用常规 Notification 时，并不需要设置所有的属性，只需要设置应用所关心的属性，其余的属性采用系统默认的即可。

使用常规 Notification 的步骤如下。

（1）获得 NotificationManager 实例对象。它不能通过构造方法创建，而是使用 getSystemService()方法来获得。

（2）创建通知栏上要显示的实例对象 Notification。

（3）使用 NotificationManger 实例对象将通知对象发送到通知栏上。

使用 Notification 很简单，主要是对 Notification 中成员变量的配置。本书综合案例通过 Notification 的形式提醒用户接收新私信，如图 5.34 所示。

图 5.34 通过 Notification 的形式提醒用户接收私信

项目名：com.androidbook.client

案例：通过 Notification 的形式提醒用户接收新私信

源代码位置：com.androidbook.client.service.MsgService

```
    public void notifyMsg(int notify_id, Class<?> clazz, int whatIcon, String tickerText, String contentTittle, String contentText) {
        //通过 getSystemService 获得 NotificationManager 对象
        NotificationManager notifyManager = (NotificationManager) getSystemService(Context.NOTIFICATION_SERVICE);
        //创建 Notification 对象
        Notification notification = new Notification();
        //生成 Intent 对象，为 PendingIntent 准备
        Intent intent = new Intent();
        // clazz 表示当单击该通知时启动的 Activity，同时根据 PendingIntent
        //中的 getBroadCast()启动某个广播，通过 getService()启动服务
        intent.setClass(this, clazz);
        intent.setFlags(Intent.FLAG_ACTIVITY_CLEAR_TOP|
Intent.FLAG_ACTIVITY_NEW_TASK);
         int flags = PendingIntent.FLAG_CANCEL_CURRENT;
```

```
    //为Notification对象设置属性
    notification.contentIntent = PendingIntent.getActivity(
                                    this, 0, intent, flags);
    notification.when = System.currentTimeMillis();
    notification.tickerText = tickerText;
    notification.flags = Notification.FLAG_AUTO_CANCEL;
    notification.icon = whatIcon;
    notification.defaults = Notification.DEFAULT_ALL;
    // 设置最新的提示信息
    notification.setLatestEventInfo(this,
                                    contentTittle, contentText,
                                    notification.contentIntent);
      //将通知发布到通知栏上，notify_id标示了唯一一个Notification对象
      notifyManager.notify(notify_id, notification);
}
```

下面介绍 Notification 的一些属性，如表 5.4 所示。

表 5.4 Notification 的一些属性

属 性 值	含 义
notification.when	表示发出去的通知的时间标记，通知栏接收到通知的时刻。如果通知栏上的图标使用的是动态的形式<LevelListDrawable>，那么，该时间表示LevelListDrawable中每张图片在通知栏上出现的时间。notification.tickerText 表示通知栏接收到消息的那一刻显示的文字，如果文字过长则分段显示
notification.flags	表示该通知在通知栏上表现的形式，有下面 6 种。 （1）FLAG_SHOW_LIGHTS，让通知显示 Led 灯，需要硬件的支持； （2）FLAG_ONGOING_EVENT，表示一个服务正在运行，比如电话正在通话中； （3）FLAG_INSISTENT，表示不断的通知，直到手动打开通知栏才取消； （4）FLAG_ONLY_ALERT_ONCE，表示该通知只通知一次； （5）FLAG_AUTO_CANCEL，表示该通知完成后，单击就自动消失； （6）FLAG_NO_CLEAR，表示通知不会被清除，即使程序退出了，也不会被清除。 以上属性可以通过或运算来结合使用，比如 FLAG_AUTO_CANCEL| FLAG_ONLY_ALERT_ONCE
notification.icon	表示通知显示的图标
notification.iconLevel	设置初始显示的图标
notification.number	表示同样类型的通知出现的次数，比如两个未接电话，设置该属性会在通知的图标上重叠一个“2”的图标
notification.sound	提示声音的 URI
notification.ledARGB	LED 显示的颜色，在 flag 中设置了 FLAG_SHOW_LIGHTS 属性才会有相应的效果
notification.ledOffMS	LED 消失的毫秒数
notification.ledOnMS	LED 显示的毫秒数
notification.vibrate	该通知通知时震动

续表

属 性 值	含 义
notification.contentView	在没有指定该属性时使用通知，系统会使用默认的布局；指定后系统会采用该布局
notification.audioStreamType	当该通知需要声音提醒时，表示音频输出流的来源，如系统或音乐播放器
notification.deleteIntent	设置该属性后，当通知被系统“清除”按键清除时调用的 Intent 注意：最好不要使用该 Intent 去打开一个 Activity，原因是该时刻用户的手机通知栏上面有可能存在同样打开 Activity 的 Intent，这样就会造成冲突，后果不可预料
notification.defaults	使用默认形式，可以通过或运算来结合使用，里面包含接收通知时震动、声音、LED 灯的默认情况
notification.contentIntent	该属性是一个 PendingIntent 对象，表示单击通知时要执行的 Intent，与 startActivit()、startBroad Cast()、startService()中装入的 Intent 一样，前者要单击才会触发 Intent 的调用，后者当代码执行到它就立刻调用。 注意：使用一般的、不是自定义的 Notification 时，需调用方法 notification.setLatestEventInfo(context, "title", "content", notification.contentIntent)，否则会抛出异常。 context：表示上下文； title：表示通知标题； content：表示通知内容； contentIntent（PendingIntent）：表示单击该通知要执行 Intent。它不是 Intent，但是其实例对象中包含 Intent 的实例。以下 3 种方法可获得 PendingIntent。 （1）PendingIntent.getActivity()用来启动一个 Activity，通过其包含的参数 Intent 指定要跳转的 Activity； （2）PendingIntent.getBroadCast()用来启动一个 BroadCastReceiver，通过其包含的参数 Intent 指定要启动的 BroadCastReceiver； （3）PendingIntent.getService()用来启动一个 Service，通过其包含的参数 Intent 指定要启动的 Service。 在获得 PendingIntent 的上述 3 个方法中包含一个 Flag，共有以下 4 种取值。 （1）FLAG_NO_CREATE：如果 PendingIntent 不存在，就返回 Null 而不创建它； （2）FLAG_ONE_SHOT PendingIntent：只能使用一次； （3）FLAG_CANCEL_CURRENT：如果 PendingIntent 已存在，就取消当前的 PendingIntent，并产生一个新的； （4）FLAG_UPDATE_CURRENT：如果 PendingIntent 已存在，则更新其数据。 以上 4 种取值作用的对象是 PendingIntent 和 Notification 的 Flag，它们是截然不同的。Notification 的 Flag 决定的是通知的类型，PendingIntent 的 Flag 决定的是 PendingIntent 的特性，与通知没有关系

5.6.2 自定义 Notification

系统默认的 Notification 布局是固定的。对于某些应用来说，系统提供的布局是不能满足要求的。在自定义的 Notification 中，更多的是布局上的变化，其他的属性改变较少。系统为自定义 Notification 指定了一个 contentView，用来存放自定义的布局。我们来看一个例子，如图 5.35 所示，用一个 Notification 表示下载的情况，这个自定义的 Notification 有图片、文字和进度条。

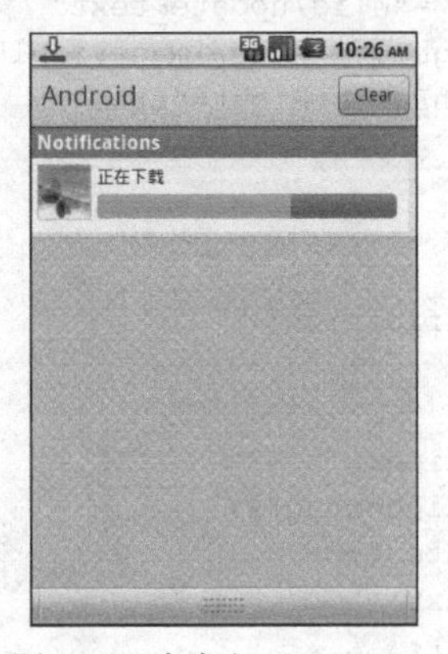

图 5.35　自定义 Notification

自定义 Notification 的创建步骤如下。

（1）创建一个显示在通知栏上的布局文件。

```
该布局文件为：R.layout.notification
<?xml version="1.0" encoding="utf-8"?>
<RelativeLayout
    xmlns:android="http://schemas.android.com/apk/res/android"
    android:orientation="vertical"
    android:background="#fff"
    android:layout_width="match_parent"
    android:layout_height="60dip">
    <ImageView
        android:src="@drawable/ic_contact_list_picture"
        android:layout_margin="5dip"
        android:layout_width="45dip"
        android:id="@+id/imageView1"
        android:layout_height="45dip"
        android:scaleType="fitXY"
        android:layout_alignParentTop="true"
        android:layout_alignParentLeft="true"
        />
    <TextView
        android:textColor="#000"
        android:layout_height="wrap_content"
        android:layout_width="wrap_content"
        android:id="@+id/update_text"
        android:text="当前进度："
        android:layout_toRightOf="@+id/imageView1"
        android:layout_alignTop="@+id/imageView1"/>
    <ProgressBar
        android:progress="1"
        android:layout_width="fill_parent"
        android:id="@+id/update_progress"
        android:max="100"
        android:layout_marginTop="5dip"
        android:layout_marginBottom="5dip"
        android:layout_marginRight="10dip"
        style="?android:attr/progressBarStyleHorizontal"
```

```
            android:layout_height="wrap_content"
            android:layout_below="@+id/update_text"
            android:layout_toRightOf="@+id/imageView1"
            android:layout_alignParentRight="true"/>
</RelativeLayout>
```

（2）在代码中应用布局文件。

```
package com.androidbook.notification;

import android.app.Activity;
import android.app.Notification;
import android.app.NotificationManager;
import android.app.PendingIntent;
import android.content.Context;
import android.content.Intent;
import android.os.Bundle;
import android.widget.RemoteViews;

public class NotificationExampleActivity extends Activity {
    @Override
    public void onCreate(Bundle savedInstanceState) {
        super.onCreate(savedInstanceState);
        setContentView(R.layout.main);
        notification(65);
    }

public void notification(int progress){
        //获得 Notification 对象
        Notification nfo = new Notification(
                android.R.drawable.stat_sys_download,
                activity.getString(R.string.update_download_start),
                System.currentTimeMillis());
        //初始化
Intent intent = new Intent(activity.getApplication(), MainActivity.class);
        //渲染自定义的布局文件
        nfo.contentView = new RemoteViews(activity.getApplication(). getPackageName(),
R.layout.notification);
    //设置自定义布局中 TextView 和 ProgressBar 的值
       refreshState(nfo,activity.getString(R.string.update_download_progress),android.
R.drawable.stat_sys_download, progress,
        activity.getString(R.string.update_download_progress)+progress+ "%",intent);
       //获得 NotificationManager 对象
       NotificationManager nnm = (NotificationManager)
                   activity.getApplication().getSystemService(
                   Context.NOTIFICATION_SERVICE);
       //发送通知
        nnm.notify(R.string.app_name, nfo);
    }

    //获得自定义的布局文件经过渲染后的 View，并设置其相应的值
    private void refreshState(Notification nfo, String tip, int icon, int progress, String
text, Intent intent){
        //找到 R.id.update_text 的 TextView，并设置相应的值
        nfo.contentView.setTextViewText(R.id.update_text, text);
```

```
    //设置布局文件中 R.id.update_progress 的 ProgressBar 的值
    nfo.contentView.setProgressBar(R.id.update_progress, 100, progress, false);
    nfo.icon = icon;
    nfo.tickerText = tip;
    nfo.when = System.currentTimeMillis();
    nfo.contentIntent = PendingIntent.getActivity(activity.getApplication(),
            R.string.app_name,
            intent,
            PendingIntent.FLAG_UPDATE_CURRENT);
}
```

5.7　列　　表

在 Android 系统的很多应用中，我们会经常看到列表。而且列表的样式各种各样，这是怎么实现的呢？是通过列表（ListView）实现的。ListView 的直接父类是 ViewGroup，也就是说，它自己定义了排列子 View 的规则。ListView 和所要展示的内容（即数据源）之间需要 Adapter（适配器）来实现。Adapter 是一个桥梁，对 ListView 的数据进行管理。数据来源不同，所使用的 Adapter 也不同。数据源、Adapter 和列表之间的关系如图 5.36 所示。

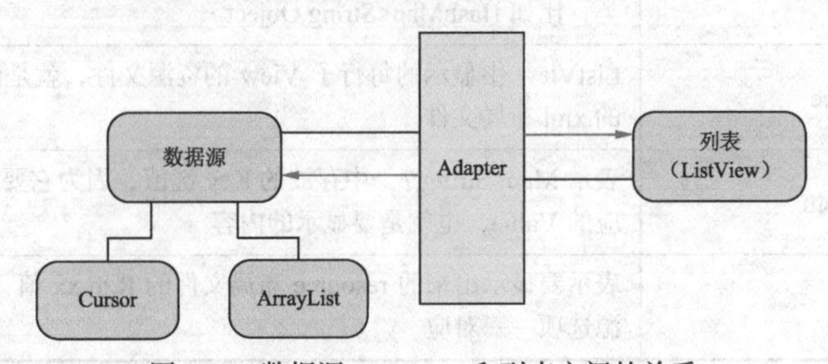

图 5.36　数据源、Adapter 和列表之间的关系

5.7.1　常用 Adapter

1. 什么是 Adapter

Adapter 是一个接口。ListAdapter 继承了 Adapter，也是一个接口，并需要子类实现。BaseAdapter 实现了 ListAdapter，它是一个抽象类。SimpleAdapter 继承自 BaseAdapter，它是 Adapter 的一个实例对象。另外，还有 ArrayAdapter 和 SimpleCursorAdapter，也是 Adapter 的实例对象。Adapter 的继承关系如图 5.37 所示。

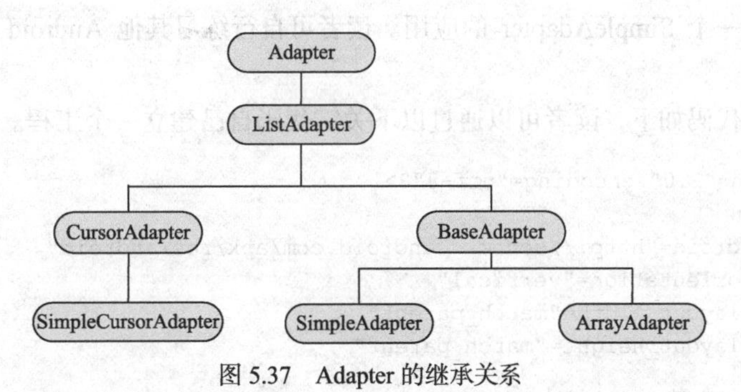

图 5.37　Adapter 的继承关系

2. Adapter 的使用

ListView 在显示之前需要使用 setAdapter(ListAdapter adapter)方法，这是 ListView 显示的一种策略或者规则。ListView 本身是继承自 ViewGroup 的一种容器，它只设定摆放在它里面的 View 的排列规则，不设定该 View 是什么样的。而 View 靠 ListAdapter 里面的 getView 方法来确定，我们设置的数据就是它的数据源，这样就提高了 ListView 显示的灵活性。只要设置不同的 ListAdapter 实例对象，就会生成不一样的 ListView。Android 系统为开发者封装了几种简单的 ListAdapter。

（1）SimpleAdapter simpleAdapter = new SimpleAdapter(Context context，List<? extends Map <String, ?>> data,int resource, String[] from, int[] to)。它的参数说明如表 5.5 所示。

表 5.5　　参数说明

参数名称	含　义
Context context	表示上下文对象，就是要展示 ListView 的 Activity，或者是 getApplicationContext()得到的上下文对象，建议使用 ListView 所在的 Activity 对象
List<? extends Map<String, ?>> data	用于在列表中显示数据，传入的数据必须是 List<? Extends Map<String,?>>的实现类，比如 ArrayList、LinkedList，里面约定的数据代表 ListView 中每一个 View 所需的数据，必须是 Map<String,?>的实现类，比如 HashMap<String,Object>
int resource	ListView 中显示的每行子 View 的资源文件，就是位于 layout 文件夹中的.xml 布局文件
String[] from	表示 Map<String,? >中存放的 Key 键值，因为它要通过键值才能找到对应的 Value，也就是要显示的内容
int[] to	表示要显示出来的 resource 布局文件的 R.id.xx 值，它和 from 中的数据源选项一一对应

（2）ArrayAdapter。它相应的内部实现机制和 SimpleAdapter 一样，这里就不介绍了。

（3）SimpleCursorAdapter。从类名字可以看到，这类 Adapter 针对来自数据库的数据。一般要显示的数据是 List< ? extends Map<String,?>>，如果按照之前的做法将数据从数据库中读取出来，然后存放到列表再显示，这就大大降低了列表显示的效率。其实 Android 系统为开发者封装了由数据库读取数据然后直接显示的 Adapter，这样读取数据库之后可直接显示，大大提高了显示的效率。

使用 SimpleCursorAdapter 需要一个 Cursor 对象，它是遍历数据库数据的游标，根据它可读取数据库中的内容并显示它们。

下面我们来看一个 SimpleAdapter 的应用。读者可自行练习其他 Android 系统中已封装好的 Adapter。

布局代码和源代码如下，读者可以通过以下关键代码自己建立一个工程。

```
<?xml version="1.0" encoding="utf-8"?>
<LinearLayout
    xmlns:android="http://schemas.android.com/apk/res/android"
    android:orientation="vertical"
    android:layout_width="match_parent"
    android:layout_height="match_parent"
>
```

```
    <TextView
        android:paddingLeft="10dip"
        android:textAppearance="?android:attr/textAppearanceMedium"
        android:text="TextView"
        android:layout_height="wrap_content"
        android:id="@+id/textView1"
        android:layout_width="match_parent"
    />
    <TextView
        android:paddingLeft="10dip"
        android:textAppearance="?android:attr/textAppearanceSmall"
        android:text="TextView"
        android:layout_height="wrap_content"
        android:id="@+id/textView2"
        android:layout_width="wrap_content"
    />
</LinearLayout>

private void setListAdapter(ListView listView) {

    //准备数据
    List<HashMap<String, Object>> data = new ArrayList<HashMap<String, Object>>();
    HashMap<String, Object> map = new HashMap<String, Object>();
    map.put("data1", "data_1");
    map.put("data2", "data_2");
    data.add(map);
    //准备数据适配器
    SimpleAdapter sAdapter = new SimpleAdapter(this,
            data,
            R.layout.test_item, /*来自于上面那个布局文件*/
            new String[] {"data1", "data2"}, /*对应于HashMap中的Key*/
            new int[] {R.id.textView1, R.id.textView2});/*对应于布局文件中的那两个
TextView*/
    //设置到listView中
    listView.setAdapter(sAdapter);
}
```

5.7.2 自定义 Adapter

之前在使用 ListView 的时候，一定要做的步骤是 setAdapter(ListAdapter adapter)。系统相应提供了几种 ListAdapter 的实现类，如 SimpleAdapter、SimpleCursorAdapter 等。但是当我们传入的数据格式灵活多样时，就会发现不符合参数要求，此时就需要自定义 ListAdapter。

我们知道，使用 ListView 时的数据皆来源于 ListAdapter，传入什么样的 ListAdapter，ListView 就会显示什么样的状态。也就是说，ListView 的状态因 ListAdapter 的不同而不同。

ListAdapter 是一个接口，凡是实现了该接口的实例对象都可以被 ListView 等需要 ListAdapter 的 View 使用。ListView 的实现中存在一种设计模式，叫策略模式，ListView 显示的内容和效果是根据 ListAdapter 的实现类来实现的。这样就让 ListView 的显示和数据分开了，从而使 ListView 的显示更加灵活。下面介绍如何使用自定义的 ListAdapter 来实现 ListView 的显示。

（1）实现 ListAdapter 接口，因为 BaseAdapter 部分实现了 ListAdapter，所以直接继承自

BaseAdapter 就可以了。

（2）BaseAdapter 是抽象类，复写里面的抽象方法就可达到一般要求了。

（3）复写完成后，在 setAdapter 中传入写好的 Adapter 类的实例对象。

我们的综合案例通过自定义的 BaseAdapter 来显示全部用户。当我们需要添加好友的时候，就从该列表中选择。

```
项目名：com.androidbook.client
案例：用自定义的BaseAdapter显示全部用户，以让用户选择并添加好友
源代码位置：com.androidbook.client.activity.friends.AllPersonAdapter
public class AllPersonAdapter extends BaseAdapter{

    private Context mContext;
    private List<? extends Map<String, ?>> mData;

    public AllPersonAdapter(Context context,
            List<? extends Map<String, ?>> data) {
        mContext = context;
        mData = data;
    }
    @Override
    public int getCount() {
        return mData.size();
    }

    @Override
    public Object getItem(int position) {
        return mData.get(position);
    }

    @Override
    public long getItemId(int position) {
        return position;
    }

    @Override
    public View getView(int position, View convertView, ViewGroup parent) {

        ViewHolder holder = new ViewHolder();
        if(convertView == null) {
            LayoutInflater inflater = (LayoutInflater) mContext
                    .getSystemService(Context.LAYOUT_INFLATER_SERVICE);
            convertView = inflater.inflate(R.layout.friends_layout_item, null);
            holder.thumb = (ImageView) convertView.findViewById(R.id.friends_thumb);
            holder.name = (TextView) convertView.findViewById(R.id.friends_name);
            holder.status = (TextView) convertView.findViewById(R.id.friends_status);
            convertView.setTag(holder);
        } else {
            holder = (ViewHolder) convertView.getTag();
        }

        HashMap<String, Object> item = (HashMap<String, Object>) getItem(position);
        holder.name.setText(item.get("person_name").toString());
        holder.status.setText((Boolean) item.get("status") ? "OnLine" : "Offline");
```

```
            return convertView;
        }

        static class ViewHolder{
            ImageView thumb;
            TextView name;
            TextView status;
        }

    }
```

用户在本书综合案例中看到的话题，也是以列表的形式展现出来的。它的数据来源于数据库。对于所要展示的样式则由我们自己来设置，这里用到了 ResourceCursorAdapter，该 ResourceCursorAdapter 继承自 CursorAdapter。它的效果如图 5.38 所示。

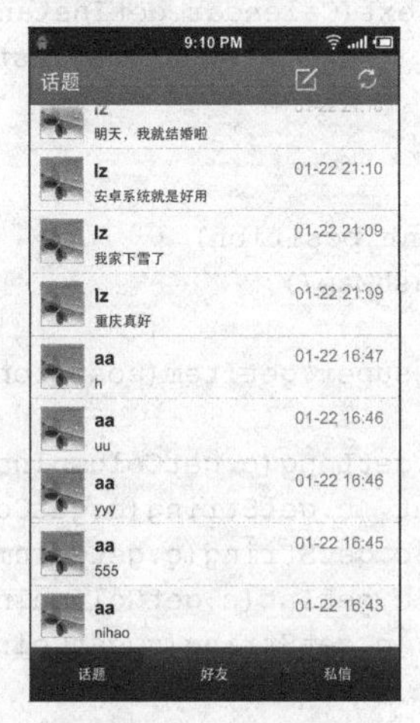

图 5.38　列表视图

代码如下。

项目名：com.androidbook.client

案例：话题的展示

源代码位置：com.androidbook.client.activity.broadcast.BroadCastActivity 和 BroadCastAdapter

```
    DatabaseHelper dbHelper = getDataHelper();
            Cursor cs = managedQuery(DataProvider.Topic_CONTENT_URI, null, null, null,
Topic.time + " DESC ");
            //设置 Adapter，由 Adapter 来管理数据的显示
            broadcastList.setAdapter(broadCastAdapter = new BroadCastAdapter(this,
                    R.layout.broadcast_layout_item,
                    cs,
                    false));

    //项目中采用 ResourceCursorAdapter 来实现自定义的 Adapter
    //其中 ResourceCursorAdapter 的直接父类是 CursorAdapter，包含一些必要的接口
    //读者可以直接继承自 CursorAdapter 来实现自定义 Adapter
    //这样可以更加灵活地使用 Adapter 的特性

    public class BroadCastAdapter extends ResourceCursorAdapter{
```

```
        public BroadCastAdapter(Context context, int layout, Cursor c,
                boolean autoRequery) {
            super(context, layout, c, false);
        }

        @Override
        public void bindView(View view, Context context, Cursor cursor) {
            final ContactListItemCache cache = (ContactListItemCache) view.getTag();
            cursor.copyStringToBuffer(cursor.getColumnIndex(Topic.UID), cache.nameBuffer);
            cursor.copyStringToBuffer(cursor.getColumnIndex(Topic.content),
cache.numberBuffer);
            int size = cache.nameBuffer.sizeCopied;
            int numberSize = cache.numberBuffer.sizeCopied;
            cache.nameView.setText(cache.nameBuffer.data, 0, size);
            cache.contentView.setText(cache.numberBuffer.data, 0, numberSize);
            cache.dateView.setText(Calendar.getInstance().getTime().getHours() + ":" +
                                Calendar.getInstance().getTime().getMinutes());
        }

        @Override
        public HashMap getItem(int position) {
            HashMap map = new HashMap();

            Cursor c = (Cursor) super.getItem(position);

            map.put(Topic.ID, c.getLong(c.getColumnIndex(Topic.ID)));
            map.put(Topic.content, c.getString(c.getColumnIndex(Topic.content)));
            map.put(Topic.name, c.getString(c.getColumnIndex(Topic.name)));
            map.put(Topic.time, c.getInt(c.getColumnIndex(Topic.time)));
            map.put(Topic.photo, c.getString(c.getColumnIndex(Topic.photo)));
            return map;
        }

        @Override
        public View newView(Context context, Cursor cursor, ViewGroup parent) {
            View view = super.newView(context, cursor, parent);
            ContactListItemCache cache = new ContactListItemCache();
            cache.nameView = (TextView) view.findViewById(R.id.broadcast_name);
            cache.contentView = (TextView) view.findViewById(R.id.broadcast_content);
            cache.thumbView = (ImageView) view.findViewById(R.id.broadcast_thumb);
            cache.dateView = (TextView) view.findViewById(R.id.broadcast_date);
            view.setTag(cache);
            return view;
        }
        //用于优化 ListView，并提供数据缓存
        //该方案是在 Google I/O 大会上提出来的一种优化方法
        //要采取优化的原因是 ListView 中每项 View 的类型都是一样的
        //所以在加载每行的时候不必要每次都通过 findViewById()来获得相应的 View
        //我们可以在首次加载后将其缓存到内存中
        //下次只需要从中读取即可快速得到要加载的 View
        final static class ContactListItemCache {
            public TextView nameView;
            public TextView contentView;
```

```
            public TextView dateView;
            public ImageView thumbView;
            public CharArrayBuffer nameBuffer = new CharArrayBuffer(128);
            public CharArrayBuffer numberBuffer = new CharArrayBuffer(128);
    }
}
```

5.8 AppWidget

AppWidget，中文称窗口小部件，是运行在桌面上的部件，属于Android系统的一大特色。下面我们建一个工程来演示AppWidget。

（1）首先需要定义AppwidgetProviderInfo，即在res下新建一个文件夹xml，然后创建一个xml文件，根节点是<appwidget-provider>。代码如下。

```
<?xml version="1.0" encoding="utf-8"?>
<appwidget-provider
  xmlns:android="http://schemas.android.com/apk/res/android"
  android:minWidth="280dip"
  android:minHeight="168dip"
  android:updatePeriodMillis="86400000"
  android:initialLayout="@layout/widget _layout"
 >
</appwidget-provider>
```

（2）在manifest.xml文件中注册Widget，由于AppWidget是源于广播接收器BroadCastReceiver的，所以使用<receiver>为节点进行注册，代码如下。

```
<receiver android:name=".AppWidgetExample">
    <intent-filter>
        <action android:name="android.appwidget.action.APPWIDGET_UPDATE"/>
            <action  android:name="com.androidbook.appwidget.next"/>
            <action  android:name="com.androidbook.appwidget.preview"/>
    </intent-filter>
          <meta-data android:name="android.appwidget.provider"
              android:resource="@xml/widget_info" />
</receiver>
```

（3）为部件创建一个布局文件，比如上面代码使用的是：android:initialLayout="@layout/widget_layout"，该布局代码如下。

```
<?xml version="1.0" encoding="utf-8"?>
<RelativeLayout
    xmlns:android="http://schemas.android.com/apk/res/android"
    android:layout_height="wrap_content"
    android:minHeight="168dip"
    android:background="@android:drawable/alert_dark_frame"
    android:id="@+id/relativeLayout1"
    android:layout_width="fill_parent"
>
    <ImageView
        android:src="@drawable/icon"
```

```
        android:layout_width="60dip"
        android:layout_height="60dip"
        android:id="@+id/imageView1"
        android:scaleType="fitXY"
        android:paddingLeft="5dip"
        android:paddingTop="5dip"
        android:layout_alignParentTop="true"
        android:layout_alignParentLeft="true"
    />
    <TextView
        android:textAppearance="?android:attr/textAppearanceMedium"
        android:text="TextView"
        android:layout_width="wrap_content"
        android:layout_height="wrap_content"
        android:id="@+id/textView1"
        android:layout_toRightOf="@+id/imageView1"
        android:layout_alignTop="@+id/imageView1"
        android:padding="5dip"
        android:minHeight="60dip"
        android:gravity="center_vertical"
        android:layout_alignParentRight="true"
    />
    <Button
        android:text="上一条"
        android:layout_width="120dip"
        android:layout_height="wrap_content"
        android:id="@+id/btn_pre"
        android:layout_marginTop="15dip"
        android:maxWidth="80dip"
        android:layout_marginLeft="5dip"
        android:layout_below="@+id/imageView1"
        android:layout_alignLeft="@+id/imageView1"
    />
    <Button
        android:text="下一条"
        android:maxWidth="80dip"
        android:layout_width="120dip"
        android:layout_height="wrap_content"
        android:id="@+id/btn_next"
        android:layout_marginRight="5dip"
        android:layout_alignTop="@+id/btn_pre"
        android:layout_alignRight="@+id/textView1"
    />
</RelativeLayout>
```

（4）创建一个 TestWidget，继承自 AppWidgetProvider，复写其生命周期方法，代码如下。

```
onUpdate()：当到达更新时间的时候被调用，或者当用户想在桌面添加小部件时调用该方法
onDelete()：当小部件被删除时调用
onEnabled()：当第一个小部件被添加时调用
onDisable()：当多个小部件都被删除，到最后那个小部件被删除时添加
onReveice()：接收广播事件
```

源代码如下。

```
package com.androidbook.a。pwidget;

import android.app.PendingIntent;
import android.appwidget.AppWidgetManager;
import android.appwidget.AppWidgetProvider;
import android.content.ComponentName;
import android.content.Context;
import android.content.Intent;
import android.widget.RemoteViews;

public class AppWidgetExample extends AppWidgetProvider {

    private final String UPDATE_ACTION_PREVIEW =
"com.androidbook.appwidget.preview";
    private final String UPDATE_ACTION_NEXT = "com.androidbook.appwidget.next";

    @Override
    public void onReceive(Context context, Intent intent) {

        //只能通过远程对象来设置 AppWidget 中的控件状态
        RemoteViews remoteViews = new
RemoteViews(context.getPackageName(),R. layout.widget_layout);
        //获得 AppWidget 管理实例，用于管理 AppWidget 以便进行更新操作
        AppWidgetManager appWidgetManager = AppWidgetManager.getInstance(context);
        //相当于获得所有本程序创建的 AppWidget
        ComponentName componentName = new
ComponentName(context,AppWidgetExample.class);
        if (intent.getAction().equals(UPDATE_ACTION_PREVIEW)) {
            remoteViews.setTextViewText(R.id.textView1, "上上上一条哈哈");
            remoteViews.setImageViewResource(R.id.imageView1,
R.drawable.ic_contact_list_picture);
        } else if (intent.getAction().equals(UPDATE_ACTION_NEXT)) {
            remoteViews.setTextViewText(R.id.textView1, "下下下一条哈哈");
            remoteViews.setImageViewResource(R.id.imageView1, R.drawable.icon);
        } else {
            remoteViews.setTextViewText(R.id.textView1, "系统自动更新广播");
            remoteViews.setImageViewResource(R.id.imageView1,
R.drawable.ic_contact_list_picture);
        }
        //更新 AppWidget
        appWidgetManager.updateAppWidget(componentName, remoteViews);
        super.onReceive(context, intent);
    }

    @Override
    public void onUpdate(Context context, AppWidgetManager appWidgetManager,
            int[] appWidgetIds) {
        super.onUpdate(context, appWidgetManager, appWidgetIds);
        RemoteViews remoteViews = new
RemoteViews(context.getPackageName(),R.layout. widget_layout);
        update(context, remoteViews, UPDATE_ACTION_PREVIEW, R.id.btn_pre);
        update(context, remoteViews, UPDATE_ACTION_NEXT, R.id.btn_next);
        //更新 AppWidget
```

```
            appWidgetManager.updateAppWidget(appWidgetIds, remoteViews);
        }

        private void update(Context context,RemoteViews remoteViews, String action, int id) {
            //创建一个 Intent 对象
            Intent intent = new Intent(action);
           PendingIntent pendingIntent = PendingIntent.getBroadcast(context, id, intent,
PendingIntent.FLAG_UPDATE_CURRENT);
            //绑定事件
            remoteViews.setOnClickPendingIntent(id, pendingIntent);
        }

        //当 AppWidget 被删除时回调该方法
        @Override
        public void onDeleted(Context context, int[] appWidgetIds) {
            super.onDeleted(context, appWidgetIds);
        }

        //当 AppWidget 可以使用时回调该方法
        @Override
        public void onEnabled(Context context) {
            super.onEnabled(context);
        }

        //当 AppWidget 被禁用时回调该方法
        @Override
        public void onDisabled(Context context) {
            super.onDisabled(context);
        }

    }
```

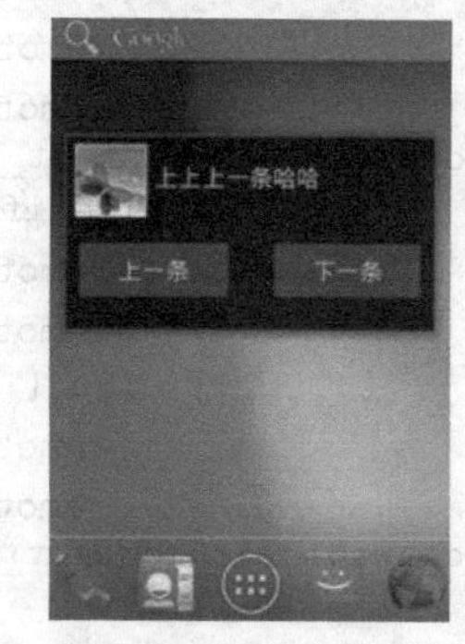

图 5.39　AppWidget 显示效果

长按桌面，在弹出的小部件列表中选择本案例的小部件，如图 5.39 所示。

使用 AppWidget 时要注意的是：AppWidget 所运行的进程不属于创建它的应用程序所在的进程。也就是说，创建的应用和 AppWidget 是运行在不同的进程当中的，AppWidget 实际运行的进程是当前桌面应用所在的进程。

这就涉及 AppWidget 怎么实现数据的刷新问题了。由上述的配置，我们设定了 AppWidget 小部件的刷新方法在 onUpdate()中，而且我们在 AndroidManifest.xml 中也做了 BroadCastReceiver 的相关配置，表明 AppWidget 刷新功能其实是通过广播来完成的。通过看 AppWidgetProvider 的源代码，可发现这正是通过继承自 BroadCastReceiver 来实现的。

了解了小部件的刷新问题后，接着我们来具体了解小部件的事件响应问题。

（1）RemoteView。表示一系列的 View 对象，也就是小部件的 View 对象，因为与主程序不在同一个进程中，所以被称为远程 View。

（2）PendingIntent。在“5.6 Notification”节中介绍过，这里需要指出的是，当小部件中有事件响应时，响应的事件通过该 PendingIntent 对象进行，以使之传递到主程序中运行，达到 AppWidget 和主程序交互的目的。

5.9　本章小结

本章主要讲解了 Android 系统 UI 方面的使用。在一个 Android 应用中，一般的布局文件和业务代码的比例是 2∶3，所以大约有 40%的工作量集中于布局。学习 Android 开发的基础就是 UI 控件的使用。

本章各节中介绍了基本的布局内容和一些 Android 交互的 UI 控件，比如通知栏、AppWidget。还有一些 View 类，比如 RadioButton，并没有单独讲，只是在本书综合案例中进行了使用，原因是我们已经讲了 View 类，View 类包含上述控件的大部分特性，剩下的部分是各个控件的一些专门属性，在开发过程中需要的时候再了解也不晚，所以就不在这里赘述了。

一个优秀的应用程序，一定要注意用户体验。所以，在开发的过程中，UI 是不容忽视的。另外，在 Android sdk 的 tool 文件夹下有一些 UI 的优化工具，比如 layoutopt.bat，有兴趣的读者可自行学习。

本章采用了一部分综合案例中的界面作为案例，比如登陆界面、广播列表界面等。这些案例对于初学者来说有很好的借鉴意义，希望读者可以在开发工具中多调试本书综合案例的代码或者提出新的需求，这将有助于读者理解其他各章的内容。

习　题

1. Android 中的 View 和 ViewGroup 以及视图树模型有什么联系？Android 中的控件有哪些分类？

2. 简述 TextView 和 EditText 控件的功能和用途，以及使用方法。

3. Button 按钮和 ImageButton 按钮分别在什么时候使用？它们之间的区别是什么？

4. ProgressBar 组件与 ProgressDialog 组件的区别与联系有哪些？

（1）布局实现：请使用 RelativeLayout 和 LinearLayout 布局实现图 5.40 所示的界面。

（2）利用 TableLayout 布局实现系统的拨号界面。

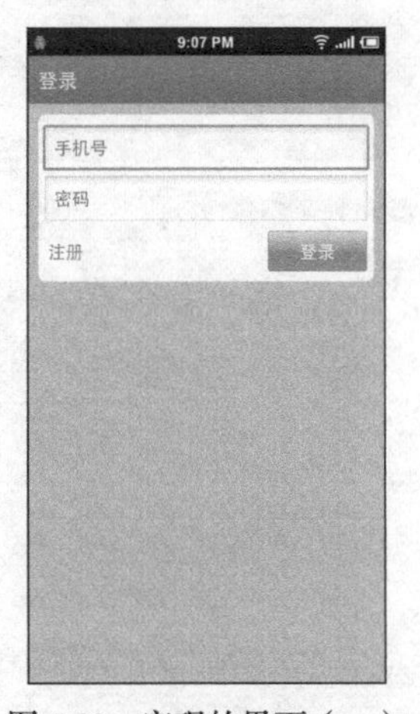

图 5.40　实现的界面（一）

5. 实现下述要求的界面效果。

（1）利用对话框实现图 5.41 所示的效果。

（2）实现 Spinner 菜单中多选的效果。

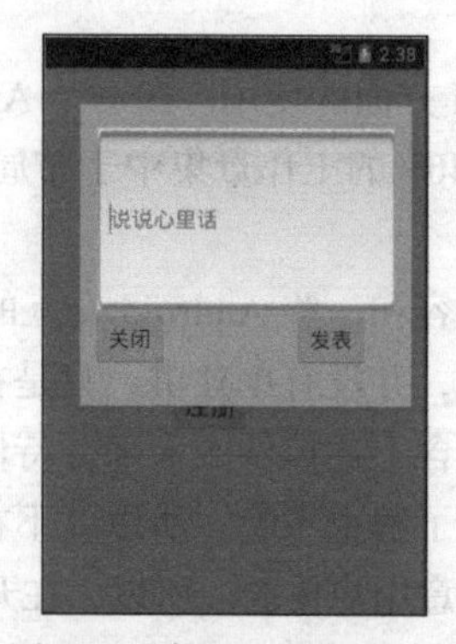

图 5.41 实现的界面（二）

6. 说明 Dialog 中的 hide()方法与 dismiss()方法的区别和使用场景。

7. 说明上下文菜单的注册方法 registerForCintexMenu(View view)和长按视图方法 setOnLongClickListener(View.OnLongClickListener)的异同。

8. Android 系统中默认 Toast 显示的时间只有 Toast.LENGHT_SHORT 和 Toast.LENGHT_LONG，请读者实现任意时间显示 Toast 的方法。

9. 当 ListView 的数据发生了变化，怎么更新 ListView 才是安全和高效的？其背后相应的实现机制是什么？

10. 谈谈在 ListView 显示过程中 Adapter 的作用，并思考如何优化 ListView 以提升其性能。

11. 什么是 Notification 控件？其主要作用是什么？

12. AppWidget 是怎么更新桌面上的控件的？请读者自己实现一个天气或时钟的 Widget。

13. 实训项目，完成界面开发并满足如下要求。

（1）单击“账号注册”按钮跳转到注册界面，其中包括邮箱或手机、用户名、密码、确认密码、性别（男、女）、个人爱好（多选）等基本信息。

（2）单击 menu 按钮弹出菜单选项，其中包括提交、编辑、返回和删除等。

第6章 服 务

服务（Service）是 Android 系统中的四大组件之一，与 Activity 不同，它是不能与用户交互的。它是一种长生命周期、没有可视化界面、运行于后台的服务程序。比如我们播放音乐的时候，有可能想干其他事情，当退出播放音乐的应用，如果不用 Service，我们就听不到歌了；又比如一个应用的数据是通过网络获取的，不同时间（一段时间）的数据是不同的，这时候可以用 Service 在后台定时更新，而不用在打开应用的时候去获取。

6.1 本地服务

本地服务（Local Service）用于应用程序内部，可以实现应用程序的一些耗时任务，比如查询升级信息、网络传输，或者需要在后台执行，比如播放音乐并不占用应用程序的线程，而是在后台单开线程执行，从而使用户体验比较好。

6.1.1 两种启动方式

Service 有两种启动方式：Context.bindService()和 Context.startService()。这两种方式对 Service 生命周期的影响是不同的。

1. 通过 Context.bindService(Intent intent, ServiceConnection conn, int flags)启动

（1）绑定时，bindService→onCreate()→onBind()；绑定 Service 需要 3 个参数。

① intent：Intent 对象，需要定义指向服务类。

② conn：ServiceConnection 接口对象，创建该对象要实现它的 onServiceConnected()和 onServiceDisconnected()来判断是连接成功还是断开连接。

onServiceConnected(ComponentName name, IBinder service)：系统调用该函数来传递由 service 的 onBind()方法返回的 IBinder。

onServiceDisconnected(ComponentName name)：如果对 service 的连接意外丢失，比如当 service 崩溃或被杀死时，系统就会调用该函数。

bindService 方法执行之后会自动调用 ServiceConnection 接口里的 onServiceConnected 方法；如果执行 unbindService 方法，则不会自动调用 ServiceConnection 接口里的 onServiceDisconnected 方法。因为 ServiceConnection 接口的 onServiceDisconnected 方法只会在 Service 被停止或者被系统杀死后调用，也就是说，执行 unbindService 只是告诉系统已经和这个服务没有关系了。在内存

不足的时候，系统可以优先杀死这个服务。

这里需要注意的一点是，Service 和需要绑定的 Activity 要放在同一个包内，否则将无法调用 ServiceConnection 接口中的上述方法。

③ flags：创建 Service 模式，一共有以下三种模式。

- Service.BIND_AUTO_CREATE：指定绑定的时候自动创建 Service，这是最常使用的模式。
- Service.BIND_DEBUG_UNBIND：测试绑定的时候创建 Service，这是进行调试所用的模式。
- Service.BIND_NOT_FOREGROUND：不在前台进行绑定时创建 Service。

（2）解绑定时，unbindService→onUnbind()→onDestroy()。

此时如果调用者（如 Activity）直接退出，Service 由于与调用者绑定在一起，就会随着调用者一同停止。

用 Context.bindService()方法启动服务，在服务未被创建时，系统会先调用服务的 onCreate()方法，接着调用 onBind()方法。此时如果调用者和服务绑定在一起，调用者退出了，系统就会先调用服务的 onUnbind()方法，接着调用 onDestroy()方法。如果调用 bindService()方法前服务已经被绑定，多次调用 Context.bindService()方法并不会导致多次创建服务及绑定（也就是说，onCreate()和 onBind()方法并不会被多次调用）。如果调用者希望与正在绑定的服务解除绑定，可以调用 Context.unbindService()方法，调用该方法也会导致系统调用服务的 onUnbind()和 onDestroy()方法。

下面以播放一首歌为例，新建一个工程项目，如图 6.1 所示，音乐文件放在 raw 文件夹中。

```
PlayMedia1 (F:\androidbook\PlayMedia1)
  .gradle
  .idea
  app
    build
    src
      main
        java
          com.androidbook.playmedia
            Music
            PlayMediaActivity
        res
          drawable-hdpi
          drawable-ldpi
          drawable-mdpi
          layout
          raw
            sound.mp3
          values
        AndroidManifest.xml
    app.iml
    build.gradle
  gradle
  build.gradle
  gradlew
  gradlew.bat
  import-summary.txt
  local.properties
  PlayMedia1.iml
  settings.gradle
External Libraries
```

图 6.1 项目结构

音乐类（Music.java）的代码具体如下。

```
package com.androidbook.playmedia;

import android.app.Service;
import android.content.Intent;
import android.media.MediaPlayer;
import android.os.IBinder;

public class Music extends Service{

    private MediaPlayer mediaPlayer;

    @Override
    public IBinder onBind(Intent intent) {
        return null;
    }
    @Override
    public void onCreate() {
        super.onCreate();
```

```
        this.mediaPlayer = MediaPlayer.create( this, R.raw.sound );
        this.mediaPlayer.start();
    }

    @Override
    public void onDestroy() {
        super.onDestroy();
        this.mediaPlayer.stop();
    }

}
```

Music 类继承自 Service，它是一个服务，在创建的时候开始播放一首歌，在销毁的时候停止播放。在 AndroidManifest.xml 中进行配置并声明 Action，配置文件如下。

```
<?xml version="1.0" encoding="utf-8"?>
<manifest xmlns:android="http://schemas.android.com/apk/res/android"
      package="com.androidbook.playmedia"
      android:versionCode="1"
      android:versionName="1.0">
    <uses-sdk android:minSdkVersion="8" />

    <application android:icon="@drawable/icon" android:label="@string/app_name">
        <activity android:name=".PlayMediaActivity"
                  android:label="@string/app_name">
            <intent-filter>
                <action android:name="android.intent.action.MAIN" />
                <category android:name="android.intent.category.LAUNCHER" />
            </intent-filter>
        </activity>

        <service android:name=".Music" >
            <intent-filter>
                <action android:name="com.androidbook.playmedia.Music"/>
            </intent-filter>
        </service>
    </application>
</manifest>
```

媒体播放类（PlayMediaActivity.java）的代码具体如下。

```
package com.androidbook.playmedia;

import android.app.Activity;
import android.app.Service;
import android.content.Intent;
import android.os.Bundle;
import android.view.View;
import android.view.View.OnClickListener;
import android.widget.Button;

public class PlayMediaActivity extends Activity {

    @Override
    public void onCreate(Bundle savedInstanceState) {
        super.onCreate(savedInstanceState);
```

```
        setContentView(R.layout.main);
        this.initView();
    }

    private void initView(){
     Button playButton = ( Button )super.findViewById( R.id.play );
     Button stopButton = ( Button )super.findViewById( R.id.stop );
     playButton.setOnClickListener( clickListener );
     stopButton.setOnClickListener( clickListener );
    }

    private OnClickListener clickListener = new OnClickListener() {

        @Override
        public void onClick(View v) {
            switch ( v.getId() ) {
            case R.id.play:
                bindService( new Intent("com.androidbook.playmedia.Music" ), null,
Service.BIND_AUTO_CREATE );
                break;

            case R.id.stop:
                unbindService( null );
                break;

            default:
                break;
            }

        }
    };
}
```

图 6.2　运行界面

PlayMediaActivity 有“播放”和“停止”两个按钮，并对它们的按键事件进行监听，分别使用 bindService()方法和 unbindService()方法来响应。界面如图 6.2 所示。

当单击“播放”的时候，音乐就开始播放；当单击“停止”的时候，音乐就停止。当播放的时候退出程序，音乐也随之停止了。这就是用绑定方法启动服务产生的效果。有时候我们的需求并非这么简单，比如，我们希望在播放音乐的时候可以干其他事情，退出音乐播放界面后要求音乐还能够继续在后台播放。第二种启动方式将有助于解决这一问题。

2. 通过 Context.startService(Intent intent)启动

（1）启动时，startService→onCreate()→onStart()。

（2）停止时，stopService→onDestroy()。

此时如果调用者（Activity）直接退出而没有停止 Service，则 Service 会一直在后台运行。Context.startService()方法启动服务，在 Service 未被创建时，系统会先调用 Service 的 onCreate()方法，接着调用 onStart()方法。如果调用 Context.startService()方法前服务已经被创建，多次调用 Context.startService()方法并不会导致多次创建服务，但会导致多次调用 onStart()方法。采用 Context.startService()方法启动的服务，只能调用 Context.stopService()方法结束，服务结束时会调用 onDestroy()方法。

在上一个例子中，如果退出程序后还能够播放音乐，我们只需改变它的启动方式即可，代码如下。

```
private OnClickListener clickListener = new OnClickListener() {

        @Override
        public void onClick(View v) {
            switch ( v.getId() ) {
            case R.id.play:
                startService( new Intent( "com.androidbook.playmedia.Music" ) );
                break;

            case R.id.stop:
                stopService( new Intent( "com.androidbook.playmedia.Music" ) );
                break;
            default:
                break;
            }

        }
    };
```

6.1.2　生命周期

Service 生命周期一般有两种运行模式。

（1）在程序没有停止 Service 或者 Service 自己停止的情况下，Service 将一直在后台运行。

在该模式下，Service 通过 Context.startService()方法开始，并通过 Context.stopService()方法停止。当然，它也可以通过 Service.stopSelf()方法或者 Service.stopSelfResult()方法来停止自身。stopService()方法只须调用一次便可停止服务。

（2）Service 可以通过接口被外部程序调用。外部程序建立一个到 Service 的连接，并通过这个连接来操作 Service。建立连接开始于 Context.bindService()，结束于 Context.unbindService()。多个客户端可以绑定到同一个 Service。如果 Service 没有启动，可以通过 Context.bindService() 启动它。

这两种模式并不是完全分离的，可以被绑定到一个通过 Context.startService()启动的服务上。比如一个 Intent 想要播放音乐，就通过 Context.startService()方法启动在后台播放音乐的 Service。如果用户想要操作播放器或者获取当前正在播放的音乐的信息，一个新的 Activity 就会通过 Context.bindService()建立一个到此 Service 的连接。举例如下。

```
//该段代码在“6.2  远程服务”一节的例子中使用过，位于查看音乐播放情况的 Activity 中
//每一次进入该界面，都要绑定这个服务，这样才能查看在该服务中所播放的音乐的信息
//而多次调用 startService 方法并不会每次都创建一个新的服务实例
bindService(new Intent(this, MusicService.class), conn, Context.BIND_AUTO_CREATE);
startService(new Intent(this, MusicService.class));
```

像 Activity 一样，Service 也有可以监视生命周期状态的方法，如下所示。

```
void onCreate()
void onStart(Intent intent) //由 Context.startService()启动的服务所具有的方法
```

```
void onBind()     //由 Context.bindService()启动的服务所具有的方法
void onUnBind()   //由 Context.bindService()启动的服务所具有的方法
void onReBind()   //由 Context.bindService()启动的服务所具有的方法
void onDestroy()
```

通过实现这几个方法，我们看一下 Service 的生命周期。

1. 整个生命周期

Service 的生命周期从 onCreate()开始，到 onDestroy()结束，跟 Activity 很类似。Service 生命周期在 onCreate()中执行初始化操作，在 onDestroy()中释放所有用到的资源。如后台播放音乐的 Service 可以在 onCreate()中创建一个播放音乐的线程，在 onDestroy()中销毁这个线程。

2. 活动生命周期

Service 的活动生命周期开始于 onStart()，或者开始于 onBind()方法。在音乐播放器中，使用 Context.startService()方法启动，音乐服务会通过 Intent 来查看要播放哪首歌曲并开始播放。注意：onCreate()和 onDestroy()用于所有通过 Context.startService()或者 Context.bindService()启动的 Service，而 onStart()只用于通过 Context.startService()开始的 Service，onBind()则用于通过 Context.bindService()启动的 Service。

绑定的 Service 能触发以下的方法。

```
IBinder onBind(Intent intent)
boolean onUnbind(Intent intent)
void onRebind(Intent intent)
```

onBind()被传递给调用 Context.bindService()的 Intent，onUnbind()被 Context.unbindService()中的 Intent 使用。如果服务允许被绑定，那么 onBind()方法返回客户端和 Service 的连接通道。如果一个新的客户端连接到服务，onUnbind()会触发 onRebind()的调用。

详细的 Service 生命周期如图 6.3 所示，两种不同的启动方式决定了 Service 的生命周期不完全相同。需要注意的是，这两种服务过程并非完全对立的，有时候需要结合起来使用。

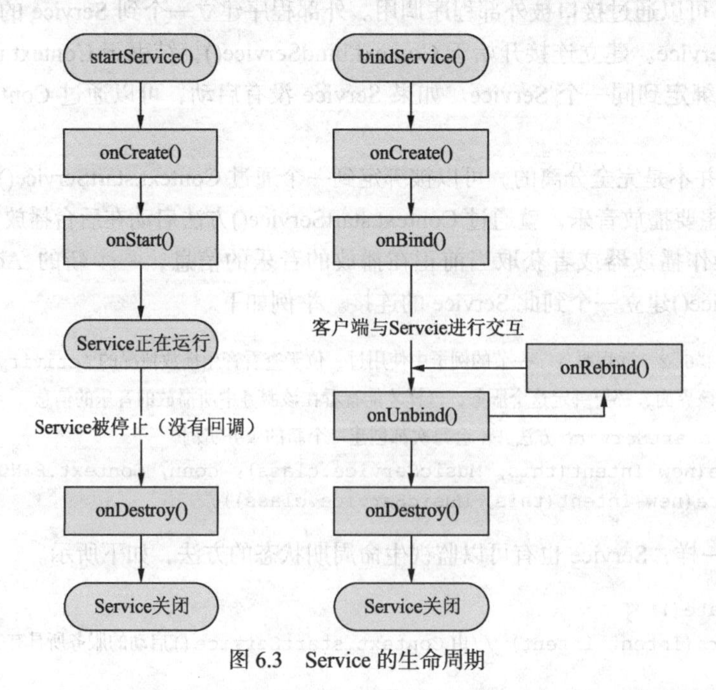

图 6.3　Service 的生命周期

6.2 远程服务

远程服务（Remote Service）用于 Android 系统内部的应用程序之间。

远程服务可以通过自己定义并暴露出来的接口进行程序操作。应用程序建立一个到服务对象的连接，并通过该连接来调用服务。连接以调用 Context.bindService()方法建立，以调用 Context.unbindService()关闭。多个应用程序可以绑定至同一个服务。此时如果服务还没有加载，Context.bindService()会先加载它。远程服务可被其他应用程序复用，比如天气预报服务，其他应用程序不需要再写这样的服务，调用已有的即可。

在 Android 系统中，一个进程通常不能直接访问其他进程的内存空间。如果要在不同的进程间传递对象，需要把对象解析成操作系统能够理解的数据格式，Android 采用 AIDL（Android Interface Definition Language，接口定义语言）的方式实现这个操作。AIDL 是一种接口定义语言，用于约束两个进程间的通信规则。编译器会生成 AIDL 的代码，从而实现 Android 设备上的两个进程间的通信（IPC）。AIDL 的 IPC 机制所实现的进程之间的通信信息会首先被转换成 AIDL 协议消息，然后发送给接收方。接收方收到 AIDL 协议消息后再转换成相应的对象。

Android 自带的例子中有远程服务的示例，有兴趣的读者可以运行一遍。读者们可能不太清楚 AIDL 的用法，下面以播放一首歌曲为例来讲述其用法。当播放音乐时，希望所播放的歌曲可以用进度条同步显示，并且在进度条中单击某个位置时，能够让歌曲在新的时间点播放。如果我们可以在界面中操作 Service 中的 MediaPlayer 对象，那么上述要求就可以轻易实现。新建一个工程，项目结构和运行界面分别如图 6.4 和图 6.5 所示。

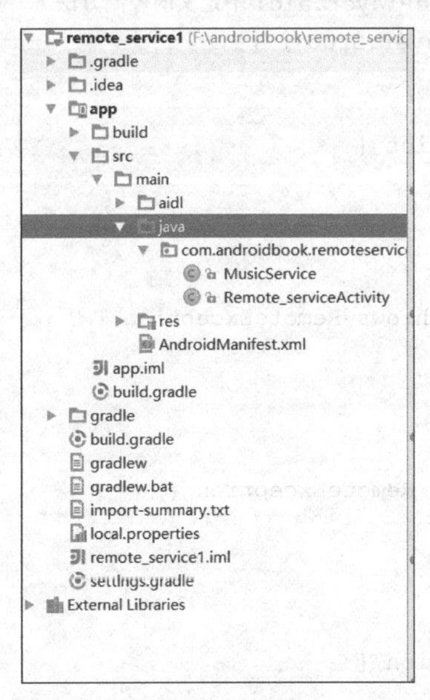

图 6.4 项目结构

图 6.5 运行界面

服务播放接口（IServicePlayer.aidl）的代码如下。

```
package com.androidbook.remoteservice;
interface IServicePlayer{
```

```
    void play();                          //播放
    void pause();                         //暂停
    void stop();                          //停止
    int getDuration();                    //时长
    int getCurrentPosition();             //当前位置
    void seekTo(int current);             //拖动位置
    boolean setLoop(boolean loop);        //是否循环播放
}
```

IServicePlayer.aidl 放入 src 包中，ADT 会自动在 gen 目录下生成 IServicePlayer.java 文件，这个文件定义了一个子类（IServicePlayer.Stub）。Stub 定义了由.aidl 定义的抽象方法的实现，并且提供 asInterface（IBinder obj）方法让使用者 Client 获得。

音乐服务类（MusicService.java）的代码如下。

```
package com.androidbook.remoteservice;

import android.app.Service;
import android.content.Intent;
import android.media.MediaPlayer;
import android.os.IBinder;
import android.os.RemoteException;
public class MusicService extends Service{

    private MediaPlayer mediaPlayer;

        //此处的 IServicePlayer.Stub 类用于实现 IServicePlayer.aidl 中定义的控制方法
        IServicePlayer.Stub  stub = new IServicePlayer.Stub() {

            @Override
            public void stop() throws RemoteException {
                mediaPlayer.stop();
            }

            @Override
            public boolean setLoop(boolean loop) throws RemoteException {
                return false;
            }

            @Override
            public void seekTo(int current) throws RemoteException {
                mediaPlayer.seekTo( current );
            }

            @Override
            public void play() throws RemoteException {
                mediaPlayer.start();
            }

            @Override
            public void pause() throws RemoteException {
                mediaPlayer.pause();
            }
```

```
        @Override
        public int getDuration() throws RemoteException {
            return mediaPlayer.getDuration();
        }

        @Override
        public int getCurrentPosition() throws RemoteException {
            return mediaPlayer.getCurrentPosition();
        }
    };

    @Override
    public IBinder onBind(Intent intent) {

        return this.stub;
    }

    @Override
    public void onCreate() {
        super.onCreate();
        this.mediaPlayer = MediaPlayer.create( this, R.raw.today );
    }

}
```

在 MusicService 中实现这个接口的 IServicePlayer.Stub 对象，并在 onBind 方法中返回这个对象。

远程服务类（Remote_serviceActivity.java）的代码如下。

```
package com.androidbook.remoteservice;

import android.app.Activity;
import android.content.ComponentName;
import android.content.Context;
import android.content.Intent;
import android.content.ServiceConnection;
import android.os.Bundle;
import android.os.Handler;
import android.os.IBinder;
import android.os.RemoteException;
import android.view.View;
import android.view.View.OnClickListener;
import android.widget.Button;
import android.widget.SeekBar;
import android.widget.SeekBar.OnSeekBarChangeListener;

public class Remote_serviceActivity extends Activity {

    private SeekBar music_seekbar;

    private Button music_play;

    IServicePlayer iServicePlayer;
```

```
    private boolean isPlaying = false;

    private Handler handler = new Handler();

    @Override
    public void onCreate(Bundle savedInstanceState) {
        super.onCreate(savedInstanceState);
        setContentView(R.layout.main);
        this.initView();
        bindService(new Intent(this, MusicService.class), conn,
Context.BIND_AUTO_ CREATE);
          startService(new Intent(this, MusicService.class));
          handler.post( updateThread );
    }

    private void initView(){
    this.music_seekbar = ( SeekBar )super.findViewById( R.id.music_seekbar );
    this.music_play = ( Button )super.findViewById( R.id.music_play );
    this.setListener();
    }

    private void setListener(){
        this.music_seekbar.setOnSeekBarChangeListener( new OnSeekBarChangeListener() {

            @Override
            public void onProgressChanged(SeekBar seekBar, int progress,
                boolean fromUser) {
            }

            @Override
            public void onStartTrackingTouch(SeekBar seekBar) {
            }

            @Override
            public void onStopTrackingTouch(SeekBar seekBar) {
                if ( iServicePlayer != null ) {
                    try {
                        iServicePlayer.seekTo( seekBar.getProgress() );
                    } catch (RemoteException e) {
                        e.printStackTrace();
                    }
                }
            }
    });

    this.music_play.setOnClickListener( new OnClickListener() {

            @Override
            public void onClick(View v) {
                if ( !isPlaying ) {
                    try {
                        iServicePlayer.play();
                    } catch (RemoteException e) {
                        e.printStackTrace();
                    }
                    music_play.setText( "暂停" );
```

```
                        isPlaying = true;
                    }
                    else {
                        try {
                            iServicePlayer.pause();
                        } catch (RemoteException e) {
                            e.printStackTrace();
                        }
                        music_play.setText( "播放" );
                        isPlaying = false;
                    }
                }
            });
        }

    private ServiceConnection conn = new ServiceConnection() {
        @Override
        public void onServiceDisconnected(ComponentName name) {
        }

        @Override
        public void onServiceConnected(ComponentName name, IBinder service) {
            iServicePlayer = IServicePlayer.Stub.asInterface( service );
        }
    };

    private Runnable updateThread = new Runnable() {

        @Override
        public void run() {
            if ( iServicePlayer != null ) {
                try {
                    music_seekbar.setMax( iServicePlayer.getDuration() );
                    music_seekbar.setProgress( iServicePlayer.getCurrentPosition() );
                } catch (RemoteException e) {
                    e.printStackTrace();
                }
            }
            handler.post( updateThread );
        }
    };
}
```

我们通过 ServiceConnection 对象的 onServiceConnected()方法获得 IServicePlayer 实例，从而便于我们对服务中的 MediaPlayer 对象进行操作，然后通过一个更新线程实现进度条和音乐的同步控制显示。

6.3　服务小实例

服务可以让我们在后台做很多工作。在很多场合中，服务都具有不可替代的作用。

在综合案例中，客户端需要定时与服务器进行交互，以获得最新的话题、私信以及好友的信息，并在界面中进行提示、刷新。MsgService 类就可以完成这些功能。下面我们看一下 MsgService 类是如何做这些处理的。

MsgService 类继承自 Service 类，实现了其中的 onCreate()、onStart()、onBind()与 onDestroy()方法，同时也实现了接口 Runnable 和其中的 run()方法。

onCreate()方法初始化 Service，并获得当前登录用户的用户名与密码信息，为请求服务器的参数设置做好准备。

onStart()方法利用 Runnable 开启一个线程，并运行 run()方法，进行服务器的数据请求。在线程中请求是为了防止程序过多地占用内存。在 run()方法中对所需要的数据进行不同的请求，通过调用 request()方法来联网实现，并在 request()方法中对结果进行判别，最后对返回的数据进行解析以及完成数据库的更新和修改操作。run()方法中根据 request()方法的返回结果来判断是否有新数据插入数据库，是否需要刷新界面，若有，则要进行界面刷新，刷新 UI 界面的工作通过 Handler 来实现。在 onStart()方法中，setNextRequestTime 是设置定时启动服务的方法，因为涉及定时器 AlarmManager 类，在此不做过多叙述，本项目中设置定时 30 秒进行一次服务器请求。

onBind()方法用来绑定服务，在本项目中不要求服务绑定。

onDestroy()方法用来销毁此后台服务。

项目名：com.androidbook.client

案例：定义 Service，定时查询服务器是否有新的话题或者私信

源代码位置：com.androidbook.client.service.MsgService

```
public class MsgService extends Service implements Runnable{

    /**
     * 请求的时间间隔,默认设定为 30 秒。<br/>
     * 单位毫秒
     */
    public static final int NOTICE_REQUEST_INTERVAL = 30 * 1000;

    private ClientApplication clientApplication;
    private String userName;
    private String passWord;

    private static int[] newNum = new int[]{0,0,0};

    public static LinkedList<Activity> acList = new LinkedList<Activity>();

    public static final int TOPIC = 0;
    public static final int LETTER = 2;
    public static final int FRIEND = 1;

   private MsgRefresh mMsgRefresh;

    /**
     * 进行界面的刷新功能
     *
     */
    private Handler handler = new Handler() {
```

```
        @Override
        public void handleMessage(Message msg) {

            switch (msg.what) {
            case TOPIC:
                mMsgRefresh = (MsgRefresh)
getActivityInList(BroadCastActivity. class.getSimpleName());
                if (mMsgRefresh != null) {
                    mMsgRefresh.refresh(msg.what, "");
                }
                break;
            case LETTER:
                mMsgRefresh = (MsgRefresh)
getActivityInList(LetterActivity.class. getSimpleName());
                if (mMsgRefresh != null) {
                    mMsgRefresh.refresh(msg.what, "");
                    notifyMsg((int)(System.currentTimeMillis()/1000),
                            LetterActivity.class, R.drawable.log_incoming, "新私信",
"Book 客户端", "您收到新私信");
                }
                break;
            case FRIEND:
                mMsgRefresh = (MsgRefresh)
getActivityInList(FriendsActivity.class. getSimpleName());
                if (mMsgRefresh != null) {
                    mMsgRefresh.refresh(FRIEND, "");
                }
                break;
            default:
                break;
            }
            mMsgRefresh = (MsgRefresh)
getActivityInList(ClientActivity.class. getSimpleName());
            if(mMsgRefresh != null){
                mMsgRefresh.refresh(msg.what, newNum);
            }

            super.handleMessage(msg);
        }
    };

    //获得Activity实例，提供刷新Activity实例
    public static Activity getActivityInList(String name) {
        for(Activity ac : acList) {
            if(ac.getClass().getName().indexOf(name) >= 0) {
                return ac;
            }
        }
        return null;
    }

    @Override
    public void onCreate() {

        //获得当前登录用户的用户名与密码
```

```
        clientApplication = (ClientApplication) getApplication();
        userName
clientApplication.getLoginUserInfo().getString(RequestParam. USER_NAME, null);
        passWord  =  clientApplication.getLoginUserInfo().getString(RequestParam.
PASSWORD, null);

    }

    @Override
    public void onStart(Intent intent, int startId) {
        super.onStart(intent, startId);
        //定时下一次执行时间
  MsgService.setNextRequestTime( this.clientApplication.getApplicationContext(),
                MsgService.NOTICE_REQUEST_INTERVAL );
        //启动数据请求
        Thread request = new Thread(this);
        request.start();
        newNum = new int[]{0,0,0};
        }

    @Override
    public IBinder onBind(Intent intent) {
        return null;
    }

    //设置下一次服务启动时间
    public static void setNextRequestTime(Context context, int repeatTime) {

        //获取当前时间
        long currentTime = System.currentTimeMillis();
        //定时开始
        addAlarmManager(context).set(AlarmManager.RTC_WAKEUP,
                currentTime + repeatTime, addPendingIntent(context));
        System.out.println("启动定时");
    }

    //设定定时
    public static AlarmManager addAlarmManager(Context context) {

        AlarmManager mAlarmManager = (AlarmManager) context
                .getSystemService(Context.ALARM_SERVICE);
        return mAlarmManager;
    }

    //启动定时服务
    public static PendingIntent addPendingIntent(Context context) {

        Intent intent = new Intent(context, MsgService.class);
        PendingIntent pendingIntent = PendingIntent.getService(context, 0,
                intent, 0);
        return pendingIntent;
    }

    //取消定时服务
    public static void cancelNextRequest(Context context) {
```

```
        addAlarmManager(context).cancel(addPendingIntent(context));
        System.out.println("取消获取服务");
    }

    @Override
    public void onDestroy() {
        MsgService.cancelNextRequest(clientApplication);
        super.onDestroy();
    }

    //后台运行联网请求
    @Override
    public void run() {
        synchronized (MsgService.class) {

            request(RequestParam.GET_PERSON_STATE);

            int fcount = request(RequestParam.GET_NEW_FRIENDS);
            if(fcount != -1){
                newNum[FRIEND] = fcount;
                handler.sendEmptyMessage(MsgService.FRIEND);
            }

            int pcount = request(RequestParam.GET_NEW_PRIVATELETTER);
            if(pcount > -1){
                newNum[LETTER] = pcount;
                handler.sendEmptyMessage(MsgService.LETTER);
            }

            int tcount = request(RequestParam.GET_NEW_TOPIC);
            if(tcount > 0){
                newNum[TOPIC] = tcount;
                handler.sendEmptyMessage(MsgService.TOPIC);
            }
        }
    }

    private RequestParam getRequestParam(String requestType, String[] params) {
        RequestParam requestParam = new RequestParam();;
        requestParam.setUserName(userName);
        requestParam.setPassword(passWord);
        requestParam.setRandomKey("1234");
        requestParam.setRequestType(requestType);
        requestParam.setParams(params);
        return requestParam;
    }

    //联网请求类
    private int request(String requestType){

        String[] params = new String[] {""};
        if (requestType == RequestParam.GET_NEW_TOPIC) {
            int maxId = Topic.getMaxId(clientApplication.getDatabaseHelper());
            if (maxId >= 0) {
```

```
                params = new String[] {String.valueOf(maxId)};
            } else {
                return -1;
            }
        }
        RequestParam requestParam = getRequestParam(requestType, params);
            if(!HttpClient.isConnect(clientApplication.getApplicationContext())) {
            return -1;
        }

        String res = Request.request(requestParam.getJSON());
        if ("".equals(res)) {
            return -1;
        }

        int count = 0;
        try {
            ResponseParam rs = new ResponseParam(res);
            if(rs.getResult() != ResponseParam.RESULT_SUCCESS) {
                return -1;
            }
            count = doWork(requestType, res);
        } catch (Exception e1) {
            e1.printStackTrace();
            return -1;
        }

        return count;
    }

    /**
     * @param res
     * @return
     * @throws JSONException
     */
    private int doWork(String type, String res){
        List<ContentValues> friendList = new ArrayList<ContentValues>();
        NewMessage nm = MsgResponseParamFactory.getMsgResponseParam(type, res);
        friendList = nm.getNewMessage();
        int count = nm.dealNewMessage(friendList, clientApplication.getDatabaseHelper());
        return count;
    }
/**
     * 通知栏提醒接收到新的私信
     * @param notify_id
     * @param clazz
     * @param whatIcon
     * @param tickerText
     * @param contentTittle
     * @param contentText
     */
    public void notifyMsg(int notify_id, Class<?> clazz, int whatIcon,
            String tickerText, String contentTittle, String contentText) {
        //通过 getSystemService 获得 NotificationManager 对象
```

```
        NotificationManager notifyManager = (NotificationManager)
getSystemService (Context.NOTIFICATION_SERVICE);
        //创建Notification对象
        Notification notification = new Notification();
        //生成Intent对象，为PendingIntent准备
        Intent intent = new Intent();
        // clazz表示当单击该通知时启动的Activity，同时根据PendingIntent
        //中的getBroadCast()启动某个广播，通过getService()启动服务。
        intent.setClass(this, clazz);
        intent.setFlags(Intent.FLAG_ACTIVITY_CLEAR_TOP
                | Intent.FLAG_ACTIVITY_NEW_TASK);
        int flags = PendingIntent.FLAG_CANCEL_CURRENT;
        //为Notification对象设置属性
        notification.contentIntent = PendingIntent.getActivity(this, 0, intent,
                flags);
        notification.when = System.currentTimeMillis();
        notification.tickerText = tickerText;
        notification.flags = Notification.FLAG_AUTO_CANCEL;
        notification.icon = whatIcon;
        notification.defaults = Notification.DEFAULT_ALL;
        //设置最新的提示信息
        notification.setLatestEventInfo(this, contentTittle, contentText,
                notification.contentIntent);
        //将通知发布到通知栏上，notify_id标示了唯一一个Notification对象
        notifyManager.notify(notify_id, notification);
    }
}
```

6.4 本章小结

本章介绍了 Android 系统中的两种服务：本地服务和远程服务，同时介绍服务的生命周期。在本地服务中我们学习了两种不同的启动方式，不同的应用须考虑使用不同的启动方式。在很多项目的开发中，服务有不可代替的作用，更复杂的应用请读者在实践过程中加以理解和总结。

习 题

1. Android 四大基本组件是什么？简述各自的功能。
2. 简述 Service 的基本原理，并比较 Service 与 IntentService 的异同。
3. 比较 Service 的两种启动方式，并说明它们之间的区别。
4. Activity 与 Service 之间如何通信？有哪些方式？
5. 设计并开发一个多功能音乐播放器。

第7章 广播

相信大家对广播的概念已经很熟悉了，那么在 Android 平台下广播的机制是怎么样的呢？我们知道，在 Android 里面有各式各样的广播，比如电池的状态变化、信号的强弱状态、电话的接听和短信的接收等，那么系统是如何监听这些广播的呢？下面将通过本章给大家揭开谜底。

7.1 发送和接收广播

7.1.1 发送广播

在第 4 章介绍 Intent 的时候，我们曾提及利用 Intent 来发送广播。使用 Intent 发送广播其实很简单，首先在需要发消息的地方创建一个 Intent 对象，将信息的内容和用于过滤的信息封装起来；然后通过三种方法将该 Intent 对象广播出去：Context.sendBroadcast 方法、Context.sendOrderedBroadcast 方法、Context.sendStickyBroadcast 方法。三种方法的区别如下。

（1）sendBroadcast 或 sendStickyBroadcast 发送出去的 Intent，对于所有满足条件的 BroadcastReceiver 都会执行其 onReceive()方法。但若有多个满足条件的 BroadcastReceiver，其执行 onReceive()方法的顺序是没有保证的。

（2）通过 sendOrderedBroadcast()方法发送出去的 Intent，会根据 BroadcastReceiver 注册时 IntentFilter 设置的优先级的顺序来执行 onReceive()方法，相同优先级的 BroadcastReceiver 执行 onReceive 方法的顺序是没有保证的。

其中，sendStickyBroadcast 方法发送出去的 Intent 会一直存在，并且在以后调用 registerReceiver 注册相匹配的 Receiver 时会把这个 Intent 对象直接返回给新注册的 Receiver。

通常我们在发送广播时使用的是 sendBroadcast()方法，但需要注意的是，在构造 Intent 时必须用一个全局唯一的字符串标识其要执行的动作，通常使用应用程序包的名称，也可以采用自己定义的动作。如果要在 Intent 中传递其他的数据，可以用 Intent 的 putExtra()方法。下面是发送一带有额外数据的广播的简单代码。

```
String Intent_Action = com.android.BroadcastReceiverDemo;
Intent intent = new Intent(Intent_Action);
Intent.putExtra("参数","参数值");
SendBroadcast(intent);
```

7.1.2 接收广播

程序发送的广播，必然要有接收器来接收。在 Android 中，这个广播接收器得我们自己来实现。在这里，我们可以继承 BroadcastReceiver 类，这就是一个广播接收器。但是，在接收到广播之后，要想处理相关事件，我们就必须覆盖其 onReceive()方法，在该方法中实现对广播事件的相关处理。当 Android 系统接收到与之匹配的广播消息时，会自动启动此 BroadcastReceiver 开始接收广播。接着上一节的发送广播代码，以下是实现广播接收的代码。

```
public class MyBroadcastReceiver extends BroadcastReceiver {
    // action 名称
    String  Intent_Action = com.android.BroadcastReceiverDemo;
    public void onReceive(Context context, Intent intent) {
      if ( intent.getAction().equals( Intent_Action)) {
        //相应事件的处理
      }
    }
}
```

但是需要大家注意的是，BroadcastReceiver 类中的 onReceiver()方法必须要在 5 秒钟内执行完事件，否则 Android 系统会认为该组件失去响应，并提示用户强行关闭该组件。因此，对于比较耗时的响应事件，可以另开一个线程，单独进行事件的处理。

7.1.3 声明广播

如果想使用广播接收器响应相应的事件，就必须把广播接收器注册到系统里，让系统知道我们有这个广播接收器。当有广播到来时，系统会找到匹配该广播的广播接收器，之后进行相应事件的处理。广播注册方法有两种：一种是代码注册广播，另一种是在 AndroidManifest.xml 中配置广播。

（1）在相应代码中动态注册广播的方式如下。

```
//生成广播接收器
MyBroadcastReceiver  receiver = new MyBroadcastReceiver ();
//实例化过滤器，并设置要过滤的广播
IntentFilter intentFilter = new IntentFilter("Intent_Action");
//注册广播
registerReceiver(receiver, intentFilter);
```

当 Activity 不可见时，要取消注册广播：unregisterReceiver(receiver)。

（2）在 AndroidManifest.xml 中配置广播的方式如下。

```
<receiver
  android:name = "MyBroadcastReceiver" >
  <intent-filter>
    <action android:name = " com.androidbook.MyBroadcastReceiver"/>
  </intent-filter>
</receiver>
```

两种注册类型的区别是：第一种不是常驻型广播，也就是说广播跟随程序的生命周期。第二种是常驻型广播，也就是说当应用程序关闭后，如果有信息广播过来，程序广播接收器也会被系统调用并自动运行。

广播接收器被注册到系统之后，当系统接收到广播时，通过广播的动作选出对应的广播接收器，再由广播接收器完成相应事件的响应。

7.1.4 广播的生命周期

上一节中的接收器继承了 BroadcastReceiver，并重写了它的 onReceive()方法。下面我们将通过一个小实例来进一步认识 Android 广播的生命周期。

（1）创建一个 Android 工程 broadcast。该工程的文件结构如图 7.1 所示。

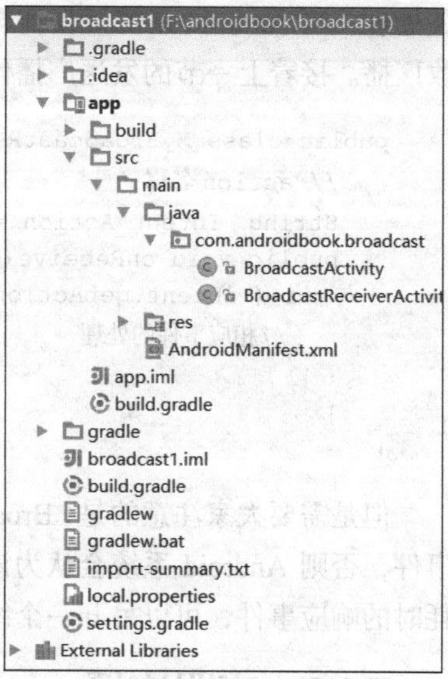

```
broadcast1 (F:\androidbook\broadcast1)
  .gradle
  .idea
  app
    build
    src
      main
        java
          com.androidbook.broadcast
            BroadcastActivity
            BroadcastReceiverActivit
        res
        AndroidManifest.xml
    app.iml
    build.gradle
  gradle
  broadcast1.iml
  build.gradle
  gradlew
  gradlew.bat
  import-summary.txt
  local.properties
  settings.gradle
External Libraries
```

图 7.1 工程文件结构

（2）BroadcastActivity.java 用来实现发送广播，代码如下。

```
package com.androidbook.

import android.app.Activity;
import android.content.Intent;broadcast;

import android.os.Bundle;
import android.util.Log;
import android.view.View;
import android.view.View.OnClickListener;
import android.widget.Button;

public class BroadcastActivity extends Activity {
    /** Called when the activity is first created. */
    @Override
    public void onCreate(Bundle savedInstanceState) {
        super.onCreate(savedInstanceState);
        setContentView(R.layout.main);
            Button button = (Button)super.findViewById(R.id.button);
        button.setOnClickListener(new OnClickListener() {

                @Override
                public void onClick(View v) {
                    // TODO Auto-generated method stub
                    String Intent_Action = "com.android.BroadcastReceiverDemo";
                    Intent intent = new Intent(Intent_Action);
                    sendBroadcast(intent);
                    Log.e("BroadcastReceiver","sendbroadcast");
                }
            });
        }
}
```

（3）BroadcastReceiverActivity.java 用来实现接收广播，代码如下。

```
package com.androidbook.broadcast;

import android.content.BroadcastReceiver;
import android.content.Context;
import android.content.Intent;
import android.util.Log;
public class BroadcastReceiverActivity extends BroadcastReceiver {
```

```
        @Override
        public void onReceive(Context context, Intent intent) {
            // TODO Auto-generated method stub
            String Intent_Action = intent.getAction();
            if("com.android.BroadcastReceiverDemo".equals(Intent_Action)){
                Log.e("BroadcastReceiver","onReceive");
            }

        }
}
```

（4）AndroidManifest.xml 代码如下。

```
<?xml version="1.0" encoding="utf 8"?>
<manifest xmlns:android="http://schemas.android.com/apk/res/android"
     package="com.androidbook.broadcast"
        android:versionCode="1"
     android:versionName="1.0">
    <uses-sdk android:minSdkVersion="8" />

    <application android:icon="@drawable/icon" android:label="@string/app_name">
        <activity android:name=".BroadcastActivity"
                android:label="@string/app_name">
            <intent-filter>
                <action android:name="android.intent.action.MAIN" />
                <category android:name="android.intent.category.LAUNCHER" />
            </intent-filter>
        </activity>
            <receiver android:name=".BroadcastReceiverActivity">
                <intent-filter >
                    <action android:name="com.android.BroadcastReceiverDemo"/>
                </intent-filter>
            </receiver>
    </application>
</manifest>
```

在 AndroidManifest.xml 中，我们配置了广播接收器，当有 action 为"com.android.Broadcast ReceiverDemo"的广播发送过来时，系统会自动启动该广播接收器。

图 7.2 为发送广播界面，当我们单击按钮时，它向 Android 发送一个广播。通过 logcat 视窗可以看到 Android 广播的生命周期。

此时日志信息如图 7.3 所示。

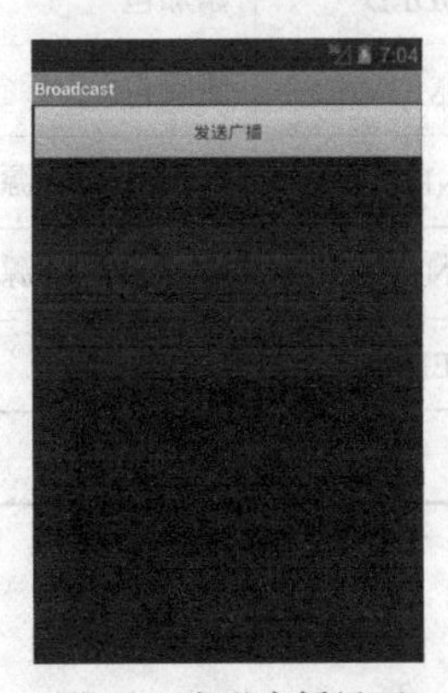

图 7.2 发送广播界面

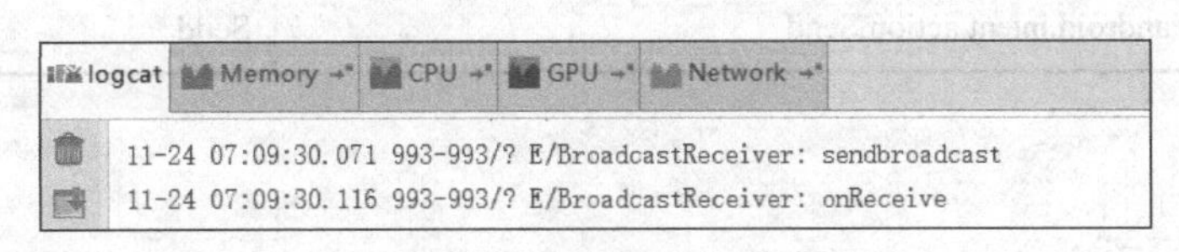

图 7.3 日志信息（一）

当我们再一次单击按钮时，它会向 Android 再发一次广播，则此时日志信息如图 7.4 所示。

通过上面的演示我们可以看出，Android 广播的生命周期并没有 Android 的 Activity 的生命周期复杂，其大致流程如图 7.5 所示。

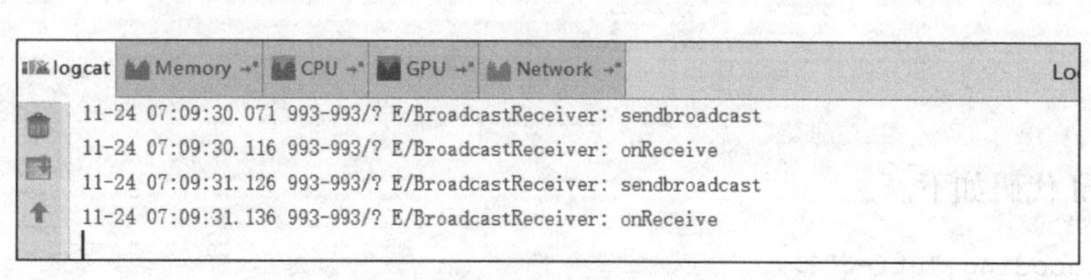

图 7.4　日志信息（二）

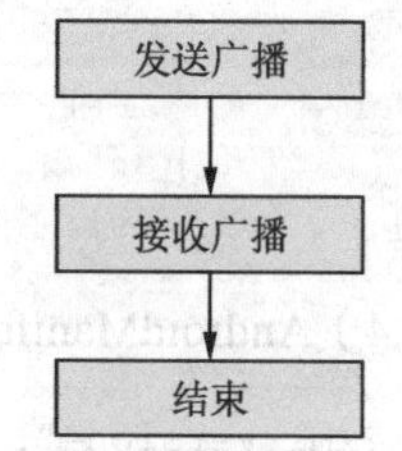

图 7.5　广播生命周期的大致流程

7.1.5　常见广播 Action 常量

对于广播来说，Action 指被广播出去的动作。理论上 Action 可以为任何字符串，而与 Android 系统应用有关的 Action 字符串以静态字符串常量的形式定义在 Intent 类中。Action 包含很多种，例如呼入电话、呼出电话、接收短信等。下面是 Android 定义好的常见的一些标准广播常量，可以让我们方便地解决一些复杂的操作，如表 7.1 所示。

表 7.1　常见的标准广播常量

常　量	值	意　义
android.intent.action.BOOT_COMPLETED	ACTION_BOOT_COMPLETED	系统启动
android.intent.action.ACTION_TIME_CHANGED	ACTION_TIME_CHANGED	时间改变
android.intent.action.ACTION_DATE_CHANGED	ACTION_DATE_CHANGED	日期改变
android.intent.action.ACTION_TIMEZONE_CHANGED	ACTION_TIMEZONE_CHANGED	时区改变
android.intent.action.ACTION_BATTERY_LOW	ACTION_BATTERY_LOW	电量低
android.intent.action.ACTION_MEDIA_EJECT	ACTION_MEDIA_EJECT	插入或拔出外部媒体
android.intent.action.ACTION_MEDIA_BUTTON	ACTION_MEDIA_BUTTON	按下多媒体
android.intent.action.ACTION_PACKAGE_ADDED	ACTION_PACKAGE_ADDED	添加包
android.intent.action.ACTION_PACKAGE_REMOVED	ACTION_PACKAGE_REMOVED	删除包
android.intent.action.ACTION_POWER_CONNECTED	ACTION_POWER_CONNECTED	插上外部电源
android.intent.action.ACTION_POWER_DISCONNECTED	ACTION_POWER_DISCONNECTED	断开外部电源
android.provider.Telephony.SMS_RECEIVED	Telephony.SMS_RECEIVED	接收短信
android.intent.action.Send	Send	发送邮件

7.2 广播小实例

广播接收者可以接收系统自带的广播，也可以接收自定义的广播。相应地，Intent 中的 Action 可以使用系统相应服务的特定 Action，也可以是自定义的 Action。

自定义的广播发送方式如下。

```
Intent intent = new Intent("自定义广播内容");
sendBroadcast(intent);
```

相应地，在注册的广播接收器中必须指明对应的 Action，以使广播发出之后，有相应的接收器来接收。下面我们结合本书中的综合案例来对广播这一小实例进行演示。当用户执行登录/注销操作时，若成功，系统会发送登录/注销成功的广播。以下代码实现的功能是对登录/注销事件通过广播接收器进行接收、提示用户并处理用户的登录信息。

```
项目名：com.androidbook.client
案例：对登录/注销事件通过广播接收器进行接收、提示用户并处理用户的登录信息
源代码位置：com.androidbook.client.broadcastreceiver.LoginLogoutBroadCast

import com.androidbook.client.R;
import com.androidbook.client.application.ClientApplication;
import com.androidbook.client.network.mode.RequestParam;
import android.content.BroadcastReceiver;
import android.content.Context;
import android.content.Intent;
import android.content.SharedPreferences;
import android.content.SharedPreferences.Editor;
import android.widget.Toast;

public class LoginLogoutBroadCast extends BroadcastReceiver{

        public static final String BROADCAST_LOGIN = "login";
        public static final String BROADCAST_LOGOUT= "logout";

        @Override
        public void onReceive(Context context, Intent intent) {

         //接收登录的广播并保存用户的在线状态
            if(intent.getAction().equals(BROADCAST_LOGIN) ) {
                Toast.makeText(context,
                    context.getText(R.string.login),
                    Toast.LENGTH_SHORT)
                    .show();
                SharedPreferences sharedPreferences = ((ClientApplication)
                    context.getApplicationContext()).getLoginUserInfo();
                Editor editor = sharedPreferences.edit();
                editor.putInt(RequestParam.STATUS, RequestParam.ONLINE);
                editor.commit();
                return;
            }
```

```
            //接收注销的广播并保存用户的离线状态
            if(intent.getAction().equals(BROADCAST_LOGOUT) ) {
                Toast.makeText(context,
                    context.getText(R.string.menu_logout),
                    Toast.LENGTH_SHORT)
                    .show();
                SharedPreferences sharedPreferences = ((ClientApplication)
                    context.getApplicationContext()).getLoginUserInfo();
                Editor editor = sharedPreferences.edit();
                editor.putInt(RequestParam.STATUS, RequestParam.OFFLINE);
                editor.commit();
                Intent service = new Intent(context, MsgService.class);
                context.stopService(service);
                return;
            }
        }
    }
```

在 onReceive()方法中，当广播接收器接收到的是表示登录成功的 Action 时，用 Toast 组件来提示用户登录成功；当接收到的是表示注销的 Action 时，用 Toast 组件来提示用户注销成功。在成功接收到相应广播之后，我们也可以做一些其他的应用。图 7.6 中广播接收器接收到的是表示登录成功的 Action，界面进入主界面，并且 Toast 组件提示登录。

图 7.6　接收广播成功，Toast 提示登录

7.3　本章小结

本章主要介绍了 Android 中发送广播和接收广播的基础知识和基本方法。通过本章的学习，读者可以基本掌握如何使用广播。另外，读者可以通过对综合案例代码的阅读进一步掌握广播机制。

习 题

1. 描述Android平台下的广播机制以及广播的用途。

2. Android系统中发送和注册广播的方式有哪些？这些方式的优缺点是什么？

3. 描述 Android 中接收广播的过程，并在代码中实现接收系统网络变化（android.net.conn.CONNECTIVITY_CHANGE）的广播。

4. 设计并开发一个实例程序，通过实例来演示Android广播的生命周期。

第8章 数据存储和提供器

作为一个完整的应用程序，数据的存储与操作是必不可少的。Android 系统为我们提供了 4 种数据存储方式，分别是：SharedPreference、SQLite、ContentProvider 和文件。

（1）SharedPreference 存储：一种常用的数据存储方式，其本质就是基于 xml 文件存储键值对（key-value）数据，通常用来存储一些简单的配置信息。

（2）SQLite 存储：一个轻量级的数据库，支持基本 SQL 语法，是 Android 系统中常被采用的一种数据存储方式。Android 为此数据库提供了一个名为 SQLiteDatabase 的类，封装了一些操作数据库的 API。

（3）ContentProvider 存储：它是 Android 系统中能实现应用程序之间数据共享的一种存储方式。由于 Android 系统中的数据基本都是私有的，存放于"data/data/程序包名（package name）"目录下，所以要实现数据共享，正确的方式是使用 ContentProvider。由于数据在各应用间通常是私密的，虽然此存储方式较少使用，但又是必不可少的一种存储方式。如果应用程序有数据需要共享时，就需要使用 ContentProvider 为这些数据定义一个 URI（包装成 Uri 对象），其他的应用程序就通过 ContentResolver 传入这个 URI 来对数据进行操作。

（4）文件存储：即常说的文件存储方法，常用于存储数量比较大的数据，但缺点是更新数据是一件困难的事情。

8.1 SharedPreference 存储

这里首先要研究的是第 1 种储存方式——SharedPreferences 存储。

很多软件都有配置文件，里面存放该程序运行中的各个属性值，由于其配置信息并不多，所有通常不采用数据库的存储方式。因此我们利用 SharedPreferences 中键值对（key-value）这种一一对应的关系来存放这些配置信息。

SharedPreferences 将数据以键值对（key-value）的形式保存至 xml 文件中，而生成的 xml 文件保存于"/data/data/程序包名（package nam)/shared_prefs"目录下。SharedPreferences 使用起来非常简单，能够轻松地存放数据和读取数据，但只能保存基本数据类型的值，如下所示。

项目名：com.androidbook.sharedpreferencetest

案例：使用 SharedPreferences 存储基本数据类型

```
SharedPreferences sharedPreferences = getSharedPreferences("type", Context.MODE_
APPEND);
```

```
    Editor editor = sharedPreferences.edit();
  // String 字符串型
    editor.putString("String", "words");
  // Boolean 布尔型
    editor.putBoolean("Boolean", true);
  // Integer 整型
    editor.putInt("Integer", 1);
  // Long 长整型
    editor.putLong("Long", 1000000);
  // Float 浮点数型
    editor.putFloat("Float", 3.5f);
    editor.commit();
```

生成的 SharedPreferences 文件名为 type.xml，保存在应用程序文件夹下的 shared_prefs 文件夹内，程序包名为“com.androidbook.sharedperferencetest”。其位置如图 8.1 所示。

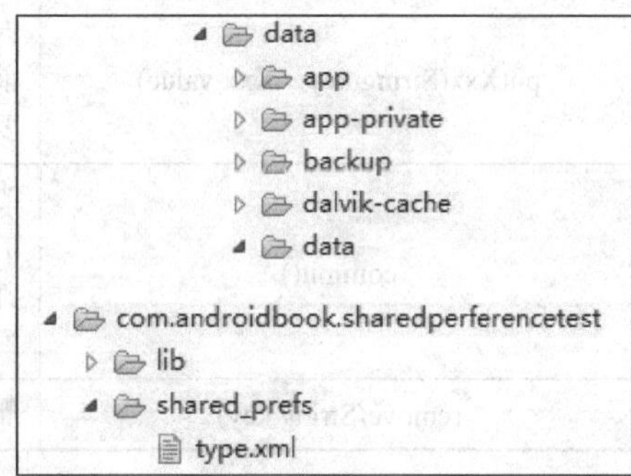

图 8.1　SharedPreferences 存储基本数据类型生成的 tpye.xml

从 type.xml 文件中可以看到这些存储数据的呈现方式如下。

项目名：com.androidbook.sharedpreferencetest

案例：SharedPreferences 数据类型结构——type.xml 内容

```
<?xml version='1.0' encoding='utf-8' standalone='yes' ?>
<map>
<float name="Float" value="3.5" />
<long name="Long" value="1000000" />
<boolean name="boolean" value="true" />
<string name="String">words</string>
<int name="Integer" value="1" />
</map>
```

SharedPreferences 对象的常用方法有以下几种，如表 8.1 所示。

表 8.1　SharedPreferences 对象的常用方法

方法名称	含　义
contains(String key)	判断 SharedPreferences 是否包含特定名称为键（key）的数据，返回值类型为 boolean，“是”则返回 true，“否“则返回 false
edit()	返回一个 Edit 对象，用于操作 SharedPreferences，返回值类型为 Editor
getAll()	获取 SharedPreferences 数据里全部的键值对（key-value），返回值类型为 Map<String, Object>
getXxx(String key, Xxx defValue)	获取 SharedPreferences 指定键（key）所对应的值（value），其中“Xxx”表示不同的数据类型。例如所要取的值（value）为字符串类型时，需要用 getString(String key)方法。同时，SharedPreferences 提供了一个赋予默认值的机会，即方法中的第二个参数 defValue，以此保证程序的健壮性。如果键（key）值错误或者此键（key）无对应值（value），则打印出的是其所设置的默认值（defValue）。这样对于访问不存在的键（key）值将不会出现抛异常的情况

SharedPreferences 对象本身只能获取数据，而不支持存储和修改。通过 SharedPreferences 中的

edit()方法可以获得相应的 Editor 对象，由 Editor 对象完成 SharedPreferences 中数据的存储和修改。

SharedPreferences.Editor 对象的常用方法如表 8.2 所示。

表 8.2　SharedPreferences.Editor 对象的常用方法

方法名称	含　义
clear()	清空 SharedPreferences 里所有的数据
putXxx(String key，Xxx value)	向 SharedPreferences 存入指定的 key 对应的数据，其中“Xxx”与之前所述相同一样，表示不同的数据类型。例如字符串类型的 value 需要用 putString(String key, String value)方法，返回值类型为 Editor
commit()	当 Editor 编辑完成后，调用该方法可以提交修改，相当于数据库中的提交操作。无论对 SharedPreferences 对象进行了什么操作，最后都必须使用 commit()方法进行保存，否则将无法存储修改信息。返回值类型为 boolean，提交成功则返回 true，失败则返回 false
remove(String key)	删除 SharedPreferences 里指定 key 对应的值。返回值类型为 Editor

1. 使用 SharedPreferences 保存键值对（key-value）

（1）使用 Activity 类的 getSharedPreferences(String name, int mode)方法获得 SharedPreferences 对象，其中存储键值对（key-value）的文件的名称由 getSharedPreferences 方法的 name 指定，打开方式由 mode 指定。其读写方式如表 8.3 所示。

表 8.3　读写方式

方法名称	含　义
Context.MODE_PRIVATE	指定该 SharedPreferences 数据只能被本应用程序读、写，写入的内容会覆盖原文件的内容
Context.MODE_APPEND	检查 SharedPreferences 文件是否存在，存在就往 SharedPreferences 文件追加内容，否则就创建新的 SharedPreferences 文件
Context.MODE_WORLD_READABLE	指定该 SharedPreferences 数据只能被其他应用程序读，不能写
Context.MODE_WORLD_WRITEABLE	指定该 SharedPreferences 数据能被其他应用程序读、写

（2）使用 SharedPreferences 的 edit()方法获得 SharedPreferences.Editor 对象。

（3）通过 SharedPreferences.Editor 的 putXxx(String key，Xxx value)方法写入键值对（key-value）。

（4）通过 SharedPreferences.Editor 的 commit()方法提交并保存键值对（key-value）。

SharedPreferences 记录的 xml 文件位于“/data/data/<package name>/shared_prefs/<preferences filename>.xml”，可以用 DDMS 进行查看。

此处讲解综合案例中登录时的数据存储。为了满足多用户的登录，登录用户信息用两个 SharedPreferences 数据存储，分别保存为 lastest_login.xml 与<用户名>.xml 文件。astest_login.xml 存储当前登录用户的用户名信息，而<用户名>.xml 则存储每个登录成功用户的用户名与密码信息。

在每次用户登录成功的时候，利用 setLoginUserInfo(String name)方法修改 lastest_login.xml 中的信息，传入当前登录用户的用户名信息（name），将其保存至 lastest_login.xml。接着，获取此用户对应的<name>.xml 文件，若存在，说明之前曾经登录成功过，则利用 SharedPreferences 修改此次登录成功时的用户名（name）与密码信息中以前保存的对应值，若对应<name>.xml 不存在，则生成此用户对应的<name>.xml，同时将此次登录成功时的用户名与密码信息保存其中。这样，不仅利用 SharedPreferences 将每个用户的信息保存在<用户名>.xml 文件中，而且当需要使用当前登录用户的信息时，就可以直接使用 getLoginUserInfo 方法从 lastest_login.xml 文件中获得当前登录用户的用户名，再根据用户名获得对应的<用户名>.xml 中的数据。

ClientApplication 中的 setLoginUserInfo 与 getLoginUserInfo 方法如下。

```
项目名：com.androidbook.client
案例：登录时的数据存储 setLoginUserInfo 与 getLoginUserInfo 方法
源代码位置：com.androidbook.client.application
//根据 lastest_login.xml 中当前登录成功用户的用户名，获取对应的<用户名>.xml，若存在，说明之前登录成功过；若不存在，则创建一个对应的<用户名>.xml
public SharedPreferences getLoginUserInfo(){
    //获得 lastest_login.xml 文件并获得当前登录成功用户的用户名（name）
    SharedPreferences shared = this.getSharedPreferences("lastest_login",
        Context.MODE_PRIVATE );
    String name = shared.getString(RequestParam.USER_NAME, "");
    //根据用户名（name）获取对应的<name>.xml，若存在，说明之前登录成功过；若不存在，则创建一个对应的<name>.xml
    this.loginUserInfo = this.getSharedPreferences(name, Context.MODE_PRIVATE );
    return this.loginUserInfo;
}

//修改 lastest_login.xml，将当前登录成功的用户名保存至 lastest_login.xml 文件中
public void setLoginUserInfo(String name) {
    //获得 lastest_login.xml 的键值对数据
    SharedPreferences shared = this.getSharedPreferences("lastest_login",
            Context.MODE_PRIVATE);
    //将当前登录成功的用户名保存至 lastest_login.xml 文件中
    shared.edit().putString(RequestParam.USER_NAME, name).commit();
}
```

ClientApplication 利用上述两个方法，完成登录用户信息的存储，代码如下。

```
项目名：com.androidbook.client
案例：登录成功后利用 SharedPreference 存储用户的登录信息
源代码位置：com.androidbook.client.activity.loginsignin.LoginActivity
private ClientApplication clientApplication;
clientApplication = (ClientApplication) getApplication();
//setLoginUserInfo 方法修改 lastest_login.xml 中当前登录的用户信息
clientApplication.setLoginUserInfo(name.getText().toString());
//getLoginUserInfo 方法获取对应的<用户名>.xml 并进行修改
SharedPreferences sharedPreferences = clientApplication.getLoginUserInfo();
Editor editor = sharedPreferences.edit();
//将当前登录成功用户的用户名（name.getText().toString()）写入键值对
editor.putString(RequestParam.USER_NAME, name.getText().toString());
//将密码（password.getText().toString()）写入键值对
editor.putString(RequestParam.PASSWORD, password.getText().toString());
//将状态（RequestParam.ONLINE）写入键值对
editor.putInt(RequestParam.STATUS, RequestParam.ONLINE);
//提交保存
editor.commit();
```

在综合案例中，用户登录成功后，通过 clientApplication.setLoginUserInfo() 方法修改 SharedPreferences 数据，将当前登录成功用户的用户名（name.getText().toString()）保存至 lastest_login.xml 文件中，name 与 password 分别为用户名与密码输入的 EditText。接着，通过 clientApplication.getLoginUserInfo()方法获取当前登录成功用户对应的<用户名>.xml，或者获得之前已经创建过的对应的<用户名>.xml，同时将用户名（name.getText().toString()）、密码（password.getText().toString()）与状态（RequestParam.ONLINE）信息保存至 SharedPreferences 数据中，并保存为<用户名>.xml。而 RequestParam.USER_NAME、RequestParam.PASSWORD、RequestParam.ONLINE 与 RequestParam.STATUS 都是在 RequestParam 类中定义好的字段。

此处登录用户的用户名为“18716468260”，所保存的<用户名>.xml 就为 18716468260.xml。最后，SharedPreferences 所生成的 xml 文件保存在“/data/data/com.androidbook.client/shared_prefs”目录下，分别为 lastest_login.xml 与 18716468260.xml 文件，程序包名为“com.androidbook.client”，效果如图 8.2 所示。

图 8.2　用于存储登录用户信息的 lastest_login.xml 与<用户名>.xml

lastest_login.xml 文件的内容如下。

```
项目名：com.androidbook.client
案例：lastest_login.xml 内容
<?xml version='1.0' encoding='utf-8' standalone='yes' ?>
<map>
<string name="userName">18716468260</string>
</map>
```

18716468260.xml 文件的内容如下。

```
项目名：com.androidbook.client
案例：18716468260.xml 内容
<?xml version='1.0' encoding='utf-8' standalone='yes' ?>
<map>
<string name="userName">18716468260</string>
<string name="password">1234567890</string>
<int name="loginStatus" value="0" />
</map>
```

2. 使用 SharedPreferences 读取键值对（key-value）

（1）使用 Activity 类的 getSharedPreferences(String name，int mode)方法获得所要读取的 SharedPreferences 对象，其方法与上述保存键值对（key-value）的第（1）步相同。

（2）使用 SharedPreferences 接口的 getXXX(String key,Xxx value)方法，可以方便地获得对应键（key）的值（value）。

此处我们以综合案例中获取登录用户的信息为例。在每次请求服务器更新数据时，需要设定请求参数，这里就要求给服务器发送当前登录用户的用户名以及对应的密码。所以在定时请求服务类（MsgService）中，通过 clientApplication.getLoginUserInfo()方法，获得在登录时保存登录用户的<用户名>.xml 中的键值对数据，再分别使用 getString(RequestParam.USER_NAME, null)与 getString(RequestParam.PASSWORD, null)两个方法，获得用户名与密码数据，同时设置 null 的默认值。如之前所述，这里所获取的 userName 为“18716468260”，passWord 为“1234567890”。

项目名：com.androidbook.client

案例：获取登录用户的信息

源代码位置：com.androidbook.client.service.MsgService

```
private ClientApplication clientApplication;
private String userName;
private String passWord;

@Override
public void onCreate() {
    clientApplication = (ClientApplication) getApplication();
    //获得当前登录用户对应的<用户名>.xml
SharedPreferences shared = clientApplication.getLoginUserInfo()
    //获得键（RequestParam.USER_NAME）对应的用户名数据
userName = shared.getString(RequestParam.USER_NAME, null);
    //获得键（RequestParam.PASSWORD）对应的密码数据
    passWord = shared.getString(RequestParam.PASSWORD, null);
}
```

8.2 SQLite 存储

SQLite 是一种轻量级数据库系统，以嵌入式操作系统为设计目标，占用的资源低，因此常被作为手机操作系统的本地数据库。它还是开源的，任何人都可以使用。许多开源项目（如 Mozilla、PHP、Python）都使用了 SQLite。Android 运行的环境包含了完整的 SQLite。

8.2.1 SQLite 简介

SQLite 由以下几个组件组成：SQL 编译器、内核、后端以及附件。SQLite 利用虚拟机和虚拟数据库引擎（VDBE），使调试、修改和扩展 SQLite 的内核变得更加方便。虽然 SQLite 基本上符合 SQL-92 标准，但是 SQLite 和其他数据库最大的不同就是对数据类型的支持。SQLite 也不支持一些标准的 SQL 功能，特别是外键约束（FOREIGNKEY constrains）、嵌套 transcaction、RIGHTOUTERJOIN 和 FULLOUTERJOIN，还有一些 ALTERTABLE 功能。除了上述功能外，SQLite 也是一个完整的 SQL 系统，拥有完整的触发器，交易等。

8.2.2 SQLite 使用

SQLite 和其他数据库最大的不同就是对数据类型的支持。它创建一个表时，可以在 CREATETABLE 语句中指定某列的数据类型，具体有以下 5 种类型的列。

（1）TEXT：使用 NULL、TEXT 或者 BLOB 存储任何插入此列的数据，如果数据是数字类型，则会转换为 TEXT 类型。

（2）NUMERIC：可以使用任何存储类型，它首先试图将插入的数据转换为 REAL 或 INTEGER 类型，如果成功则存储为 REAL 和 INTEGER 类型，否则不加改变地存入。

（3）INTEGER：和 NUMERIC 类型类似，只是它将可以转换为 INTEGER 类型的值都转换为 INTEGER 类，如果是 REAL 类型，且没有小数部分，也转为 INTEGER 类型。

（4）REAL：和 NUMERIC 类型类似，只是它将可以转换为 REAL 和 INTEGER 类型的值都转换为 REAL 类型。

（5）NONE：不做任何改变的尝试。

实际上，SQLite 内部仅有下列 5 种存储值的类型。

（1）NULL：空值。

（2）INTEGER：整数，根据大小可以使用 1、2、3、4、6、8 位来存储。

（3）REAL：浮点数。

（4）TEXT：字符串。

（5）BLOB：二进制大数据。

当某个值插入数据库时，SQLite 将检查这个值的类型。如果该值的类型与关联列的类型不匹配，SQLite 就尝试将该值的类型转换成该列的类型；如果不能转换，就将该值作为其本身具有的类型存储。所以在 SQLite 中，你可以把任何数据类型放入任何列中，比如把一个字符串（String）放入 INTEGER 列，SQLite 称之为“弱类型”（Manifest Typing.）。

在 SQLite 中，并没有专门设计 BOOLEAN 和 DATE 类型，因为 BOOLEAN 类型可以用 INTEGER 的 0 和 1 代替 true 和 false，而 DATE 类型则可以拥有特定格式的 TEXT、REAL 和 INTEGER 的值来代替显示。

在 Android 中，SQLite 的使用涉及两个重要的类：SQLiteDatabase 和 SQLiteOpenHelper。

1. SQLiteOpenHelper 类

SQLiteOpenHelper 是 SQLite 的数据库辅助类，且是一个抽象类，用来管理数据库的创建和版本的管理，使用时必须实现它的 onCreate(SQLiteDatabase db)方法和 onUpgrade(SQLiteDatabase db, int oldVersion, int newVersion)方法。SQLiteOpenHelper 的常用方法如表 8.4 所示。

表 8.4　SQLiteOpenHelper 的常用方法

方法名称	含　义
onCreate(SQLiteDatabase db)	一个 SQLiteDatabase 对象作为参数，当数据库第一次建立的时候执行，如创建表、初始化数据等
onUpgrade(SQLiteDatabase db, int oldVersion, int newVersion)	需要三个参数，一个 SQLiteDatabase 对象，一个旧的数据库版本号（oldVersion）和一个新的数据库版本号（newVersion）。当数据库需要更新的时候执行，如删除旧表，创建新表，这样就可以把一个数据库从旧的模型转变到新的模型
getReadableDatabase()	得到可读的数据库，返回 SQLiteDatabase 对象，然后通过对象进行数据库读取操作
getWritableDatabase()	得到可写的数据库，返回 SQLiteDatabase 对象，然后通过对象进行数据库写入或者读取操作
onOpen(SQLiteDatabase db)	当打开数据库时的回调函数
close()	关闭数据库，需要强调的是，要在每次打开数据库之后停止使用时调用，否则会造成数据泄露

DatabaseHelper 继承自 SQLiteOpenHelper 类，重写了 onCreate()与 onUpgrade()方法，并将这两个方法作为 TableCreateInterface 接口方法开放，供各个数据表进行实现。onCreate(SQLiteDatabase db)方法用于各个表的创建，具体表的创建由 TableCreateInterface 接口实现，在各自的 onCreate 方法中进行创建。onUpgrade(SQLiteDatabase db, int oldVersion, int newVersion)方法用于各个表的更新，

具体表的更新由 TableCreateInterface 接口实现，在各自的 onUpgrade 方法中进行更新。注意，只有在真正操作数据库，如调用 getReadableDatabase()或者 getWritable Database()方法时，数据库才会被创建。创建的数据库文件位于“/data/data/<package name>/ databases/<数据库名>.db”。此处我们以创建综合案例的数据库为例，代码如下。

```
项目名：com.androidbook.client
案例：创建综合案例的数据库
源代码位置：com.androidbook.client.database.DatabaseHelper
/**
 * SQLiteOpenHelper 是 SQLite 的数据库辅助类，且是一个抽象类，用来管理数据库的创建和版本的管理
 *
 */
public class DatabaseHelper extends SQLiteOpenHelper{

    /**
     * 构造方法，创建数据库
     * @param context
     * @param name 数据库名
     * @param factory 游标类
     * @param version 数据库版本
     */
    public DatabaseHelper(Context context, String name, CursorFactory factory,
            int version) {
        super(context, name, factory, version);
    }

    /**
     * 创建接口
     * 实现各表的创建
     */
    public static interface TableCreateInterface {

        public void onCreate( SQLiteDatabase db );

        public void onUpgrade( SQLiteDatabase db, int oldVersion, int newVersion );
    }

    @Override
    public void onCreate(SQLiteDatabase db) {
       //创建话题表
        Topic.getInstance().onCreate(db);
        //创建私信表
        PrivateLetter.getInstance().onCreate(db);
        //创建好友表
        Friend.getInstance().onCreate(db);

    }

    @Override
    public void onUpgrade(SQLiteDatabase db, int oldVersion, int newVersion) {
       if( oldVersion >= newVersion ) {
            return;
```

```
        }        //更新话题表
        Topic.getInstance().onUpgrade(db, oldVersion, newVersion);
        //更新私信表
        PrivateLetter.getInstance().onUpgrade(
            db,
            oldVersion,
            newVersion);
        //更新好友表
        Friend.getInstance().onUpgrade(db, oldVersion, newVersion);

    }

}
```

在上面的代码中，本来可以将创建表的具体代码写到 DatabaseHelper 的 onCreate()方法中，但是当系统中出现很多表的时候，大量创建数据表的代码放到一起不便于维护。所以在本综合案例中，我们将每个表的创建和更新的具体代码放到各自的实现类中。Topic、PrivateLetter、Friend 都是上述代码中 TableCreateInterface 的实现类，其中的 onCreate()方法中有每个表的具体创建信息。下面以 Topic 类为例，展示表的创建方式。

```
项目名：com.androidbook.client
案例：在 Android SQLite 中创建话题表
源代码位置：com.androidbook.client.database.table.Topic
public class Topic implements TableCreateInterface{
    //定义表名
    public static String tableName = "Topic";
    //定义各字段名
    public static String _id = "_id"; // _id 是 SQLite 中自动生成的主键，用于标识唯一的记录，
为了方便使用，此处定义对应字段名
    public static String UID = "UID";                       //用户 id
    public static String ID = "Topic_ID";                   //话题的 id
    public static String content = "Topic_Content";         //话题内容
    public static String time = "Topic_Time";               //话题的时间
    public static String name = "Topic_Name";               //话题的名字
    public static String photo = "Topic_Photo";             //话题的图片

    //返回表的实例进行创建与更新
    private static Topic topic = new Topic();

    public static Topic getInstance() {
        return Topic.topic;
    }

    //创建数据表
    @Override
    public void onCreate( SQLiteDatabase db ) {

        String sql = "CREATE TABLE "
                + Topic.tableName
                + " ( "
                + "_id integer primary key autoincrement, "
                + Topic.UID + " LONG, "
```

```
                + Topic.ID + " LONG, "
                + Topic.content + " TEXT, "
                + Topic.time + " INTEGER, "
                + Topic.name + " TEXT, "
                + Topic.photo + " TEXT "
                + ");";
        //执行创建语句
            db.execSQL( sql );
    }

    //更新数据表，当我们需要更新数据库或者升级应用程序时要对数据库进行更新判断
    @Override
    public void onUpgrade( SQLiteDatabase db, int oldVersion, int newVersion ) {

        if ( oldVersion < newVersion ) {
            String sql = "DROP TABLE IF EXISTS " + Topic.tableName;
            db.execSQL( sql );
            this.onCreate( db );
        }
    }
}
```

在综合案例里，我们在 ClientApplication 类中利用数据库辅助类 DatabaseHelper 的构造方法获得其实例，来完成数据库“client”的创建，代码如下。

```
项目名：com.androidbook.client
案例：数据库的创建——ClientApplication 中数据库的初始化
源代码位置：com.androidbook.client.application.ClientApplication
public class ClientApplication extends Application {
@Override
    public void onCreate() {
        super.onCreate();
        this.databaseHelper = new DatabaseHelper(
            this.getApplicationContext(),
            "client.db",
            null,
            1 );
    }
}
```

创建的数据库文件位于“/data/data/com.androidbook. client/databases/client.db”。效果如图 8.3 所示。

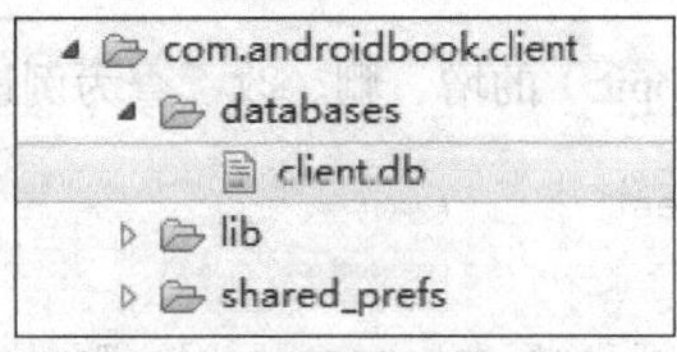

图 8.3　创建的数据库 client.db

2. SQLiteDatabase 类

SQLiteDatabase 类作为 SQLite 的数据库实体类，用于对数据库进行增、删、改、查等操作，常用方法有 insert()、delete()、update()、query()等，如表8.5所示。

表 8.5　　SQLiteDatabase 类的常用方法

方法名称	含　义
public long insert (String table, String nullColumnHack, ContentValues values)	用于在表中插入一条记录。table 指定要插入数据的表的名称，values 为一个 ContentValues 对象，类似一个 map 通过键值对的形式存储值，是要插入的记录的所有值，其中的键必须与表中的字段名相同，具体使用见下面实例（话题表的创建及增、删、改、查）。 当 values 参数为空或者里面没有内容的时候，插入是会失败的（底层数据库不允许插入一个空行）。为了防止这种情况，我们要在这里指定一个列名（nullColumnHack）。如果发现将要插入的行为空行时，就会将指定的这个列名的值设为 null，然后再向数据库中插入
public int delete (String table, String whereClause, String[] whereArgs)	用于删除表中的一条记录。table 指定要删除数据的表的名称，whereClause 指定要根据哪个列字段参数来进行删除，whereArgs 是删除的具体依据参数。比如删除一个 ID 为 34 的好友，whereClause 应该设置成列的字段名“ID”，whereArgs 则要设置成要删除好友的 ID 的值—34，whereArgs 类型为 String[]，以便于同时添加多个参数，所以其他类型的值要做一定的转换，以满足 String[]类型的参数要求
public int update (String table, ContentValues values, String whereClause, String[] whereArgs)	用于修改数据表中的一条数据。table 指定要删除数据的表的名称，whereClause 指定根据哪个列字段参数来进行删除，whereArgs 是删除的具体依据参数。使用方法与 delete 方法相同，values 用来保存需要修改的值
public Cursor query (String table, String[] columns, String selection, String[] selectionArgs, String groupBy, String having, String orderBy, String limit)	用于查询数据表中的信息，获得指向对应要求数据的游标。table 指定要删除数据的表的名称；columns 指定需要查询的列，selection 与 selectionArgs 参数的用法与上述方法中 whereClause 与 whereArgs 的用法相同；groupBy 与 having 是与合计函数（Aggregate Functions），如与 SUM()一起使用，一般设为 null；orderBy 指定查询数据顺序，可以以其中一个字段的升降序进行查询，如以“ID”字段的降序排列，则 orderBy 为“ID DESC”，其中 DESC 代表降序，而 ASC 代表升序；limit 则指定限制查询数据的个数

下面以综合案例中话题表（Topic）的增、删、改、查为例进行介绍。

项目名：com.androidbook.client

案例：话题表的插入方法

源代码位置：com.androidbook.client.database.table.Topic

```
//插入话题
public static void insertTopic(
            DatabaseHelper dbHepler,
            ContentValues userValues ) {
    //获得可写的数据库实例
```

```
    SQLiteDatabase db = dbHepler.getWritableDatabase();
    //插入话题
    db.insert( Topic.tableName, null, userValues );
    //关闭数据库
    db.close();
}
```

insertTopic()方法用于插入一条话题记录。传入参数 userValues 则保存所要插入的对应的话题信息，其中的键必须与字段名相同，这样才能对应地插入正确的值，如 userValues 内容为：

```
Topic_Content = content
Topic_Photo = photo
Topic_ID = 2
Topic_Name = name
Topic_Time = 3
UID = 1
```

其中键（Topic_Content 等）与话题表（Topic）的各个字段名都相同。只要创建的时候没有指定对应字段不为空，就可以不用填入对应的字段值，否则必须要有对应的字段值。由于_id 是自动递增生成的，就没有必要在 userValues 中添加_id 的值。

```
项目名：com.androidbook.client
案例：话题表的删除方法
源代码位置：com.androidbook.client.database.table.Topic
//删除话题
public static void deleteTopic( DatabaseHelper dbHepler, int _id ) {

    SQLiteDatabase db = dbHepler.getWritableDatabase();
    //此处要求删除 Topic._id 为传入参数_id 的对应记录，使游标指向此记录
    db.delete(
        Topic.tableName,                    //操作的表名
        Topic._id + "=?",                   //删除的条件
        new String[] { _id + "" } );        //条件中“？”对应的值
    db.close();

}
```

deleteTopic()方法根据_id 删除数据表中对应的一条话题记录。

```
项目名：com.androidbook.client
案例：话题表的修改方法
源代码位置：com.androidbook.client.database.table.Topic
//修改话题（在项目中并未用到此方法）
public static void updateTopic(DatabaseHelper dbHepler, int _id, ContentValues infoValues) {

    SQLiteDatabase db = dbHepler.getWritableDatabase();
    //根据_id 修改对应的记录，所要修改的值保存在传入参数 infoValues 中
    db.update(
            Topic.tableName,
            infoValues,
            Topic._id + " =? ",
```

```
            new String[]{ _id + "" });
    db.close();
}
```

updateTopic()方法能够根据传入的_id 修改数据表中对应的一条话题记录，在传入的 infoValues 参数中只保存将要修改的值，如修改_id=2 记录的 Topic_Content 字段下的内容，则传入的_id 值应为 2，传入的 infoValues 内容为“Topic_Content = 修改后的值”。这样数据库就会找到_id 为 2 的对应记录，根据 infoValues 中所保存的值针对 Topic_Content 字段进行修改。而其余 infoValues 中没有保存值的字段，如 Topic_Photo、Topic_ID 等，则不进行修改操作。

```
项目名：com.androidbook.client
案例：话题表数据的获取方法
源代码位置：com.androidbook.client.database.table.Topic
//以 HashMap<String, Object>键值对的形式，根据_id 参数获取一条对应话题的信息
public static HashMap<String, Object> getTopic( DatabaseHelper dbHepler, int _id ){

        SQLiteDatabase db = dbHepler.getReadableDatabase();

        HashMap<String, Object> topicMap = new HashMap<String, Object>();
        //此处要求查询 Topic._id 为传入参数_id 的对应记录，使游标指向此记录
        Cursor cursor = db.query(
                Topic.tableName,
                null,
                Topic._id + " =? ",
                new String[]{ _id + "" },
                null, null, null);
        //移动到第一个结果上
        cursor.moveToFirst();
        //获得每个字段的值
        topicMap.put( Topic.ID,
            cursor.getLong(cursor.getColumnIndex(Topic.ID)));
        topicMap.put( Topic.content,
            cursor.getString(cursor.getColumnIndex(Topic.content)));
        topicMap.put( Topic.time,
            cursor.getInt(cursor.getColumnIndex(Topic.time)));
        topicMap.put( Topic.name,
            cursor.getString(cursor.getColumnIndex(Topic.name)));
        topicMap.put( Topic.photo,
            cursor.getString(cursor.getColumnIndex(Topic.photo)));

        cursor.close();
        db.close();
        return topicMap;

    }
```

getTopic()方法可以根据_id 获得一条对应话题记录的信息。首先用 query()方法得到指向对应记录的 cursor 游标，然后通过 cursor()方法从数据表中取出对应字段的数据，最后将其保存到 HashMap 中并返回。注意，每次使用 cursor()方法读取数据都必须执行 cursor.moveToFirst()方法，以使其正确指向所需记录的开始位置，保证读取数据的正确性。当返回的结果有多条，并且需要获得多条的时候，需要从 cursor 中循环取数据。

```
for(cursor.moveToFirst();cursor.isAfterLast();cursor.moveToNext() ){
    ...
}
```

综合案例中一共有三个表：话题表（Topic）、私信表（PrivateLetter）、好友表（Friend）。私信表（PrivateLetter）、好友表（Friend）的创建与增、删、改、查的操作与话题表（Topic）相似，在此不再赘述。所有表创建完成后，client 数据库的表结构如图 8.4 所示。

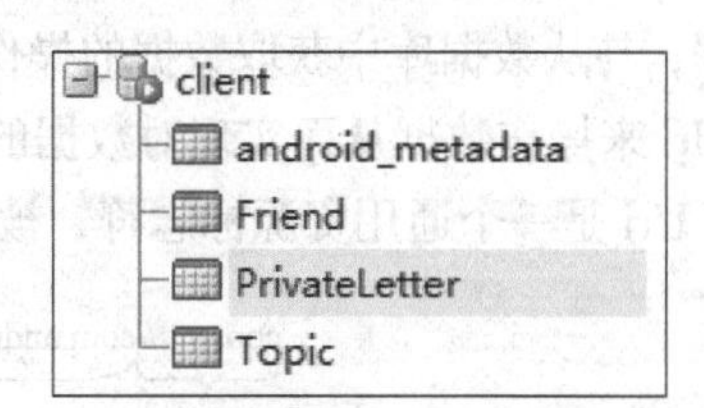

图 8.4　数据库 client 的表结构

从图 8.4 中我们能够看到所建立的三个表——私信表（PrivateLetter）、好友表（Friend）与话题表（Topic），其余的表是 SQLite 自动生成的。

话题表（Topic）结构及其中所包含的字段与对应的值如图 8.5 所示。

_id	UID	Topic_ID	Topic_Content	Topic_Time	Topic_Name	Topic_Photo
1	15555215552	1341644529634	hai fabiao	1341644526	hhda2	baidu.com
2	15555215554	1341644690114	ruddfdtj	1341644686	hhTest	baidu.com
3	15555215554	1341644701291	eygrtgg	1341644697	hhTest	baidu.com
4	15555215554	1341644747380	asdfasdfasdfadsf	1341644744	hhTest	baidu.com

图 8.5　话题表（Topic）结构

好友表（Friend）结构和所包含的字段与对应的值如图 8.6 所示。

_id	UID	Friend_ID	Friend_Name	Friend_Mobile	Friend_Photo	Friend_Address	Friend_Sex	Friend_State
1	15555215552	15555215554	hhTest	15555215554	www.google.com	beijing	boy	0
2	15555215554	15555215551	hhda	15555215551	www.google.com	beijing	boy	0
3	15555215554	15555215552	hhda2	15555215552	www.google.com	beijing	boy	-1
4	15555215554	15555215569	hh9	15555215569	www.google.com	beijing	boy	-1
5	15555215554	15555215558	hhTest8	15555215558	www.google.com	beijing	gril	0
6	15555215554	15555215559	hhTest9	15555215559	www.google.com	beiji	boy	0

图 8.6　好友表（Friend）结构

私信表（PrivateLetter）结构和所包含的字段与对应的值如图 8.7 所示。

_id	UID	PrivateLetter_UID	PrivateLetter_ID	PrivateLetter_Content	PrivateLetter_Time	PrivateLetter_Name	PrivateLetter_Photo	PrivateLetter_isSend
2	15555215558	15555215554	1341625790146	ilu	123456	bbbbb	www.baidu.com	☐
3	15555215554	15555215569	1341629573989	sdsdfs	1341629570	hh9	baidu.com	☑
4	15555215554	15555215558	1341642152084	sdfsdf	1341642148	hhTest8	baidu.com	☑
5	15555215554	15555215551	1341644727403	sdgds	1341644722	hhda	baidu.com	☑

图 8.7　私信表（PrivateLetter）结构

8.3　ContentProvider 存储

我们已经知道 Android 的数据是私有的，并且在不同的应用程序之间，数据是不能直接被相互访问和操作的。ContentProvider 则可以解决不同应用程序间数据共享的问题。

Android 平台中，ContentProvider 是在不同应用程序之间实现数据共享的唯一机制。如果需要让别的应用程序能够操作一个应用程序自己的数据，就可采用这种机制，比如我们需要操作手机里的联系人、多媒体等一些信息，都可以用 ContentProvider 来实现。

一个程序可以通过一个 ContentProvider 的抽象接口将自己的数据完全暴露出去。ContentProvider 是以类似数据库中表的方式将数据暴露，就像一个“数据库”。外界获取其提供的数据，与从数据库中获取数据的操作基本一样，这时就用到另外一个类（ContentResolver），并通过 Uri 来操作数据从而实现对数据的处理。

Uri 是一个通用资源标志符，被分为 A、B、C、D4 个部分，如图 8.8 所示。

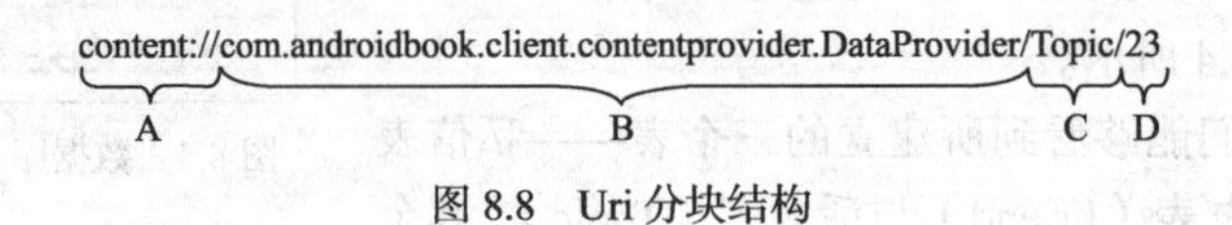

图 8.8　Uri 分块结构

（1）A：无法改变的标准前缀，如“content://”和“tel://”等。当前缀是“content://”时，说明可通过 ContentProvider 控制这些数据。

（2）B：Uri 的标识，它通过 authorities 属性声明，用于限制是哪个 ContentProvider 能够有权限提供这些数据。对于第三方应用程序，为了保证 Uri 标识的唯一性，它必须是一个完整的类名。例如“content://com.androidbook.client.contentprovider.DataProvider”。

（3）C：路径，可以近似地理解为需要操作的数据库中表的名字，如“content://com.androidbook.client.contentprovider.DataProvider/Topic”中的 Topic。

（4）D：如果 Uri 中包含表示需要获取的记录的 ID，就返回该 ID 对应的数据；如果没有 ID，就表示返回全部。

因为 Uri 代表了要操作的数据，所以经常需要解析，并从中获取数据。Android 系统提供了两个用于操作 Uri 的工具类，分别为 UriMatcher 和 ContentUris。

1. UriMatcher 的常用方法

UriMatcher 的常用方法如表 8.6 所示。

表 8.6　UriMatcher 的常用方法

方法名称	含　义
public void addURI(String authority, String path, int code)	往 UriMatcher 类里添加一个拼凑的 Uri，在此我们可以将 UriMatcher 理解为一个 Uri 的容器，这个容器包含着即将操作的 Uri，它用于我们业务逻辑的处理。path 相当于 Uri 中的路径，也就是想要操作的数据表名。如果通过下面的 match()方法匹配成功，就返回 code 值
public int match(Uri uri)	与传入的 Uri 匹配，它会首先找之前通过 addURI 方法添加的 Uri 匹配，如果匹配成功，就返回之前设置的 code 值，否则返回一个值为-1 的常量 UriMatcher.NO_MATCH

addURI(String authority, String path, int code)使用实例如下。

项目名：com.androidbook.client

案例：ContentProvider 中 addURI 方法的使用

源代码位置：com.androidbook.client.contentprovider.DataProvider

```
//定义两个 Uri 匹配的返回值 code
private static final int topic = 1;
private static final int privateLetter = 2;
```

```
// 定义 AUTHORITY
public static String AUTHORITY = "com.androidbook.client.contentprovider.DataProvider";

...

     //当没有匹配成功时，返回 NO_MATCH 的值
   UriMatcher uriMatcher = new UriMatcher(UriMatcher.NO_MATCH);

      //匹配 Topic 表的 Uri，匹配成功后返回 topic 整数值
      uriMatcher.addURI(AUTHORITY, "Topic", topic);

      //匹配 PrivateLetter 表的 Uri，匹配成功后返回 privateLetter 整数值
      uriMatcher.addURI(AUTHORITY,"PrivateLetter",privateLetter);
```

```
案例：ContentProvider 中 match 方法的使用
//首先定义一个 Uri
Uri uri = Uri.parse("content://com.androidbook.client.contentprovider.DataProvider/Topic");
//进行匹配，获得返回的 code 值，可以根据 code 值判别并进行不同的操作
int code = uriMatcher.match(uri);
```

在 uriMatcher.addURI(AUTHORITY, "Topic", topic)方法执行后，uriMatcher 中将会保存一个为"content://com.androidbook.client.contentprovider.DataProvider/Topic"的 Uri 与对应的 topic 的整数值 1。如果匹配成功，则返回 1。

2. ContentUris 的常用方法

ContentUris 的常用方法如表 8.7 所示。

表 8.7　ContentUris 的常用方法

方法名称	含　义
public static Uri withAppendedId(Uri contentUri, long id)	用于为路径加上 ID
public static long parseId(Uri contentUri)	从路径中获取 ID

withAppendedId(Uri contentUri, long id)与 parseId(Uri contentUri)使用实例如下。

```
案例：ContentProvider 中 withAppendedId 方法的使用
//首先定义一个 Uri
Uri uri = Uri.parse("content://com.androidbook.client.contentprovider.DataProvider/
Topic");
//为 Uri 添加 ID
 Uri newuri = ContentUris.withAppendedId(uri, 3);
//从 newuri 提取出 ID，若为空，则返回-1
long id = ContentUris.parseId(newuri);
```

执行 Uri newuri = ContentUris.withAppendedId(uri, 3)后，newuri 将会变成"content://com.androidbook.client.contentprovider.DataProvider/Topic/3"，指向 ID 为 3 的记录。执行 long id = ContentUris.parseId(newuri)可以提取出 Uri 中的 D 部分——ID。

熟悉了上面所提及的相关的类，接下来我们再看 ContentProvider 核心类。ContentProvider 的常用方法如表 8.8 所示。

表 8.8　　ContentProvider 的常用方法

方法名称	含　义
public abstract boolean onCreate()	在 ContentProvider 创建后被调用
public abstract Uri insert(Uri uri, Content Values values)	根据 Uri 插入 values 对应的数据
public abstract int delete(Uri uri, String selection, String[] selectionArgs)	根据 Uri 删除 selection 指定条件所匹配的全部记录
public abstract int update(Uri uri, ContentValues values, String selection, String[] selectionArgs)	根据 Uri 修改 selection 指定条件所匹配的全部记录
public abstract Cursor query(Uri uri, String[] projection, String selection, String[] selectionArgs, String sortOrder)	根据 Uri 查询出 selection 指定条件所匹配的全部记录，并且可以指定查询哪些列（projection），并以什么方式（sortOrder）排序
public abstract String getType(Uri uri)	返回当前 Uri 所指向数据的 MIME 类型，MIME 类型由自己定义。如果该 Uri 对应的数据包括多条记录，那么 MIME 类型的字符串就以 vnd.android.cursor.dir/开头；如果 Uri 对应的数据只包含一条记录，那么MIME类型的字符串就以vnd.android.cursor.item/开头；这样系统能够识别的对应 MIME 类型。在执行 query()方法返回 Cursor 对象的时候，系统将不再进行验证；若返回的字符串不能被系统识别，在执行query()方法返回Cursor对象的时候将需要再进行验证

那么具体该如何公开数据并且在外部对其进行操作呢？下面进行对该操作步骤进行介绍。

（1）在当前应用程序中定义一个 ContentProvider 类，继承 ContentProvider 并重写它的几个抽象方法。

（2）首先要定义 UriMatcher 类，分别加入对应的 Uri 以及要返回的 code 值，以便另一个程序调用时对 Uri 进行判别，并通过匹配不同的 Uri 来分别操作不同的表。在 onCreate()方法中，获得综合案例的 client 数据库辅助类 DatabaseHelper，以便在其余操作中对数据库的表进行增、删、改、查的操作。在 insert()、delete()、update()、query()方法中根据另一个应用程序调用的 Uri，判别是对 Topic 表还是 PrivateLetter 表进行插入操作。

```
项目名：com.androidbook.client
案例：公开自身应用程序的数据
源代码位置：com.androidbook.client.contentprovider
package com.androidbook.client.contentprovider;
import com.androidbook.client.database.DatabaseHelper;
import com.androidbook.client.database.table.Friend;
import com.androidbook.client.database.table.PrivateLetter;
import com.androidbook.client.database.table.Topic;
import android.content.ContentProvider;
import android.content.ContentUris;
import android.content.ContentValues;
import android.content.UriMatcher;
import android.database.Cursor;
import android.database.sqlite.SQLiteDatabase;
import android.net.Uri;
public class DataProvider extends ContentProvider{
```

```
    private DatabaseHelper dbHelper;
    //定义UriMatcher类
     private static final UriMatcher uriMatcher;
     private static final int topic = 1;
     private static final int privateLetter = 2;
     private static final int friend = 3;
     public static String AUTHORITY = "com.androidbook.client.contentprovider.DataProvider";

     //标识Uri，定义不同的Uri来区别对不同表的操作
    public static final Uri Topic_CONTENT_URI = Uri.parse("content://" + AUTHORITY +
"/Topic");
    public static final Uri PrivateLetter_CONTENT_URI = Uri.parse("content://" + AUTHORITY +
"/PrivateLetter");
    public static final Uri Friend_CONTENT_URI = Uri.parse("content://" + AUTHORITY +
"/Friend");

     static {

       //当没有匹配成功时，返回NO_MATCH的值
       uriMatcher = new UriMatcher(UriMatcher.NO_MATCH);

       //匹配Topic表的Uri，匹配成功后返回topic整数值
       uriMatcher.addURI(AUTHORITY, "Topic", topic);

       //匹配PrivateLetter表的Uri，匹配成功后返回privateLetter整数值
       uriMatcher.addURI(AUTHORITY, "PrivateLetter", privateLetter);

       //匹配Friend表的Uri，匹配成功后返回privateLetter整数值
       uriMatcher.addURI(AUTHORITY, "Friend", friend);
     }

     @Override
     public int delete(Uri uri, String selection, String[] selectionArgs) {
         SQLiteDatabase db = this.dbHelper.getWritableDatabase();
         int row = 0;
         Uri newuri = ContentUris.withAppendedId(uri, 3);
         long id = ContentUris.parseId(newuri);
       switch (uriMatcher.match(uri)) {
       case topic:
          row = db.delete(Topic.tableName, selection, selectionArgs);
          break;
       case privateLetter:
          row = db.delete(PrivateLetter.tableName, selection, selectionArgs);
          break;
       case friend:
          row = db.delete(Friend.tableName, selection, selectionArgs);
          break;
          }
         return row;
     }

     @Override
     public String getType(Uri uri) {
         return null;
     }
```

```
    @Override
    public Uri insert(Uri uri, ContentValues values) {
        SQLiteDatabase db = this.dbHelper.getWritableDatabase();
        switch (uriMatcher.match(uri)) {
        case topic:
            db.insert(Topic.tableName, null, values);
            break;
        case privateLetter:
            db.insert(PrivateLetter.tableName, null, values);
            break;
        case friend:
            db.insert(Friend.tableName, null, values);
            break;
        }
        return null;
    }

    @Override
    public boolean onCreate() {
        this.dbHelper = new DatabaseHelper(this.getContext(), "client.db", null, 1);
        return true;
    }

    @Override
    public Cursor query(Uri uri, String[] projection, String selection,
            String[] selectionArgs, String sortOrder) {
        Cursor cursor = null;
        SQLiteDatabase db = this.dbHelper.getReadableDatabase();
        switch (uriMatcher.match(uri)) {
        case topic:
            cursor=db.query(Topic.tableName, projection, selection, selectionArgs, null, null,
sortOrder);
            cursor.moveToFirst();
            break;
        case privateLetter:
            cursor=db.query(PrivateLetter.tableName, projection, selection, selectionArgs, null, null,
sortOrder);
            cursor.moveToFirst();
            break;
        case friend:
            cursor=db.query(Friend.tableName, projection, selection, selectionArgs, null, null,
sortOrder);
            cursor.moveToFirst();
            System.out.print("cursor----->");
            System.out.println(cursor==null);
            break;
        }
        return cursor;
    }

    @Override
    public int update(Uri uri, ContentValues values, String selection,
            String[] selectionArgs) {
        SQLiteDatabase db = this.dbHelper.getWritableDatabase();
        int row = 0;
```

```
        switch (uriMatcher.match(uri)) {
        case topic:
          row = db.update(Topic.tableName, values, selection, selectionArgs);
          break;
        case privateLetter:
          row = db.update(PrivateLetter.tableName, values, selection, selectionArgs);
          break;
        case friend:
          row = db.update(Friend.tableName, values, selection, selectionArgs);
          break;
        }
        return row;
    }
}
```

（3）需要在当前应用程序的 AndroidManifest.xml 中注册 ContentProvider。android:authorities 属性定义了是哪个 ContentProvider 提供这些数据，格式为：provider 所在的包的名称+provider 本身定义的名称。而 android:name 则指定具体的 ContentProvider 类。

```
项目名：com.androidbook.client
案例：注册此 ContentProvider
源代码位置：AndroidManifest.xml
<provider
    android:authorities="com.androidbook.client.contentprovider.DataProvider"
    android:name="com.androidbook.client.contentprovider.DataProvider" >
</provider>
```

（4）其他应用程序通过 ContentResolver 和 Uri 来获取 ContentProvider 的数据。下面以操作 Topic 表为例讲解。

insert()方法完成对项目应用程序的 Topic 表插入操作。

delete()方法完成对 Topic 表的删除操作。

update()方法完成对 Topic 表的修改操作。

query()方法完成对 Topic 表的查询操作，利用返回的 cursor 游标可以对查询信息进行操作。操作的参数用法与上一节 SQLite 参数用法相同，不再赘述。若要对 PrivateLetter 表进行操作，则只须将 “Uri uri = Uri.parse("content://com.androidbook.client.contentprovider.DataProvider/Topic")” 改成“Uri uri = Uri.parse("content://com.androidbook.client.contentprovider. DataProvider/PrivateLetter")” 即可。

```
案例：其他程序操作此项目的数据的具体方法
public void insertTopic(ContentValues values){
        Uri  uri  =  Uri.parse("content://com.androidbook.client.contentprovider.
DataProvider/Topic");
        getContentResolver().insert(uri, values);
    }

    public void delete(String where, String[] selectionArgs){
        Uri  uri  =  Uri.parse("content://com.androidbook.client.contentprovider.
DataProvider/Topic");
        getContentResolver().delete(uri, where, selectionArgs);
    }
```

```
    public void update(String where, String[] selectionArgs, ContentValues values){
        Uri  uri  =  Uri.parse("content://com.androidbook.client.contentprovider.
DataProvider/Topic");
        getContentResolver().update(uri, values, where, selectionArgs);
    }

    public void query(String[] projection, String selection, String[] selectionArgs,
String sortOrder, ContentValues values){
        Uri  uri  =  Uri.parse("content://com.androidbook.client.contentprovider.
DataProvider/Topic");
        getContentResolver().query(uri,  projection,  selection,  selectionArgs,
sortOrder);
    }
```

Android 系统同样利用 ContentProvider 开放了许多系统数据。只要掌握了对应的 Uri，就可以对其进行增、删、改、查等操作，但要求在 AndroidManifest.xml 文件内添加相应的操作权限。下面以最常用的操作手机通讯录为例讲解。

首先我们要在 AndroidManifest.xml 文件中添加读写通讯录的权限。

案例：操作手机通讯录——添加权限

```
<uses-permission android:name="android.permission.READ_CONTACTS" ></uses-permission>
<uses-permission android:name="android.permission.WRITE_CONTACTS" ></uses-permission>
```

Android2.1 以上的通讯录数据库表结构如图 8.9 所示。

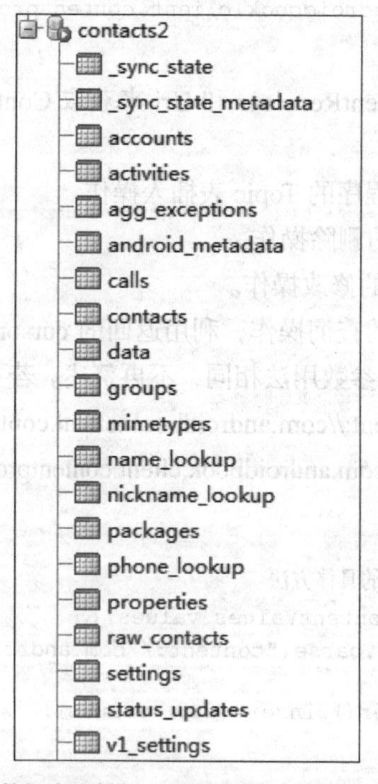

图 8.9　系统通讯录数据库表结构（查看工具：SQLite Expert Professional）

我们针对其中的 data 表进行操作，data 的 Uri 为 ContactsContract.Data.CONTENT_URI，这使我们能够对 data 表中所有数据进行查询操作。根据其中 ContactsContract.Data.MIMETYPE 字段的不同，我们可以获取联系人所有的信息，包括邮箱、地址、单位、号码等，其中地址与号码又可以根据不同类型来区别，并分别进行不同的操作。

案例：操作 Android 系统的通讯录数据库的方法

```
public void insertTopic(ContentValues values){
    getContentResolver().insert(
            ContactsContract.Data.CONTENT_URI,
            values);
}

public void delete(String where, String[] selectionArgs){
    getContentResolver().delete(
            ContactsContract.Data.CONTENT_URI,
            where,
            selectionArgs );
}

public void update(String where, String[] selectionArgs, ContentValues values){

    getContentResolver().update(
            ContactsContract.Data.CONTENT_URI,
            values,
            where,
            selectionArgs);
    }

public void query(String[] projection, String selection, String[] selectionArgs, String
sortOrder, ContentValues values){

    //指向一个用户表的光标
    Cursor systemPhoneCursor = getContentResolver().query(
            ContactsContract.Data.CONTENT_URI,
            projection,
            selection,
            selectionArgs,
            sortOrder);

    for( systemPhoneCursor.moveToFirst(); !systemPhoneCursor.isAfterLast(); systemPhoneCursor.
moveToNext()){
        //获得联系人的 id
        int id = systemPhoneCursor.getInt(
            systemPhoneCursor.getColumnIndex(
                    ContactsContract.Data.RAW_CONTACT_ID ) );
        //根据 MIMETYPE 字段来判别数据的类型
        String type = systemPhoneCursor.getString(
             systemPhoneCursor.getColumnIndex(
                    ContactsContract.Data.MIMETYPE ) );
        //获得联系人姓名
        name = systemPhoneCursor.getString(
              systemPhoneCursor.getColumnIndex(
                    ContactsContract.Data.DISPLAY_NAME ) );
        //判别 type 为邮箱的数据类型，获得联系人的 E-mail
        if( type.equals( ContactsContract.CommonDataKinds.Email.CONTENT_ITEM_TYPE ) ) {
            email = systemPhoneCursor.getString(
                systemPhoneCursor.getColumnIndex(
                    ContactsContract.CommonDataKinds.Email.DATA1 ) );
```

```
        } else if ( type
                .equals( ContactsContract.CommonDataKinds.Note.CONTENT_ITEM_TYPE ) ) {
            //判别 type 为备注的数据类型，获得联系人的备注
            remark = systemPhoneCursor.getString(
                    systemPhoneCursor.getColumnIndex(
                        ContactsContract.CommonDataKinds.Note.NOTE ) );
        } else if ( type
                .equals( ContactsContract.CommonDataKinds.Organization.CONTENT_ITEM_
TYPE ) ) {
            //判别 type 为公司的数据类型，获得联系人的公司
            company = systemPhoneCursor.getString(
                    systemPhoneCursor.getColumnIndex(
                        ContactsContract.CommonDataKinds.Organization.COMPANY ) );

        } else if ( type
            .equals( ContactsContract.CommonDataKinds.StructuredPostal.CONTENT_ITEM_
TYPE ) ) {
            //判别 type 为地址、邮编的数据类型，获得联系人的地址与邮编
            //获得国家
            String country = systemPhoneCursor.getString(
                    systemPhoneCursor.getColumnIndex(
                        ContactsContract.CommonDataKinds.StructuredPostal.COUNTRY ) );
            //获得城市
            String city = systemPhoneCursor.getString(
                    systemPhoneCursor.getColumnIndex(
                        ContactsContract.CommonDataKinds.StructuredPostal.CITY ) );
            //获得街道
            String street = systemPhoneCursor.getString(
                    systemPhoneCursor.getColumnIndex(
                        ContactsContract.CommonDataKinds.StructuredPostal.STREET ) );
            //获得邮编
            zipcode = systemPhoneCursor.getString(
                    systemPhoneCursor.getColumnIndex(
                        ContactsContract.CommonDataKinds.StructuredPostal.POSTCODE ) );
            //获得地址类型
            int addressType = systemPhoneCursor.getInt(
                    systemPhoneCursor.getColumnIndex(
                        ContactsContract.CommonDataKinds.StructuredPostal.TYPE ) );

            switch (addressType) {
            //为单位地址
            Case ContactsContract.CommonDataKinds.StructuredPostal.TYPE_WORK:

                    break;
                //为家庭地址
                case ContactsContract.CommonDataKinds.StructuredPostal.TYPE_HOME:
                    break;
                //为其他地址
                case ContactsContract.CommonDataKinds.StructuredPostal.TYPE_OTHER:
                        break;
            }
        } else if ( type
                .equals( ContactsContract.CommonDataKinds.Phone.CONTENT_ITEM_TYPE ) ) {
            //判别 type 为电话号码的数据类型，获得联系人的号码
```

```
        //获得号码
        String phoneNumber = systemPhoneCursor.getString(
                systemPhoneCursor.getColumnIndex(
                        ContactsContract.CommonDataKinds.Phone.NUMBER ) );
        //获得号码的类型
         int phoneType = systemPhoneCursor.getInt(
                systemPhoneCursor.getColumnIndex(
                        ContactsContract.CommonDataKinds.Phone.TYPE ) );
        switch ( phoneType ) {
        case ContactsContract.CommonDataKinds.Phone.TYPE_MOBILE:
            //手机号码类型
            break;
         case ContactsContract.CommonDataKinds.Phone.TYPE_HOME:
            //家庭电话
            break;
         case ContactsContract.CommonDataKinds.Phone.TYPE_WORK:
            //单位号码
            break;
         case ContactsContract.CommonDataKinds.Phone.TYPE_OTHER:
            //其他号码
            break;
         case ContactsContract.CommonDataKinds.Phone.TYPE_FAX_WORK:
            //传真号码
            break;
         }
    } else if ( type
            .equals( ContactsContract.CommonDataKinds.Photo.CONTENT_ITEM_TYPE ) ) {

        //判别 type 为头像的数据类型，获得联系人的头像
        byte[] photoByte = systemPhoneCursor.getBlob(
            systemPhoneCursor.getColumnIndex(
                ContactsContract.CommonDataKinds.Photo.PHOTO ) );
        }
    }
}
```

8.4 文件存储

之前我们介绍了 Android 利用 SharedPreferences 与 SQLite 进行数据存储。我们知道一般使用 SharedPreferences 方式存储的内容是一些键值对（key-value），使用 SQLite 数据库来操作存储的数据表。如果我们要存储的是一些文件，就可以采用文件存储的方式。

文件存储可以分成以下两类。

（1）将文件存储在应用程序内。在 Android 系统中，这些文件保存在“/data/data/<packagename>/files/”目录下，称为文件存储。

（2）将文件存储在外接的存储设备中，也就是存储在 SDCard 存储卡中，称为 SDCard 存储。

首先我们研究第一种文件存储——File 存储。Android 中读取/写入文件的方法与 Java 中的 I/O 是一样的，利用 openFileInput()方法与 FileInputStream 对象来读取设备上的文件，并利用

openFileOutput()方法与 FileOutputStream 对象来创建文件。但是在 File 存储状态下，文件在不同的程序之间不能共享。以上两个方法只支持保存、读取该应用程序目录下的文件。创建的文件存放在“/data/data/<package name>/files”目录下，读取非其自身目录下的文件将会抛出 FileNotFoundException 异常。表 8.9 给出了文件存储的常用操作。

表 8.9 文件存储的常用操作

方法名称	含义
openFileOutput(String name, int mode)	保存文件内容，打开指定的私有文件输出流，返回值类型为 FileOutputStream。name 为要打开的文件名，不能包含路径分隔符。mode 为操作模式，有以下 4 种保存模式。 （1）Environment.MODE_PRIVATE：为默认操作模式，代表该文件是私有数据，只能被应用本身访问。在该模式下写入的内容会覆盖原文件的内容； （2）Environment.MODE_APPEND：检查文件是否存在，存在就追加内容，否则就创建新文件； （3）Environment.MODE_WORLD_READABLE：表示当前文件可以被其他应用读取； （4）Environment.MODE_WORLD_WRITEABLE：表示当前文件可以被其他应用写入。 在使用模式时，可以用“+”来选择多种模式，比如 openFileOutput (FileName, Environment.MODE_PRIVATE+MODE_ WORLD_READABLE)
openFileInput(String name)	读取文件内容，打开指定的私有文件输出流，返回值类型为 FileInputStream。name 为要打开的文件名，不能包含路径分隔符。 File 存储所创建的文件只能被创建该文件的应用访问，如果希望文件能被其他应用读和写，可以在创建文件时，指定 Environment.MODE_WORLD_READABLE 和 Environment.MODE_WORLD_WRITEABLE 权限
deleteFile(String name)	删除指定的文件，返回值类型为 boolean。name 为要删除的文件名，不能包含路径
getDir(String name, int mode)	在应用程序的数据文件下获取或创建 name 对应的子目录，返回值类型为 File
getFilesDir()	得到该应用程序数据文件夹的绝对路径，返回值类型为 File
fileList()	得到该应用程序数据文件夹下的全部文件的文件名，返回值类型为 String[]

下面以创建并保存文件、读取文件与删除文件来演示 File 存储。

案例：File 存储—创建保存文件、读取文件和删除文件

```
// File 存储—创建并保存文件
public void saveFileInApplication() {
        try {
            //以追加模式创建了 file.txt 文件，并写入文字“保存文件到应用程序下”
            FileOutputStream outStream = this.openFileOutput(
                "file.txt",
                Context.MODE_APPEND);
            outStream.write("保存文件到应用程序下".getBytes());
```

```
            outStream.close();
        Toast.makeText(SaveActivity.this, "保存文件成功", Toast.LENGTH_LONG).s how();
        } catch (Exception e) {
            //抛出异常
        Toast.makeText(SaveActivity.this, "保存文件失败", Toast.LENGTH_LONG). show();
        }
    }

    //File 存储——读取文件
    public void readFileInApplication() {
        try {
            FileInputStream inStream=this.openFileInput("file.txt");
            ByteArrayOutputStream stream=new ByteArrayOutputStream();
            byte[] buffer = new byte[1024];
            int length = -1;
            while ((length = inStream.read(buffer)) != -1) {
                stream.write(buffer, 0, length);
            }
            stream.close();
            inStream.close();
            textView.setText(stream.toString());
        } catch (FileNotFoundException e) {
            e.printStackTrace();
        } catch (IOException e) {
            return;
        }
    }
    //File 存储—删除文件
    public void deleteFileInApplication() {
        this.deleteFile("file.txt");
    }
```

saveFileInApplication()方法用于保存文件， FileOutputStream 对象用于进行内容操作。写入的文字“保存文件到应用程序下”，此处要注意捕捉异常。效果如图 8.10 所示。

readFileInApplication()方法用于读取文件内容，FileInputStream 对象用户进行内容操作。stream 就是读出的数据流，可以转换成字符串等类型进行操作。在此例子中利用 textView.setText(stream.toString())将读出的内容显示到 TextView 上，效果如图 8.11 所示。

图 8.10 File 存储保存的 file.txt

图 8.11 显示 file.txt 中的文字

deleteFileInApplication()方法则可以删除所创建的文件。

然后我们来学习 SDCard 存储。Android 也为我们提供了 SDCard 的一些关于 SDCard 的相关方法，这些方法方便开发者进行操作。Environment 这个类为我们提供了操作的便利。Environment 的常用方法如图 8.10 所示。

表 8.10　　Environment 的常用方法

方法名称	含　义
getDataDirectory()	获得 Android 下的 data 文件夹的目录，返回值类型为 File
getDownloadCacheDirectory()	获得 AndroidDownload/Cache 内容的目录，返回值类型为 File
getExternalStorageDirectory()	获得 Android 外部存储器也就是 SDCard 的目录，返回值类型为 File
getExternalStorageState()	获得 Android 外部存储器的当前状态，返回值类型为 String，有以下 9 种保存模式。 （1）Environment.MEDIA_BAD_REMOVAL：在没有正确卸载 SDCard 之前就移除了； （2）Environment.MEDIA_CHECKING：正在磁盘检查； （3）Environment.MEDIA_MOUNTED：已经挂载并且拥有可读、可写权限； （4）Environment.MEDIA_MOUNTED_READ_ONLY：已经挂载，但只拥有可读权限； （5）Environment.MEDIA_NOFS：对象空白，或者文件系统不支持； （6）Environment.MEDIA_REMOVED：已经移除扩展设备； （7）Environment.MEDIA_SHARED：如果 SDCard 未挂载，同时通过 USB 大容量存储方式与其他设备共享； （8）Environment.MEDIA_UNMOUNTABLE：不可以挂载任何扩展设备； （9）Environment.MEDIA_UNMOUNTED：已经卸载
getRootDirectory()	获得 Android 下的 root 文件夹的目录，返回值类型为 File

以上 5 个方法都是静态方法，可以直接用 Environment 的类名调用。

下面通过详细的步骤来说明对 SDCard 的读取操作。

（1）要在 AndroidMainfest.xml 中添加权限。

案例：SDCard 存储——添加权限

```
<!-- 在 SDCard 中创建与删除文件权限 -->
    <uses-permission
android:name="android.permission.MOUNT_UNMOUNT_FILESYSTEMS"/>
<!-- 往 SDCard 写入数据权限 -->
<uses-permission android:name="android.permission.WRITE_EXTERNAL_STORAGE"/>
```

（2）用 Environment.getExternalStorageState().equals(Environment.MEDIA_MOUNTED)来判断这台手机设备上是否有 SDCard 且具有读写 SDCard 的权限。

（3）调用 Environment.getExternalStorageDirectory()获得外部存储器的目录。

（4）使用 I/O 流对外部存储器 File 类进行文件的读、写等操作。

案例：SDCard 存储——具体方法使用

```
// SDCard 存储——保存文件
```

```
    public void saveSDCard() {
            if (Environment.getExternalStorageState().equals(Environment.MEDIA_MOUNTED)) {
                //获取 SDCard 目录
                File sdCardDir = Environment
                        .getExternalStorageDirectory();
                //根据 sdCardDir 的路径，创建 SDCard.txt 文件
                File saveFile = new File(sdCardDir, "SDCard.txt");
                try {
    //新建一个 FileOutputStream 对象 outStream，用 true 或者 false 来指定是否可以进行文件追加内容，
默认为 false
                    FileOutputStream outStream = new FileOutputStream(
                        saveFile, false);
                    outStream.write("保存到 SDCard 根目录下".getBytes());
                    outStream.close();
    Toast.makeText(SaveActivity.this, "保存文件成功", Toast.LENGTH_LONG).show();
                } catch (Exception e) {
                    //抛出异常
                  Toast.makeText(SaveActivity.this, "保存文件失败", Toast.LENGTH_LONG).
show();
                }
            }
        }

    //File 存储——读取文件
    public void readSDCard() {
                if (Environment.getExternalStorageState()
                    .equals(Environment.MEDIA_MOUNTED)) {
                    //获取 SDCard 目录
                    File sdCardDir = Environment
                        .getExternalStorageDirectory();
                    File saveFile = new File(sdCardDir, "SDCard.txt");

                try {
                    FileInputStream inStream = new FileInputStream(saveFile);
                    ByteArrayOutputStream stream = new ByteArrayOutputStream();
                    byte[] buffer = new byte[1024];
                    int length = -1;
                    while ((length = inStream.read(buffer)) != -1) {
                        stream.write(buffer, 0, length);
                    }
                    stream.close();
                    inStream.close();
                    Toast.makeText(SaveActivity.this, stream.toString(),
                            Toast.LENGTH_LONG).show();
                } catch (FileNotFoundException e) {
                    e.printStackTrace();
                } catch (IOException e) {
                    return;
                }
            }
        }

    public void deleteSDCard() {
            if (Environment.getExternalStorageState().equals(
                    Environment.MEDIA_MOUNTED)) {
```

```
            //获取 SDCard 目录
            File sdCardDir = Environment
                    .getExternalStorageDirectory();
            File saveFile = new File(sdCardDir, "SDCard.txt");
            saveFile.delete();

        }
    }
```

saveSDCard 方法在 SDCard 根目录下创建了文件 SDCard.txt，同时利用 FileOutputStream 操作写入了“保存到 SDCard 根目录下”的文字内容，并提示异常。注意，若要对文件进行追加内容，则可以在新建 FileOutputStream 对象的时候进行指定。效果如图 8.12 所示。

readSDCard()方法实现了读取对应文件的内容，stream 就是读出的数据流，可以转换成字符串等类型进行需要的操作。在此例子中，利用 textView.setText(stream.toString())将读出的内容显示到 TextView 上，效果如图 8.13 所示。

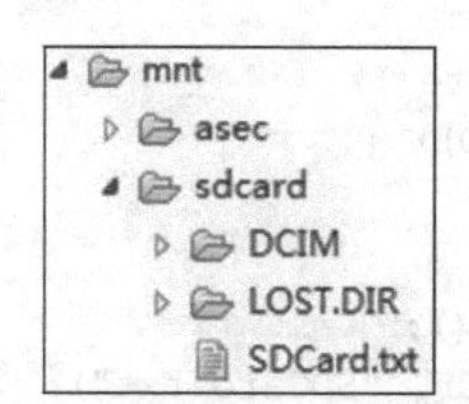

图 8.12　保存在 sdcard 根目录的 SDCard.txt

图 8.13　显示 SDCard.txt 中的文字

deleteSDCard()方法则为删除对应文件的操作。

若想在 SD 卡中创建自己的目录，需要利用 File 类进行操作。

8.5　本章小结

在本项目中，用户信息采用 SharedPreference 方式存储在“/data/data/com.androidbook.clientshared_prefs”目录下，分别以 lastest_login.xml 与<用户名>.xml 保存。在登录成功后，保存当前登录的用户名信息，并修改 lastest_login.xml 中的数据，同时创建用户对应的<用户名>.xml 文件进行保存。在向服务器发送请求设定参数时，利用同样的方法可获得用户对应的<用户名>.xml 文件，并获取其中保存的用户名与密码信息。而私信、好友以及话题等其余数据，采用 SQLite 数据库方式存储数据，一共建立了 3 个表：私信表（PrivateLetter）、好友表（Friend）与话题表（Topic），分别存储对应的数据记录。DatabaseHelper 继承于 SQLiteOpenHelper 类，要求实现 onCreate()与

onUpgrade()两个方法，并将这两个方法以 TableCreateInterface 接口的形式开放，让各个表的类实现 TableCreateInterface 接口，在各自的类中重写 onCreate()与 onUpgrade()方法，来分别实现具体的表的创建与更新。

首先，在 ClientApplication 类中利用 DatabaseHelper 的构造函数方法初始化 DatabaseHelper 类，完成数据库的创建。然后，由于各个表实现了 TableCreateInterface 接口，在 DatabaseHelper 调用 onCreate()方法时，其中又调用各个表实现接口的 onCreate()方法，完成各个数据表的创建。接口中有两个方法：onCreate()方法实现数据表的创建，并指定字段与值的类型；onUpgrade()方法用于数据表的更新。最后，各个表中提供各自的增、删、改、查、获取数据等方法，以便外部类能够方便地操作数据库。

注意

（1）只有在真正操作数据库，如调用 getReadableDatabase()或者 getWritableDatabase()方法时，数据库才会被创建。创建的数据库文件位于“/data/data/<package name>/databases/<数据库名>.db”。

（2）每次使用 cursor 游标读取数据，都必须执行 cursor.moveToFirst()方法，这样才能正确指向所需记录的开始位置。

习　题

1. SharePreferences 的访问模式有几种？分别是什么？
2. SharePreferences 读取应用程序和其他方式读取应用程序的区别是什么？
3. Android 系统支持的文件操作模式有哪些？
4. 总结在使用 SQLite 数据库时所遇到的问题以及解决方案。
5. 如何才能将信息从 SD 卡读出以及将信息写入 SD 卡？给出实现的步骤和关键代码。
6. 通过获取系统自带通讯录的数据，完成一个简易通讯录，要求成员姓名按照 A～Z 的方式排序，并具有搜索功能，同时可以添加和删除通讯录成员。

第9章 Android 网络通信编程

随着互联网技术的发展以及智能终端的普及，现代人的生活越来越离不开网络。我们使用手机浏览网页资讯，在手机商城上进行网购，利用手机支付的方式进行付款等，这些操作都离不开网络。本章将从网络访问方式、数据解析、获取网络状态、JavaScript 与 Java 的交互等方面介绍 Android 网络通信编程。

9.1 网络访问方式

目前，手机已经变成互联网的终端，新的移动互联网时代已然到来。Android 开发过程中会有许多场合使用网络，Android SDK 提供了一些与网络有关的包，如表 9.1 所示。

表 9.1 网络包

包	描　述
java.net	该包提供与网络通信相关的类，包括流和数据包 socket、Internet 协议和常见 HTTP 处理。该包是一个多功能网络资源。Java 开发人员可以立即使用这个熟悉的包创建应用程序
java.io	该包虽然没有提供显示网络通信功能，但是仍然非常重要。该包中的类由其他 Java 包中提供的 socket 和连接使用。它们还用于与本地文件的交互
java.nio	该包包含表示特定数据类型缓冲区的类，适用于两个基于 Java 语言的端点之间的通信
org.apache.*	该包表示许多为 HTTP 通信提供精确控制和功能的包，可以将 Apache 视为流行的开源 Web 服务器
android.net	该包除核心 java.net.*类以外，包含额外的网络访问 socket 和 URI 类，后者被频繁用于 Android 应用程序开发，而不仅仅是传统的联网
android.net.http	该包包含处理 SSL 证书的类

Android 与服务器通信的方式一般有两种：HTTP 通信和 SOCKET 通信。接下来我们将对这两种通信方式进行详细的阐述。

9.1.1 HTTP 通信

首先，在了解 HTTP 通信之前，我们了解 HTTP。超文本传输协议(Hypertext Transfer Protocol，HTTP)是 Internet 的基础，同时也是手机上应用最广泛的通信协议之一。HTTP 工作在 TCP/IP 体系中的 TCP 上。它可以通过传输层的 TCP 在客户端和服务器之间进行传输数据以及数据之间的交互，格式如：http://host:port/path，“http”表示要通过 HTTP 来定位网络资源；“host”表示合法的 Internet 主机域名或者 IP 地址；“port”指定一个端口号，为空则使用缺省端口 80；“path”指定请求资源的 URI，例如输入：www.android.com，浏览器自动转换成：http://www.android.com/。

一个 HTTP 请求报文由请求行（request line）、请求头部（header）、空行和请求数据 4 个部分组成，图 9.1 给出了请求报文的一般格式。

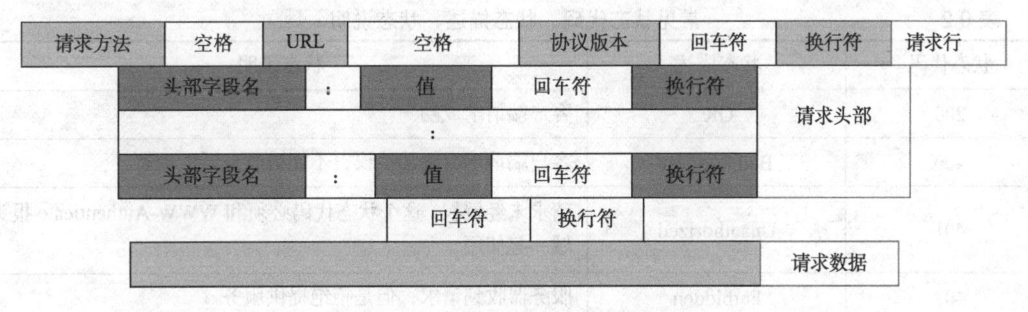

图 9.1　HTTP 请求报文的一般格式

（1）请求行

请求行由请求方法字段、URL 字段和 HTTP 版本字段 3 个字段组成，它们用空格分隔。例如：GET /index.html HTTP/1.0。

HTTP 的请求方法有 GET、POST、HEAD、PUT、DELETE、OPTIONS、TRACE、CONNECT。以下介绍最常用的 GET 方法和 POST 方法。

- GET 方法：当客户端要从服务器中读取文档时，使用 GET 方法。GET 方法要求服务器将 URL 定位的资源放在响应报文的数据部分，并回送给客户端。使用 GET 方法时，请求参数和对应的值附加在 URL 后面，利用一个问号（?）代表 URL 的结尾与请求参数的开始，传递参数长度有限制。例如：/index.jsp?id=100&op=bind。
- POST 方法：当客户端给服务器提供信息较多时，使用 POST 方法。POST 方法将请求参数封装在 HTTP 请求数据中，以键/值的形式出现，从而可以传输大量数据。

（2）请求头部

请求头部由关键字/值对组成，每行一对，关键字和值用英文冒号（:）分隔。请求头部通知服务器有关客户端请求的信息。典型的请求头部有：

- User-Agent：产生请求的浏览器类型。
- Accept：客户端可识别的内容类型列表。
- Host：请求的主机名，允许多个域名同处一个 IP 地址，即虚拟主机。

（3）空行

最后一个请求头部之后是一个空行，用来发送回车符和换行符，通知服务器以下不再有请求头部。

（4）请求数据

请求数据不在 GET 方法中使用，而是在 POST 方法中使用。POST 方法适用于需要客户填写表单的场合。与请求数据相关的最常使用的请求头部是 Content-Type 和 Content-Length。

一个 HTTP 响应报文由 3 个部分组成：状态行、消息报头、响应正文。其中状态行中包括的状态码如下所示。

- 1xx：指示信息（表示请求已接收，继续处理）。
- 2xx：成功（表示请求已被成功接收、理解、接受）。
- 3xx：重定向（要完成请求必须进行更进一步的操作）。
- 4xx：客户端错误（请求有语法错误或请求无法实现）。
- 5xx：服务器端错误（服务器未能实现合法的请求）。

表 9.2 为一些常见状态代码、状态描述、状态说明。

表 9.2　　常见状态代码、状态描述、状态说明

状态代码	状态描述	状态说明
200	OK	客户端请求成功
400	Bad Request	客户端请求有语法错误，不能被服务器所理解
401	Unauthorized	请求未经授权，这个状态代码必须和 WWW-Authenticate 报头域一起使用
403	Forbidden	服务器收到请求，但是拒绝提供服务
404	Not Found	请求资源不存在
500	InternalServerError	服务器发生不可预期的错误
503	Server Unavailable	服务器当前不能处理客户端的请求，一段时间后，可能恢复正常

其次，我们介绍 HTTP 连接。

在 HTTP 连接中，客户端每一次发送请求，服务器端都需要给予相应的响应，在当前请求结束之后，会主动释放本次连接。从建立连接到关闭连接的过程称为“一次连接”。在 HTTP 1.0 中，客户端的每次请求都要求建立一次单独的连接，在处理完本次请求后，就自动释放连接。而 HTTP 1.1 则可以在一次连接中处理多个请求，并且多个请求可以重叠进行，不需要等待一个请求结束后再发送下一个请求。

通过上述的介绍，我们可以知道，由于 HTTP 在每次请求结束后都会主动释放连接，因此 HTTP 连接是一种“短连接”“无状态”的连接。所以，客户端应用程序要想获取最新的网络数据，就需要客户端实时向服务器发起连接请求。此外，HTTP 连接使用的是“请求—响应”的方式（2 次握手），不仅在请求时需要建立连接，而且需要在客户端向服务器发出请求后，服务器端才能返回数据。

Android 应用程序经常会和服务器端交互，这就需要手机客户端发送网络请求。下面介绍 4 种常用网络请求方式。

（1）Get 方式请求

```
//发起请求的路径
String path = "http://reg.163.com/logins.jsp?id=helloworld&pwd=android";
//新建一个 URL 对象
URL url = new URL(path);
//打开一个 HttpURLConnection 连接
HttpURLConnection urlConn = (HttpURLConnection)url.openConnection();
//连接超时设置，比如设置时间为 5s
urlConn.setConnectTimeout(5 * 1000);
```

```
//执行连接操作
urlConn.connect();
//若请求成功，通过读取连接的数据流来获取返回的数据
if (urlConn.getResponseCode() == HTTP_200) {
    //readStream()方法为从 inputStream 中获得数据的自定义方法
    byte[] data = readStream(urlConn.getInputStream());
} else {
    Log.d(TAG_GET, "Get 方式请求失败");
}
//关闭本次连接
urlConn.disconnect();
```

使用 GET 方式请求时，请求参数和对应的值附加在 URL 后面。

（2）Post 方式请求

```
//发起请求的路径
String path = "http://reg.163.com/logins.jsp";
//将请求的参数进行了 UTF-8 编码，并转换成 byte 数组
String params = "id=" + URLEncoder.encode("helloworld", "UTF-8")
    + "&pwd=" + URLEncoder.encode("android", "UTF-8") ;
byte[] postData = params.getBytes();
//新建一个 URL 对象
URL url = new URL(path);
//打开一个 HttpURLConnection 连接
HttpURLConnection urlConn = (HttpURLConnection) url.openConnection();
//设置连接超时时间
urlConn.setConnectTimeout(5 * 1000);
//使用 Post 请求时，设置允许输出
urlConn.setDoOutput(true) ;
//在使用 Post 请求时，设置不能使用缓存
urlConn.setUseCaches(false)
//设置该请求为 Post 请求
urlConn.setRequestMethod("POST");
urlConn.setInstanceFollowRedirects(true);
//配置请求 Content-Type
urlConn.setRequestProperty("Content-Type",
    "application/x-www-form-urlencode");
//执行连接操作
urlConn.connect();
//发送请求的参数
DataOutputStream dos = new DataOutputStream(urlConn.getOutputStream());
dos.write(postData);
dos.flush();
dos.close();
//若请求成功，通过读取连接的数据流来获取返回的数据
if (urlConn.getResponseCode() == HTTP_200) {
//readStream()方法为从 inputStream 中获得数据的自定义方法
```

```
    byte[] data = readStream(urlConn.getInputStream());
} else {
    Log.i(TAG POST, "Post 方式请求失败");
}
//关闭连接
urlConn.disconnect();
```

使用 Post 方式请求时，请求参数封装在 HTTP 请求数据中。

（3）HttpGet 方式请求

```
//发起的请求路径
String path = "http://reg.163.com/logins.jsp?id=helloworld&pwd=android";
//新建一个 HttpGet 对象
HttpGet httpGet = new HttpGet(path);
//获取 HttpClient 对象及 HttpResponse 实例
HttpClient httpClient = new DefaultHttpClient();
HttpResponse httpResp = httpClient.execute(httpGet);
//判断请求是否成功，若成功则获取返回的数据
if (httpResp.getStatusLine().getStatusCode() == HTTP_200) {
    String result = EntityUtils.toString(httpResp.getEntity(), "UTF-8");
} else {
    Log.i(TAG HTTPGET, "HttpGet 方式请求失败");
}
```

（4）HttpPost 请求

```
//发起的请求路径
String path = "http://reg.163.com/logins.jsp";
//新建一个 HttpPost 对象
HttpPost httpPost = new HttpPost(path);
//配置 Post 请求参数
List<NameValuePair> params = new ArrayList<NameValuePair>();
params.add(new BasicNameValuePair("id", "helloworld"));
params.add(new BasicNameValuePair("pwd", "android"));
//设置字符集
HttpEntity entity = new UrlEncodedFormEntity(params, HTTP.UTF_8);
//设置参数实体
httpPost.setEntity(entity);
//获取 HttpClient 对象及 HttpResponse 实例
HttpClient httpClient = new DefaultHttpClient();
HttpResponse httpResp = httpClient.execute(httpPost);
//判断请求是否成功，若成功则获取返回的数据
if (httpResp.getStatusLine().getStatusCode() == HTTP_200) {
    String result = EntityUtils.toString(httpResp.getEntity(), "UTF-8");
} else {
    Log.i(TAG HTTPPOST, "HttpPost 方式请求失败");
}
```

此外，要想进行网络通信，还需要在 AndroidManifest.xml 中配置权限：<uses-permission

android:name="android.permission.INTERNET" />。

9.1.2　Socket 通信

在介绍 Socket 通信之前，我们先了解 Socket 连接。要想明白 Socket 连接，则先要明白 TCP 连接。手机能够使用联网功能是因为手机底层应用了 TCP/IP，可以使手机终端通过无线网络建立 TCP 连接。TCP 可以对上层网络提供接口，使上层网络数据的传输建立在“无差别”的网络之上。

首先，建立一个 TCP 连接需要经过“三次握手”。

第一次握手：客户端发送 syn 包(syn=j)到服务器，并进入 SYN_SEND 状态，等待服务器确认；

第二次握手：服务器收到 syn 包，必须确认客户的 SYN（ack=j+1），同时自己发送一个 SYN 包（syn=k），即 SYN+ACK 包，此时服务器进入 SYN_RECV 状态；

第三次握手：客户端收到服务器的 SYN + ACK 包，向服务器发送确认包 ACK(ack=k+1)。此包发送完毕，客户端和服务器进入 ESTABLISHED 状态，完成三次握手。

图 9.2 所示为三次握手的过程。

握手过程中传送的包里不包含数据，三次握手完毕后，客户端与服务器才正式开始传送数据。理想状态下，TCP 连接一旦建立，在通信双方中的任何一方主动关闭连接之前，TCP 连接都将被一直保持下去。断开连接时，服务器和客户端均可以主动发起断开 TCP 连接的请求。

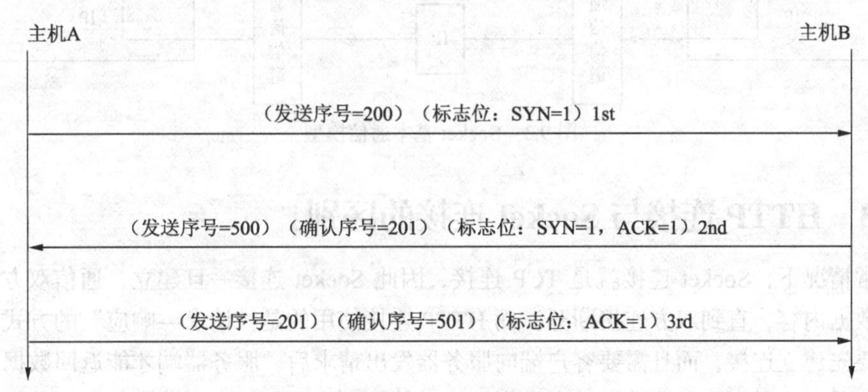

图 9.2　三次握手过程

套接字（Socket）是通信的基石，是支持 TCP/IP 的网络通信的基本操作单元。它是网络通信过程中端点的抽象表示，包含进行网络通信必需的五种信息：连接使用的协议、本地主机的 IP 地址、本地进程的协议端口、远程主机的 IP 地址、远程进程的协议端口。

应用层通过传输层进行数据通信时，TCP 会遇到同时为多个应用程序进程提供并发服务的问题。多个 TCP 连接或多个应用程序进程可能需要通过同一个 TCP 端口传输数据。为了区别不同的应用程序进程和连接，许多计算机操作系统为应用程序与 TCP / IP 交互提供了套接字（Socket）接口。通过 Socket 接口，应用层可以和传输层，区分来自不同应用程序进程或网络连接的通信，实现数据传输的并发服务。

建立 Socket 连接至少需要一对套接字，其中一个运行于客户端，称为 ClientSocket；另一个运行于服务器端，称为 ServerSocket。

套接字之间的连接过程分为三个步骤：服务器监听、客户端请求、连接确认。

（1）服务器监听：服务器端套接字并不定位具体的客户端套接字，而是处于等待连接的状态，实时监控网络状态，等待客户端的连接请求。

（2）客户端请求：指客户端的套接字提出连接请求，要连接的目标是服务器端的套接字。为此，客户端的套接字必须首先描述它要连接的服务器的套接字，指出服务器端套接字的地址和端口号，然后向服务器端套接字提出连接请求。

（3）连接确认：当服务器端套接字监听到或者接收到客户端套接字的连接请求时，就响应客户端套接字的请求，建立一个新的线程，把服务器端套接字的描述发给客户端。一旦客户端确认了此描述，双方就正式建立连接。而服务器端套接字继续处于监听状态，继续接收其他客户端套接字的连接请求。

Socket 基本通信模型如图 9.3 所示。

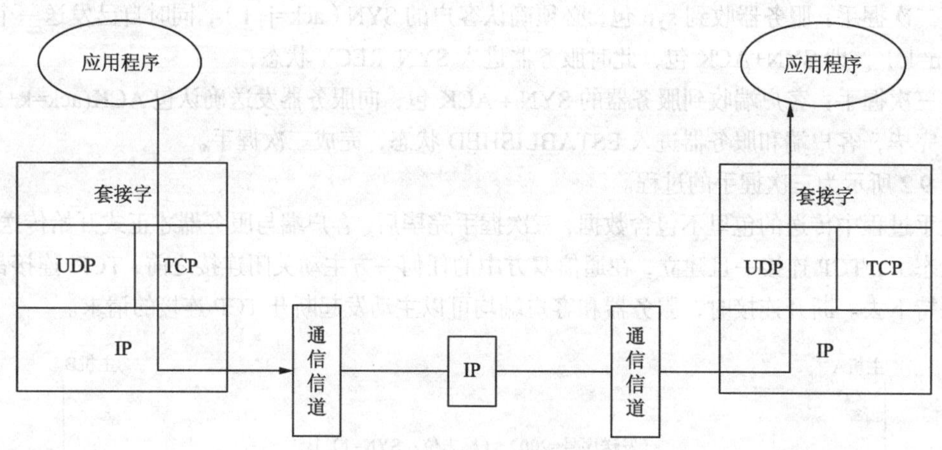

图 9.3　Socket 基本通信模型

9.1.3　HTTP 连接与 Socket 连接的区别

在通常情况下，Socket 连接就是 TCP 连接，因此 Socket 连接一旦建立，通信双方即可开始相互发送数据内容，直到双方连接断开。而 HTTP 连接使用的是“请求—响应”的方式，不仅在请求时需要先建立连接，而且需要客户端向服务器发出请求后，服务器端才能返回数据。

很多情况下，需要服务器端主动向客户端推送数据，从而保持客户端与服务器数据的实时与同步。此时若双方建立的是 Socket 连接，服务器就可以直接将数据传送给客户端；若双方建立的是 HTTP 连接，则服务器需要等到客户端发送一次请求后才能将数据传回给客户端。

9.1.4　案例分析

我们以本书综合案例的联网请求话题数据为例，进一步讲述 HTTP 通信机制。接下来我们将详细地描述本次话题请求的全过程。

首先，在请求话题之前，我们需要设置请求话题的参数，包括用户名、密码、随机号、请求类型、请求参数，代码如下。

```
ClientApplication capp = (ClientApplication) this.getApplication() ;
     SharedPreferences shared = capp.getLoginUserInfo();
     RequestParam sp = new RequestParam();
     sp.setUserName(shared.getString(RequestParam.USER_NAME, ""));
     sp.setPassword(shared.getString(RequestParam.PASSWORD, ""));
     sp.setRandomKey("1234");
     sp.setRequestType(size == 0 ? RequestParam.GET_ALL_TOPIC :
```

```
    RequestParam. GET_ NEW_TOPIC)  ;
  sp.setParams(new String[] {String.valueOf(size)});
```

上述代码中的“SharedPreferences shared = capp.getLoginUserInfo()”，“SharedPreferences”中保存着用户的登录信息，从中可以获取登录用户的用户名及密码。

其次，在设置好请求话题的参数之后，我们采用异步处理的机制，另开一个线程执行请求话题的任务，相关代码如下。

```
public class ReadTask extends AsyncTask<RequestParam, Integer, Integer>{
      ProgressDialog dialog;
        //展示一个正在请求的对话框

        @Override
        protected void onPreExecute() {
            dialog = ProgressDialog.show(BroadCastActivity.this,
                                            "",
                                            getText(R.string.waiting));
            super.onPreExecute();
        }
        //执行请求话题的任务
        @Override
        protected Integer doInBackground(RequestParam... params) {
            //判断网络是否连接成功
            if(!HttpClient.isConnect(BroadCastActivity.this)) {
                return -1;
            }
            RequestParam requestParam = params[0];
            //通过 request(requestParam.getJSON())方法向服务请求话题
            String res = Request.request(requestParam.getJSON());
            if ("".equals(res)) {
                return -1;
            }
            try {
                //对请求的 json 格式的话题数据进行解析
                GetAllTopicResponseParam response = new GetAllTopicResponseParam(res);
                System.out.println("返回参数: "+response.toString());
                if (response.getResult() != GetAllTopicResponseParam.RESULT_ SUCCESS){
                    return -1;
                }
                //把获取的话题插入数据库
                insertToDataBase(response.getAllTopic());
            } catch (JSONException e) {
                e.printStackTrace();
            }
            return 0;
        }


        @Override
        protected void onPostExecute(Integer result) {
            dialog.dismiss();
            if(result != ResponseParam.RESULT_SUCCESS) {
                Toast.makeText(BroadCastActivity.this, " read toipc done", 0).show();
```

```
            }
            loadData();
            super.onPostExecute(result);
        }
    }
```

在 doInBackground(RequestParam... params)方法中，params 为前面我们设置的请求话题的参数，通过 request(requestParam.getJSON())方法，我们可以获取本次请求的话题的具体内容，此时的返回内容为 json 格式。

下面为 request(requestParam.getJSON())方法的具体代码。

```
package com.androidbook.client.network;

import java.io.IOException;
import java.net.ProtocolException;
import java.net.URL;
import java.net.URLEncoder;
import org.json.JSONException;
import org.json.JSONObject;
import com.androidbook.client.application.ClientApplication;
import android.util.Log;

public class Request {

    private static final int CONNECTTIMEOUT = 60000;

    private static final int READTIMEOUT = 20000;

    /**
     * 访问服务器<br/>
     * 没有做是否联网的判断。但是可以用于 Wi-Fi、Wap、Net
     * @param json 表示手机客户端请求 json
     * @return ""表示访问失败，成功则返回对应的 json 字符串
     */
    public static String request( String json ) {
        //判断是否为 json 字符串
        try {
            new JSONObject( json );
        } catch ( JSONException e ) {
            Log.e( "Request", "不是 json 数据", e );
            return "";
        }
        byte[] response = null;
        try {

            URL url = new URL(
                    ClientApplication.HTTP,
                    ClientApplication.IP_ADDRESS,
                    ClientApplication.PORT,
                    ClientApplication.FILE );
            response = HttpClient.connect(
                    url,
                    HttpClient.HTTP_POST,
```

```
                    "requestParam=" + URLEncoder.encode( json, "utf-8" ),
                    Request.CONNECTTIMEOUT,
                    Request.READTIMEOUT,
                    null );
        } catch (NullPointerException e) {
            e.printStackTrace();
        } catch (ProtocolException e) {
            e.printStackTrace();
        } catch (IOException e) {
            e.printStackTrace();
        }

        try {
            String res = new String( response, "utf-8" );
            return res.trim();
        } catch ( Exception e ) {
            Log.e( "Request", "访问失败", e );
            return "";
        }
    }
}
```

在上述代码中，通过采用 HttpClient.connect(url, HttpClient.HTTP_POST, "requestParam="+ URLEncoder.encode(json, "utf-8"),Request.CONNECTTIMEOUT, Request.READTIMEOUT, null) 方法，我们可以向服务器发起请求，从而获取话题的数据。该方法的具体代码如下。

```
package com.androidbook.client.network;

import java.io.BufferedInputStream;
import java.io.BufferedOutputStream;
import java.io.ByteArrayOutputStream;
import java.io.IOException;
import java.net.HttpURLConnection;
import java.net.InetSocketAddress;
import java.net.ProtocolException;
import java.net.Proxy;
import java.net.URL;
import java.util.HashMap;
import java.util.Iterator;
import java.util.Map.Entry;

import android.content.Context;
import android.net.ConnectivityManager;
import android.net.NetworkInfo;
import android.util.Log;

public class HttpClient {
    public static final String HTTP_POST = "POST";
    public static final String HTTP_GET  = "GET";
    public static byte[] connect(
            URL url,
            String method,
            String postParam,
            int connectTimeout,
```

```
        int readTimeout,
        )
    throws NullPointerException, IOException, ProtocolException {

    //创建连接
    HttpURLConnection connection = null;
    connection = (HttpURLConnection) url.openConnection();
    //设置属性
    connection.setConnectTimeout( connectTimeout );
    connection.setReadTimeout( readTimeout );
    connection.setDoInput( true );
    connection.setDoOutput( true );
    connection.setRequestMethod( method );
    connection.setRequestProperty( "Accept-Charset", "utf-8" );
    connection.setRequestProperty("Content-Type",
        "application/x-www-form-urlencoded");
    //如果是 post 方式传入参数，则处理
    if( method == HttpClient.HTTP_POST && postParam != null ) {
        BufferedOutputStream out = new BufferedOutputStream(
            connection.getOutputStream(), 8192 );
        System.out.println( "post 参数：" + postParam );
        out.write( postParam.getBytes( "utf-8" ) );
        out.flush();
        out.close();
    }
    ByteArrayOutputStream outStream = new ByteArrayOutputStream();
    int result = connection.getResponseCode();

    //判断是否连接成功
    if ( result == 200 ) {
        //如果连接成功则读取内容
        BufferedInputStream  inStream = new BufferedInputStream(
            connection.getInputStream(), 8192 );
        byte[] buffer = new byte[1024];
        int len = -1;
        while( ( len = inStream.read( buffer ) ) != -1 ) {
            outStream.write(buffer, 0, len);
        }
        inStream.close();
    }
    outStream.close();
    connection.disconnect();
    return outStream.toByteArray();
  }
}
```

这样，我们通过 HTTP 中的 Post 请求方式，完成了一次完整的话题请求。由于从服务器端请求的话题数据是 json 格式的，所以我们需要对该 json 格式的话题数据进行解析，并把解析后的数据显示到相应的布局上，展示给用户。

9.2 数据解析

Android 应用程序有各种各样的数据格式。如何把这些不同格式的数据生动地展现在用户面前,这就需要我们对不同的数据格式进行解析。接下来我们将主要介绍两种数据解析的方法:JSON 格式解析、SAX 方式解析。

9.2.1 JSON 格式解析

JSON（JavaScript Object Notation）是一种轻量级的数据交换格式。JSON 采用完全独立于语言的文本格式，也保留了类似于 C 语言家族的习惯（包括 C、C++、C#、Java、JavaScript、Perl、Python 等）。这些特性使 JSON 成为理想的数据交换语言，其易于人阅读和编写，同时也易于机器解析和生成。

JSON 数据是一系列键值对的集合，已经被大多数开发人员接受，在网络数据传输当中应用非常广泛。它相对于 XML 解析更加好用。

Android 的 JSON 解析部分都在 org.json 包中。下面主要介绍该包下的 JSONObject 和 JSONArray 两个类。

JSONObject 类：JSON 中对象(Object)以“{”开始，以“}”结束。对象中的每一个 item 都是一个键值对，表现为“key:value”的形式。键值对之间使用逗号（英文状态）分隔。代码如下所示。

```
{
"name":"coolxing",
"age":24,
"male":true,
"address":{
        "street":"huiLongGuan",
        "city":"beijing",
        "country":"china"
    }
}
```

JSON 对象的 key 只能是 String 类型的，而 value 可以是 String、Number、Boolean、null、Object 对象，甚至是 Array 数组，也就是说可以存在嵌套的情况。

JSONArray 类：JSON 数组(Array)以“[”开始，以“]”结束，数组中的每一个元素可以是 String、Number、Boolean、null、Object 对象，甚至是 Array 数组，数组间的元素使用逗号（英文状态）分隔,如下代码所示。

```
[
    "coolxing", 24,
    {
        "street":"huiLongGuan",
        "city":"beijing",
        "country":"china"
    }
]
```

在熟悉了 JSON 数据格式之后，我们接下来将创建一个 JSON 文本。假设现在要创建这样一个 JSON 文本。

```
{
  "phone" : ["12345678"],         //数组
  "name" : "xxx",                 //字符串
  "age" : 100,                    //数值
"address" : {
          "country" : "china",
          "province" : "jiangsu"
          },                      //对象
  "married" : false               //布尔值
}
```

下面为创建上述 JSON 文本的基本思路。

（1）如果最外层是{}，那么要求创建一个对象。

（2）第一个键"phone"的值是数组，所以需要创建数组对象。

（3）把键为"phone""name""age"的值加入 person 对象。

（4）键 address 的值是对象，所以又要创建一个对象。

（5）把键为"address""married"的值加入 person 对象。

相关代码如下。

```
//创建一个对象
JSONObject person = new JSONObject();
//创建数组对象
JSONArray phone = new JSONArray();
phone.put("12345678");
person.put("phone", phone);
person.put("name", "xxx");
person.put("age", 100);
//创建一个对象
JSONObject address = new JSONObject();
address.put("country", "china");
address.put("province", "jiangsu");
person.put("address", address);
person.put("married", false);
```

这样我们就创建了一个 JSON 文本。在获取 JSON 文本之后，我们将如何对上述 JSON 数据进行解析？

以下为解析 JSON 数据的基本思路。

（1）获取 JSON 内容。

（2）第一个值为数组，所以先获取数组。

（3）解析 person 对象中键为"phone"的值。

（4）解析 person 对象中键为"name" "age"的值。

（5）第四个值为对象，所以先获取对象，之后进行键为"country" "province" "married"的解析。

```
JSONObject object = new JSONObject( person.toString() );
JSONArray  array = object.getJSONArray( "phone" );
```

```
String phonenum = array.get(0);
String name = object.getString("name" );
int age = object.getInt("age" );
JSONObject object1 = object.getJSONObject("address" );
String country = object1.getString("country" );
String province = object1.getString("province" );
Boolean married = object.getBoolean("married" );
```

如上所示，我们就完成了 JSON 数据的解析，所获取的数据可以直接存储并进行显示。

有时候获取的 JSON 数据比较复杂，如数组中又含有多个对象，此时我们可以通过以下方法来把数组中的对象依次进行解析。

```
JSONObject object = new JSONObject( phone.toString() );
JSONArray  array = object.getJSONArray( "phone" );
List<HashMap<String , Object>> list = new ArrayList<HashMap<String,Object>();
for(int i = 0; i<array.length();i++){
    //创建 json 对象
    JSONObject object2 = array.getJSONObject( i );
    String country = object2.getString("country" );
    String province = object2.getString("province" );
    HashMap<String , Object> map = new HashMap<String , Object>();
    map.put("country", country);
    map.put("province", province);
    list.add(map);
}
```

9.2.2　SAX 方式解析

在 Android 开发中，经常会解析 xml 文件。常见的解析 xml 的方式有三种：SAX、Pull、Dom。下面对 Android 解析 xml 的三种方式之一——SAX 方式进行详细的介绍。

SAX（Simple API for XML）是基于事件驱动的。Android 的事件机制是基于回调函数的，在用 SAX 解析 xml 文档时，在读到文档开始和结束标签时就会回调一个事件，在读到其他节点与内容的时候也会回调一个事件。

既然涉及事件，就有事件源和事件处理器。在 SAX 接口中，事件源是 org.xml.sax 包中的 XMLReader，它通过 parser()方法来解析 XML 文档，并产生事件。事件处理器是 org.xml.sax 包中 ContentHander、DTDHander、ErrorHandler 以及 EntityResolver 这 4 个接口。

XMLReader 通过相应事件处理器注册方法 setXXXX()来完成与 ContentHander、DTDHander、ErrorHandler 以及 EntityResolver 这 4 个接口的连接，详细内容如表 9.3 所示。

表 9.3　　事件处理器

处理器名称	处理事件	XMLReader 注册方法
ContentHandler	与文档内容有关的时间。 （1）文档的开始与结束； （2）XML 元素的开始与结束； （3）可忽略的实体； （4）名称空间前缀映射开始和结束； （5）处理指令； （6）字符数据和可忽略的空格	setContentHandler(ContentHandler.h)

续表

处理器名称	处理事件	XMLReader 注册方法
ErrorHandler	处理 XML 文档时产生的错误	setErrorHandler(ErrorHandler.h)
DTDHandler	处理对文档的 DTD 进行解析时产生的相应事件	setDTDHandler(DTDHandler.h)
EntityResolver	处理外部实体	setEntityResolver(EntityResolver.r)

但是我们无需都继承这 4 个接口，SDK 为我们提供了 DefaultHandler 类来处理回调问题。DefaultHandler 类的一些主要事件回调方法如表 9.4 所示。

表 9.4　　　　DefaultHandler 类中的回调方法

方法名称	含　义
SetDocumentLocator(Locator locator)	设置一个可以定位文档内容时间事件发生位置的定位对象
startDocument()	用于处理文档解析开始时间
startElement(String uri, String localName,String qName,Attributes atts)	处理元素开始时间，从参数中可以获取元素所在空间的 URL、元素名称、属性列表等信息
Characters(char [] ch,int start,int length)	处理元素的字符内容，从参数中可以获得内容
endElement(String uri,String localName,String qName)	处理元素结束事件，从参数中可以获得元素所在空间的 URL、元素名称等信息
endDocument()	用于处理文档解析的结束事件

另外，SAX 解析器提供了一个工厂类：SAXParserFactory，SAX 的解析类为 SAXParser，可以调用它的 parser()方法进行解析。

由以上内容可知，我们需要 XmlReader 以及 DefaultHandler 来配合解析一个 xml 文档，具体解析思路如下。

（1）创建 SAXParserFactory 对象。

（2）根据 SAXParserFactory.newSAXParser()方法返回一个 SAXParser 解析器。

（3）根据 SAXParser 解析器获取事件源对象 XMLReader。

（4）实例化一个 DefaultHandler 对象。

（5）连接事件源对象 XMLReader 到事件处理类 DefaultHandler 中。

（6）调用 XMLReader 的 parse()方法从输入源中获取到的 xml 数据。

（7）通过 DefaultHandler 返回我们需要的数据集合。

相关代码如下。

```
public List<River> parse(String xmlPath){
    List<River> rivers=null;
    SAXParserFactory factory=SAXParserFactory.newInstance();
    try {
        SAXParser parser=factory.newSAXParser();
        //获取事件源
        XMLReader xmlReader=parser.getXMLReader();
```

```
        //设置处理器
        RiverHandler handler=new RiverHandler();
        xmlReader.setContentHandler(handler);
        //解析 xml 文档
        xmlReader.parse(new InputSource(new URL(xmlPath).openStream()));
        xmlReader.parse(new InputSource(this.context.getAssets().open(xmlPath)));
        rivers=handler.getRivers();
    } catch (ParserConfigurationException e) {
        // TODO 自动生成的 catch 块
        e.printStackTrace();
    } catch (SAXException e) {
        // TODO 自动生成的 catch 块
        e.printStackTrace();
    } catch (IOException e) {
        e.printStackTrace();
    }
    return rivers;
}
```

SAX 方式解析数据时，重点在 DefaultHandler 对象中对每一个元素节点、属性、文本内容、文档内容进行处理。

前面说过，DefaultHandler 是基于事件处理模型的，基本处理方式是：当 SAX 解析器导航到文档开始标签时回调 startDocument()方法，导航到文档结束标签时回调 endDocument()方法。当 SAX 解析器导航到元素开始标签时回调 startElement()方法，导航到其文本内容时回调 characters()方法，导航到标签结束时回调 endElement()方法。

根据以上解释，我们可以得出如下处理 xml 文档的逻辑。

（1）当导航到文档开始标签时，在回调函数 startDocument 中，可以不做处理，当然可以验证 UTF-8 等。

（2）当导航到 rivers 开始标签时，在回调函数 startElement()中，可以实例化一个集合用来存贮 list。不过我们这里不用，因为在构造函数中已经实例化了。

（3）导航到 river 开始标签时，就说明需要实例化 River 对象了。当然，river 标签中还有 name、length 属性，因此实例化 River 后还必须取出属性值 attributes.getValue(NAME)。同时赋予 river 对象中，并为导航到的 river 标签添加一个 boolean 为“true”的标识，用来说明导航到了 river 元素。

（4）有的 river 标签内还有子标签（节点），但是 SAX 解析器是不知道导航到什么标签的，它只懂得开始、结束而已。那么如何让它认得我们的各个标签呢？这就需要判断。此处使用回调函数 startElement()中的参数 String localName，把我们的标签字符串与这个参数比较一下即可。我们还必须让 SAX 知道，现在导航到的是某个标签，因此添加一个“true”属性让 SAX 解析器知道。

（5）当然它一定会导航到结束标签</river> 或者</rivers>，如果是</river>标签，记得把 river 对象添加进 list。如果是 river 中的子标签</introduction>，就把前面的设置标记导航到这个标签的 boolean 标记设置为“false”。

按照以上实现思路，可以实现如下代码。

当导航到开始标签时，触发以下方法。

```
    public void startElement (String uri, String localName, String qName, Attributes
attributes){
```

```
        String tagName=localName.length()!=0?localName:qName;
        tagName=tagName.toLowerCase().trim();
        //如果读取的是 river 标签开始节点，则实例化 River
        if(tagName.equals(RIVER)){
            isRiver=true;
            river=new River();
            //当导航到 river 开始节点后
            river.setName(attributes.getValue(NAME));
            river.setLength(Integer.parseInt(attributes.getValue(LENGTH)));
        }
        //读取其他节点
        if(isRiver){
            if(tagName.equals(INTRODUCTION)){
                xintroduction=true;
            }else if(tagName.equals(IMAGEURL)){
                ximageurl=true;
            }
        }
    }
```

当导航到结束标签时，触发以下方法。

```
    public void endElement (String uri, String localName, String qName){
        String tagName=localName.length()!=0?localName:qName;
        tagName=tagName.toLowerCase().trim();
        //如果读取的是 river 标签结束节点，则把 River 添加进集合
        if(tagName.equals(RIVER)){
            isRiver=true;
            rivers.add(river);
        }
        //然后读取其他节点
        if(isRiver){
            if(tagName.equals(INTRODUCTION)){
                xintroduction=false;
            }else if(tagName.equals(IMAGEURL)){
                ximageurl=false;
            }
        }
    }
```

当读取到节点内容时，进行回调的方法如下。

```
    public void characters (char[] ch, int start, int length){
        //设置属性值
        if(xintroduction){
        //解决 null 问题
            river.setIntroduction(river.getIntroduction()==null?"":
            river.getIntroduction()+new String(ch,start,length));
        }else if(ximageurl){
        //解决 null 问题
            river.setImageurl(river.getImageurl()==null?"":river.getImageurl()+new
String(ch,start,length));
        }
    }
```

在介绍了 SAX 解析 xml 文档的详细步骤之后，我们新建一个工程来进一步掌握 SAX 是如何解析 xml 的。

（1）创建 Android 工程 SAX，该工程的文件结构如图 9.4 所示。

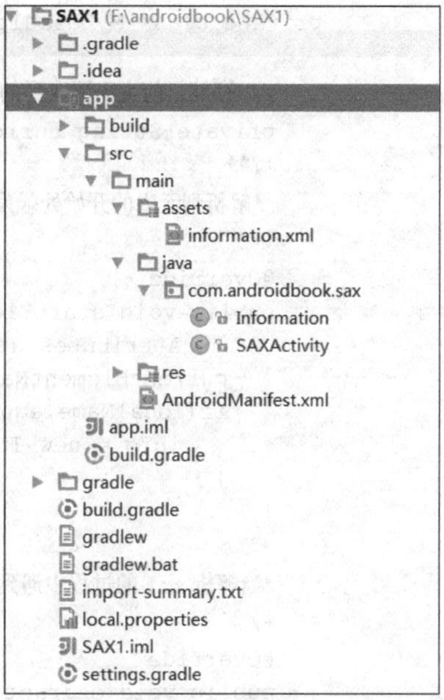

SAX1 (F:\androidbook\SAX1)
.gradle
.idea
app
build
src
main
assets
information.xml
java
com.androidbook.sax
Information
SAXActivity
res
AndroidManifest.xml
app.iml
build.gradle
gradle
build.gradle
gradlew
gradlew.bat
import-summary.txt
local.properties
SAX1.iml
settings.gradle

图 9.4　工程 SAX 的文件结构

（2）主 Activity 的代码在 SAXActivity.java 中，核心代码如下。

```
package com.androidbook.sax;
import java.io.InputStream;
import java.util.ArrayList;
import javax.xml.parsers.SAXParser;
import javax.xml.parsers.SAXParserFactory;
import org.xml.sax.Attributes;
import org.xml.sax.SAXException;
import org.xml.sax.helpers.DefaultHandler;
import android.app.Activity;
import android.content.res.AssetManager;
import android.os.Bundle;
import android.util.Log;
import android.widget.TextView;

public class SAXActivity extends Activity {

    private ArrayList<Information> list = new ArrayList<Information>();
    private Information info = new Information();

    @Override
    public void onCreate(Bundle savedInstanceState) {
        super.onCreate(savedInstanceState);
        setContentView(R.layout.main);
        //创建 SAXParserFactory 对象
        SAXParserFactory factory = SAXParserFactory.newInstance();
        try {
            //获取 SAXParser 解析器
            SAXParser parser = factory.newSAXParser();
            //从 assets 中获取 xml 文本
            AssetManager asset = null;
            asset = getAssets();
            InputStream input = asset.open("information.xml");
            //解析 xml 文档
            parser.parse(input, new MyDefaultHandler());
            String result = "";
            for(Information info: list){
                result = info.toString();
            }
            TextView textView = (TextView) findViewById(R.id.textView);
            textView.setText(result);

        } catch (Exception e) {
            e.printStackTrace();
        }

    }
```

```
    private class MyDefaultHandler extends DefaultHandler {

        // 存储目前为止读取到的最后一个 element 的 localName
        private String currentElementName = "";
        /**
         *解析到元素的开始处触发
         */
        @Override
        public void startElement(String uri, String localName, String qName,
                Attributes attributes) throws SAXException {
            currentElementName = localName;
            if(localName.equals("info")){
                info = new Information();
            }
        }
        /**
        *当解析 xml 的过程中遇到文本内容时会执行
        */
        @Override
        public void characters(char[] ch, int start, int length)
                throws SAXException {
            Log.i("currentElementName", currentElementName);
            String textContent = new String(ch, start, length);
            if(currentElementName.equals("name")&&
                textContent!=null&&!textContent.trim().equals("")){
                Log.i("textContent name", textContent);
                info.setName(textContent);
            }
            if(currentElementName.equals("age")&&
                textContent!=null&&!textContent.trim().equals("")){
                Log.i("textContent age", textContent);
                info.setAge(textContent);
            }
        }
        /**
         *解析到 xml 文档的末尾时触发
         */
        @Override
        public void endDocument() throws SAXException {
        }

        /**
         * 解析到元素的末尾时触发
         */
        @Override
        public void endElement(String uri, String localName, String qName)
                throws SAXException {
            if(localName.equals("info")){
                list.add(info);
                Log.i("info", info.toString());
            }
        }

    }
}
```

在上述代码中，解析到元素的开始处触发 startElement (String uri, String localName, String qName, Attributes attributes)方法。其中，uri：Namespace 值为用户没有明确指定以及当命名空间没有被使用时为 null；localName：element 的名称，或者叫标签的名称，如<name>中的 name 就是 localName；qName 和 localName 的唯一区别是，当标签有 namespace 时，该值返回的数据为全限定名称，如<chen:name>中，localName 为 name，qName 为 chen:name；attributes：元素包含的属性对象。如果没有属性，则返回一个空的属性对象。

当解析 xml 过程中遇到文本内容时会执行 characters (char ch[], int start, int length)方法。其中"ch[]"中存放的是整个 xml 文件的字符串的数组形式；start 是当前解析的文本在整个 xml 字符串文件中的开始位置；length 是当前解析的文本内容的长度。综上可知，我们可以通过 new String(ch,start,length)方法来获取正解析的文本内容。

Information 类的代码如下。

```
package com.androidbook.sax;
public class Information {
    String name;
    String age;
    public String getName() {
        return name;
    }
    public void setName(String name) {
        this.name = name;
    }
    public String getAge() {
        return age;
    }
    public void setAge(String age) {
        this.age = age;
    }
    @Override
    public String toString() {
        return "个人资料 [年龄=" + getAge() + ", 姓名=" + getName() + "]";
    }
}
```

assets 中的 information.xml 文本如下。

```
<?xml version="1.0" encoding="UTF-8"?>
<information>
    <info>
        <name>xxx</name>
        <age>23</age>
    </info>
</information>
```

该工程最终运行效果如图 9.5 所示。

图 9.5　运行效果

9.2.3　案例分析

现在我们对本书综合案例联网请求后的话题数据进行 JSON 格式的解析。请求到本地的话题数据的 JSON 格式如下。

```
{
```

```
    "result":"数字"
    "requestType":" GetNewTopic",
    "content": [
        {
            "topicID":"xxx",
            "topicUID":"xxx",
            "topicContent":"xxx",
            "topicTime":"xxx",
            "topicName":"xxx",
            "topicPhoto":"xxx"
        }
    ]
}
```

上述 JSON 数据中，result 表示请求成功与否，若为 0，则请求成功；若为 1，则请求失败。requestType 表示本次请求的类型，这里表示的类型为请求新话题（GetNewTopic）。content 表示请求的具体内容，这里表示请求新话题的具体内容，包括 ID、内容、发布时间等。

以下代码为对上述 JSON 数据的解析。

```
项目名: com.androidbook.client
案例: 对请求的新话题 JSON 数据进行解析
源代码位置: com.androidbook.client.network.mode.ResponseParam
/**
 * 解析返回参数
 *
 */
public class ResponseParam {

    //返回 json 中的标识
    private static final String RESULT = "result";
    private static final String RESPONSE_TYPE = "requsetType";
    protected static final String CONTENT = "content";
    protected JSONObject jsonObject;

    public ResponseParam( String responseJson ) throws JSONException {
        //responseJson 为获取的 JSON 格式的话题内容
        try {
            this.jsonObject = new JSONObject( responseJson );
        } catch ( JSONException e ) {
            throw e;
        }
    }

    @Override
    public String toString() {
        return "ResponseParam [jsonObject=" + this.jsonObject
            + ", getContent()=" + this.getContent() + ", getRequestType()="
                + this.getRequestType() + ", getResult()=" + this.getResult()
                + ", getClass()=" + this.getClass() + ", hashCode()="
                + this.hashCode() + ", toString()=" + super.toString() + "]";
```

```
    }

    public int getResult() {
        try {
            return this.jsonObject.getInt( RESULT );
        } catch (JSONException e) {
            e.printStackTrace();
            return ResponseParam.RESULT SERVER ERROR;
        }
    }
    public String getRequestType() {
        try {
            return this.jsonObject.getString( RESPONSE_TYPE );
        } catch (JSONException e) {
            e.printStackTrace();
            return "";
        }
    }
    public String getContent() {
        try {
            return this.jsonObject.getString( CONTENT );
        } catch (JSONException e) {
            e.printStackTrace();
            return "";
        }
    }
}
```

上述代码中，getResult()方法中 this.jsonObject.getInt(RESULT)为通过 JSON 解析之后获取的返回值，若值为 0，则表明服务器返回结果成功。getRequestType()方法 this.jsonObject.getString(RESPONSE_TYPE)为通过 JSON 解析之后获取的请求类型，若返回 GetNewTopic，则本次请求为获取新话题。getContent()方法中 this.jsonObject.getString(CONTENT)为通过 JSON 解析之后获取的具体的信息内容，由于 content 的值为数组，而且不同类型返回的 content 的内容各不相同，所以在这里我们可以通过继承 ResponseParam 类来获取 JSON 解析后的 content 数组，下一步在该类中对 content 数组进行解析来获取对应的信息的具体内容。以下代码为解析新话题的 content 中的话题信息。

```
项目名：com.androidbook.client
案例：对请求的新话题 JSON 格式下的 content 内容进行解析
源代码位置：com.androidbook.client.network.mode.TopicResponseParam
package com.androidbook.client.network.mode;
import org.json.JSONArray;
import org.json.JSONException;
import org.json.JSONObject;

/**
 * 解析 GetNewTopic、GetAllTopic 请求的返回数据
 *
 */
public class TopicResponseParam extends MsgResponseParam {
```

```
    private JSONArray array;

    private JSONObject nextObject;

    /**
     * 数组的长度
     */
    private int length;

    /**
     * 遍历数组时的下标
     */
    private int currentIndex;

    public TopicResponseParam(String responseJson) throws JSONException {
        super(responseJson);
        //获取成功返回的json字符串内容（content）
        if( super.getResult() == ResponseParam.RESULT_SUCCESS ) {
            this.array = super.jsonObject.getJSONArray( ResponseParam.CONTENT );
            this.length = this.array.length();
        }
    }

    public int getLength() {

        return this.length;
    }
    public void moveToFrist() {
        this.currentIndex = 0;
    }
    //若content数组中有多个对象存在，则对该数组中的对象遍历一次
    public boolean next() {

        if( this.currentIndex < this.length ) {

            try {
                this.nextObject = this.array.getJSONObject( this.currentIndex );
            } catch (JSONException e) {
                e.printStackTrace();
                this.nextObject = null;
            }
            this.currentIndex++;
            return true;
        }
        return false;
    }
    //获取话题ID
    public long getTopicId() {
        try {
            return this.nextObject.getInt( "topicID" );
        } catch (Exception e) {
```

```
            e.printStackTrace();
            return -1;
        }
    }
    //获取的 UID 表示为当前登录用户的 ID
    public String getTopicUID() {
        try {
            return this.nextObject.getString( "topicUID" );
        } catch (Exception e) {
            e.printStackTrace();
            return "";
        }
    }
    //获取话题内容
    public String getTopicContent() {
        try {
            return this.nextObject.getString( "topicContent" );
        } catch (Exception e) {
            e.printStackTrace();
            return "";
        }
    }
    //获取话题发布时间
    public String getTopicTime() {
        try {
            return this.nextObject.getString( "topicTime" );
        } catch (Exception e) {
            e.printStackTrace();
            return "";
        }
    }
   //获取话题发布者姓名
    public String getTopicName() {
        try {
            return this.nextObject.getString( "topicName" );
        } catch (Exception e) {
            e.printStackTrace();
            return "";
        }
    }
    //获取话题发布者头像
    public String getTopicPhoto() {
        try {
            return this.nextObject.getString( "topicPhoto" );
        } catch (Exception e) {
            e.printStackTrace();
            return "";
        }
    }
}
```

9.3 获取网络状态

在 Android 应用程序的开发过程中，有时会需要判断手机网络类型。就目前的 Android 手机来说，可能会存在 5 种网络状态。

（1）无网络（这种状态可能是手机停机、网络没有开启、信号不好等原因）。

（2）使用 Wi-Fi 上网。

（3）CMWAP（中国移动代理）。

（4）CMNET 上网。

（5）2G/3G/4G 上网。

Android 为我们提供了大量的实用工具来确定当前网络的状态，通常使用 ConnectivityManager 类来确定是否存在网络连接。我们还可以获得网络变化的情况。

那么到底怎样来使用这个类呢？以下为其实现方法。

```
ConnectivityManager nw = (ConnectivityManager)this.getSystemService(Context.CONNECTIVITY_SERVICE);
NetworkInfo netinfo = nw.getActiveNetworkInfo();
```

这样你就可以通过 NetworkInfo 来获取网络设备信息了，方法如下。

```
netinfo.isAvailable();          //网络是否可用
netinfo.getDetailedState();     //网络详细状态
netinfo.isConnected();          //网络是否连接
```

此外，如果你想获取具体的网络信息，比如网络状态、Wi-Fi 连接状态，方法如下，

```
//获取网络连接状态
State mobile = nw.getNetworkInfo(ConnectivityManager.TYPE_MOBILE).getState();
//获取 Wi-Fi 网络连接状态
State wifi = nw.getNetworkInfo(ConnectivityManager.TYPE_WIFI).getState();
```

当然我们不要忘了添加网络权限：<uses-permission android:name="android.permission.ACCESS_NETWORK_STATE"/>。

本书综合案例对网络状态的判断和处理如下。

```
/**
 * 判断网络是否连接
 * @param context
 * @return - true 网络连接
 *         - false 网络连接异常
 */
public static boolean isConnect( Context context ) {

    try {
            ConnectivityManager connectivity = (ConnectivityManager)
        context.getSystemService( Context.CONNECTIVITY_SERVICE );
        if( connectivity != null ) {
```

```
        NetworkInfo info = connectivity.getActiveNetworkInfo();

        if( info != null && info.isConnected() && info.isAvailable() ) {

            if( info.getState() == NetworkInfo.State.CONNECTED ) {
                return true;
            }
        }
    }
} catch ( Exception e ) {
    Log.v( "error", e.toString() );
}
return false;
}
```

通过上述代码，我们可以判断本次联网请求是否成功。

9.4 JavaScript 与 Java 交互

如果你想发布一个 Web App 作为客户端的一部分，则可以使用 WebView。WebView 是 Android 中 View 的扩展，能将 Web 页面作为活动布局（Activity Layout）。它不包含一个浏览器的完整功能，比如导航控制或者地址栏。WebView 默认做的仅仅是展现一个 Web 页面。

使用 WebView 的一个常见场景是，当我们想要在应用中提供一些可能需要更新的信息时，就需要在 Android 应用中创建包含 WebView 的 Activity，然后利用它来展现我们挂在网上的文档。

另外一个使用 WebView 的场景是，我们为用户提供数据时需要连接网络来获取数据，比如 E-mail。在这种情况下，我们可能会发现在 Android 应用中构建一个 WebView 来展现提供了相关数据的 Web 页面要更为容易，而不是让 Android 应用程序试图连接到网络来获取数据、解析数据并将其显示到 Android 相应的布局中。我们可以设计一个专供 Android 设备使用的 Web 页面，并在 Android 中实现一个 WebView 来加载这个页面。

下面我们将具体介绍有关 WebView 的知识点。

9.4.1 WebView

Android 手机内置了一款基于 webkit 内核的浏览器，且 Android SDK 为开发者提供了 WebView 组件。

要在应用中加入 WebView，只需要在活动布局中加入元素即可。例如，下面是一个布局文件，在这个文件中，WebView 占满了屏幕。

```
    <WebView
xmlns:android="http://schemas.android.com/apk/res/android"
android:id="@+id/webview"
android:layout_width="fill_parent"
android:layout_height="fill_parent" />
```

如果访问的页面中有 JavaScript，则 WebView 必须设置支持 JavaScript。

```
WebSettings webSetting = webview.getSettings();
webSetting.setJavaScriptEnabled(true);
```

如果页面中有链接，并且希望单击链接继续在当前应用程序中响应，而不是通过 Android 系统自带的浏览器来相应，那么必须设置 WebView 的 WebViewClient 对象。

```
Webview.setWebViewClient(new WebViewClient(){
    public boolean shouldOverrideUrlLoading(WebView view,String url){
            view.loadUrl(url);
            return true;
    }
}
```

浏览网页时，如果不做任何处理，单击系统“Back”键，整个浏览器会调用 finish()方法并退出浏览器。如果希望浏览器回退网页而不是退出，需要在当前 Activity 中处理并重写该 Back 事件。

```
public boolean onKeyDown( int keyCode ,KeyEvent event){
    if( (keyCode == KeyEvent.KEYCODE_BACK) && webview.canGoBack()){
        webview.goBack();
        return true;
    }
    return super.onKeyDown(keyCode, event);
}
```

如果 WebView 中需要用户手动输入用户名、密码或其他信息，则 WebView 必须设置支持获取手势焦点：webview.requestFocusFromTouch()。

WebView 加载页面主要调用三个方法：LoadUrl、LoadData、LoadDataWithBaseURL。

（1）LoadUrl：直接加载并显示网页、图片。

（2）LoadData：显示文字与图片内容。

（3）LoadDataWithBaseURL：显示文字与图片内容（支持多个模拟器版本）。

常用方法如下。

（1）直接网页显示

```
private void webHtml() {
     try {
         webView.loadUrl("http://www.google.com");
       } catch (Exception ex) {
         ex.printStackTrace();
       }
}
```

（2）中文显示

```
private void localHtmlZh() {
     try {
           String data = "<html>"+"<body>"
                       +"测试 webview 加载图片"
                       +"</body>"
                       +"</html>";
           webView.loadData(URLEncoder.encode(data, encoding), mimeType, encoding);
       } catch (Exception ex) {
           ex.printStackTrace();
       }
}
```

（3）显示本地网页文件

```
private void localHtml() {
        try {
            webView.loadUrl("file:///android_asset/test.html");
        } catch (Exception ex) {
            ex.printStackTrace();
        }
}
```

（4）显示本地图片和文字混合的 Html 内容

```
private void localHtmlImage() {
        try {
            String data = "测试本地图片和文字混合显示，这是<IMG src='\"file:///
android_asset/icon.png\"/'>APK 里的图片";
        webView.loadDataWithBaseURL("about:blank", data, mimeType, encoding, "");
          } catch (Exception ex) {
        ex.printStackTrace();
          }
}
```

关于 WebView 中 WebSettings 的常用方法如表 9.5 所示。

表 9.5　WebSettings 的常用方法

常用方法	描　述
setJavaScriptEnabled(true)	支持 js 脚本
setPluginsEnabled(true)	支持插件
setUseWideViewPort(false)	将图片调整到适合 WebView 的大小
setSupportZoom(true)	支持缩放
setLayoutAlgorithm(LayoutAlgorithm.SINGLE_COLUMN)	支持内容从新布局
supportMultipleWindows()	多窗口
setCacheMode(WebSettings.LOAD_CACHE_ELSE_NETWORK)	关闭 WebView 中缓存
setAllowFileAccess(true)	设置可以访问文件
setNeedInitialFocus(true)	当 WebView 调用 requestFocus 时为 WebView 设置节点

在 WebView 有效工作之前，要保证应用能访问网络。要访问网络，需要在配置文件中获得网络许可。例如：

```
<manifest ... >
    <uses-permission
        android:name="android.permission.INTERNET" />
        ...
</manifest>
```

9.4.2　在 WebView 中使用 JavaScript

在手机客户端，当遇到页面设计比较复杂的情况时，我们可以通过 WebView 来直接嵌入一个 Web 页面。WebView 对 JavaScript 具有很好的支持。下面举个例子来说明如何在 WebView 中使用 JavaScript 以及在 JavaScript 中调用 Java 中的函数。

（1）创建一个 Android 工程 JsToJava。该工程的文件结构如图 9.6 所示。

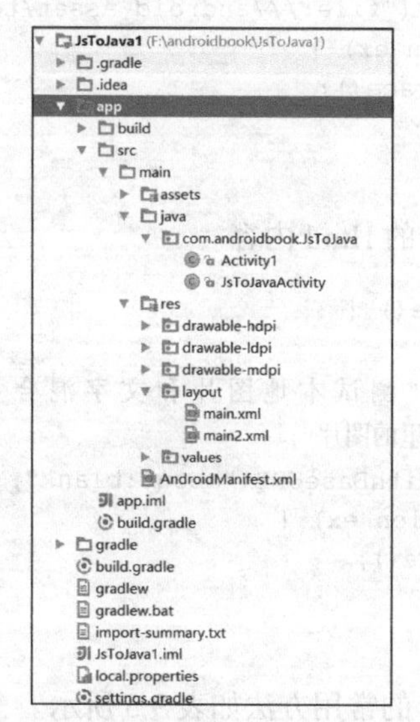

图 9.6　工程 JsToJava 的文件结构

（2）主 Activity 的代码在 JsToJavaActivity.java 中，核心代码如下。

```
public class JsToJavaActivity extends Activity {
     WebView webView;
    final String mimeType = "text/html";
    final String encoding = "utf-8";
    private Handler mHandler = new Handler();
    /** Activity 创建的时候调用 */
    @Override
    public void onCreate(Bundle savedInstanceState) {
        super.onCreate(savedInstanceState);
        setContentView(R.layout.main);
        webView = (WebView) findViewById(R.id.webview);
        webView.getSettings().setJavaScriptEnabled(true);
        //JavaScript 与 Java 之间的信息交互接口

        webView.addJavascriptInterface(new Object() {
        /**
         * 该方法被浏览器调用
         * @param str
         */
          public void callAndroid(final String str) {

               mHandler.post(new Runnable() {

                    public void run() {

                         startActivity(new  Intent( JsToJavaActivity.this,  Activity1.
class)) ; //按确定键跳转到下一个 Activity
                    }
               });
```

```
            }
        }, "demo");
        webView.loadUrl("file:///android_asset/demo.html");
    }
}
```

在上述代码中，首先，“webView.getSettings().setJavaScriptEnabled(true)”方法指明允许在 WebView 中执行 JavaScript；其次，webView.addJavascriptInterface(new Object()，"demo")，方法可以将一个 Java 对象绑定到一个 JavaScript 对象中，这样就能在 JavaScript 中调用 Java 对象，进而实现通信。该方法中第一个参数是 Java 对象，第二个参数表示 Java 对象的别名，在 JavaScript 中使用，该例中为“demo”。

“webView.loadUrl("file:///android_asset/demo.html")”中，webView 加载本地 html 代码，注意本地 html 代码必须放在工程 assets 目录下。

在 assets 目录下，新建一个 html 文件：demo.html，使用 JavaScript 代码编写如下。

```
<html>
   <script type="text/javascript" language="javascript">
    </script>
        <body>
            <a onClick="window.demo.callAndroid(str)">
                <img id="droid" src="android_normal.png"/><br>
                    Click me!
                  </a>
        </body>
</html>
```

注意上述代码中的以下一段。

```
<a onClick="window.demo.callAndroid(str)">
            <img id="droid" src="android_normal.png"/><br>
            Click me!
</a>
```

如果执行单击事件，则会调用 Java 中的相应代码，跳转到下一个 Activity 界面。图 9.7 为 WebView 加载的本地 html 页面，图 9.8 为单击图标之后跳转到的 Activity 界面。这样我们就实现了 Java 与 JavaScript 之间的交互。

图 9.7　WebView 加载的本地 html 页面图

图 9.8　单击图标之后跳转到 Activity 界面

在此还需要强调一点，绑定到 JavaScript 的对象必须在另一个线程中运行，而不是在创建它的线程中运行。

9.5 本章小结

本章主要介绍了网络访问方式、数据解析、获取网络状态、Java 与 JavaScript 之间的交互。第 1 节主要讲述了常用的两种网络访问方式：HTTP 通信和 SOCKET 通信。针对不同的请求方式，我们用实际例子进行了演示，使读者掌握得更加牢固；第 2 节讲述了数据解析的两种方式：JSON 解析和 SAX 解析，对解析的流程进行了详细的描述；第 3 节讲述了如何获取网络状态，用实例演示了对网络状态的判断和处理；第 4 节讲述了 Java 与 JavaScript 之间的交互，包括 WebView 的使用以及关于 WebView 的相关设置方法，并且在 WebView 中，我们实现了 Java 与 JavaScript 之间的交互。通过本章的学习，相信读者会对网络访问、数据解析、网络状态、Java 与 JavaScript 之间的交互有更深的理解。

习　　题

1. 简述 Android 应用程序与服务器通信的方式及过程，并说明这些通信方式的特点。
2. 利用 HTTP 的 GET 和 POST 方式访问某个已存在的 Web 接口。
3. SOCKET 通信时要建立服务器端和客户端，其中关于端口的部分是如何设计的？分别写出服务器和客户端关于端口的语句。
4. Web Services 通信时，客户端是通过什么语句传递参数给服务器端的？
5. 解析指定的 JSON 数据并显示到 Activity 中，格式如下。

```
{
"userLoginName":"用户登录名",
"password":"用户密码",
"requestType":"请求类型",
"randomKey":"随机字符串",
"params":["参数 1","参数 2"]
}
```

6. 解析 xml 并显示到 Activity 中，格式如下。

```
<xml>
<userLoginName>用户登录名</userLoginName>
<password>用户密码</password>
<requestType>请求类型</requestType>
<randomKey>随机字符串</randomKey>
<params>
<item>参数 1</item>
<item>参数 2</item>
</params>
</xml>
```

7. 结合本章学习的内容，实现网络图片的下载的功能。
8. WebView 有哪些用途？设计一个用到 WebView 的实例。

第 10 章 进程与消息处理

Android 应用程序是通过消息来驱动的，系统为每一个应用程序维护一个消息队列，应用程序的主线程首先不断地从这个消息队列中获取消息，然后对这些消息进行处理，这样就实现了通过消息来驱动应用程序的执行。在这一处理机制中，涉及进程、线程、信息处理等，本章将详细分析 Android 应用程序的消息处理机制。

10.1 进程与线程

进程与线程是软件开发中两个非常重要的概念。开发者都要理解它们。什么是进程？什么是线程？两者的关系是什么？两者在 Android 应用程序开发中的地位又是什么？本节将讲解这些内容。

10.1.1 什么是进程

进程是一个具有一定独立功能的程序关于某个数据集合的一次运行活动。它是操作系统动态执行的基本单元。在传统的操作系统中，进程既是基本的分配单元，也是基本的执行单元。基本单元是指操作系统在并发执行的任务中的某个任务，也就是说多个进程一起执行等同于同时执行多个任务。应用程序在运行的时候，操作系统会单独给这个应用程序所属的进程分配堆内存。该内存不被其他进程共享，是独立的，用于应用程序运行时数据集合的存放、变量的内存分配、软件的资源文件存放等。

通俗地讲，一个进程代表一个应用程序，该应用程序运行在自己的进程当中，使用系统为其分配的堆内存，不受其他应用程序或者是其他进程的影响，是独立运行的。当然，一个进程中可以同时运行多个应用程序，这时堆内存是共享的。

在 Android 系统中，一个进程会对应一个虚拟机，大部分情况下，虚拟机的运行内存为 16MB。虚拟机的运行内存在“/system/build.prop”文件中配置，配置语句“dalvik.vm.heapsize=24m”，表示该进程拥有最大的运行内存，“dalvik.vm.heapgrowthlimit=16m”表示应用程序实际能操作的内存大小。该文件在一般情况下是不可修改的，所以 Android 在应用程序配置文件 AndroidManifest.xml 中的 Application 节点下可设置属性 largeheap="true"来使用最大的内存。在应用程序需要大的堆内存时设置该属性，能在一定程度上避免“out of memory”的出现。

10.1.2 进程模型

在安装 Android 应用程序的时候，Android 系统会为每个程序分配一个 Linux 用户 ID，并设置相应的权限，这样其他应用程序就不能访问此应用程序所拥有的数据和资源了。在 Android 系统中，一个用户 ID 识别一个应用程序。应用程序通常位于设备上的 ROM 中，其在安装时被分配一个用户 ID，并且保持不变。默认情况下，每个 Android 应用程序运行在它自己的进程中。当需要执行应用程序时，Android 会启动一个虚拟机，即一个新的进程来执行，因此不同的 Android 应用程序运行在相互隔离的环境中。如图 10.1 所示。

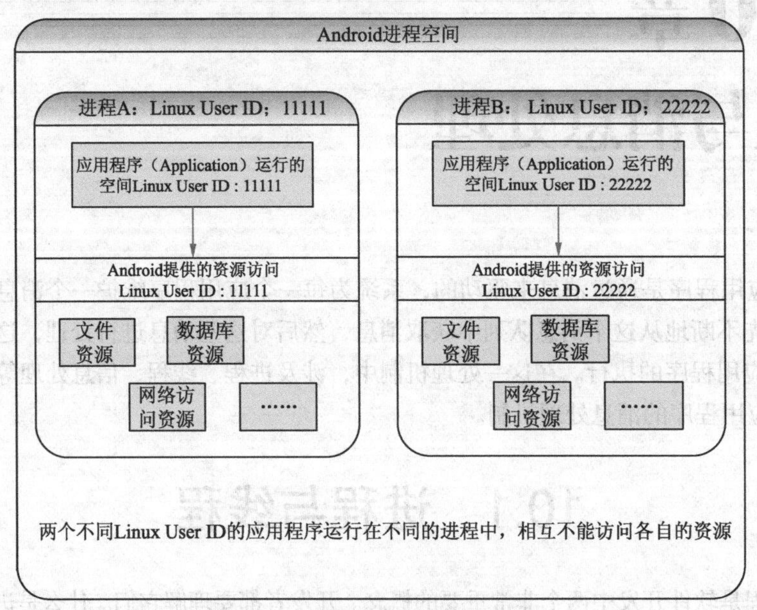

图 10.1　进程中运行单个应用程序

假如两个应用程序的用户 ID 是一样的，那么这两个应用程序将运行在同一个进程中。这就是一个进程中存在多个应用程序的情况，此时这两个应用程序使用同一个堆内存，使用同一个虚拟机。要实现这个功能，首先必须使用相同的私钥签名这些应用程序，然后必须使用 AndroidManifest.xml 文件给它们分配相同的 Linux 用户 ID，这通过在 Manifest 节点下的 android:sharedUserId 属性来实现。如图 10.2 所示。

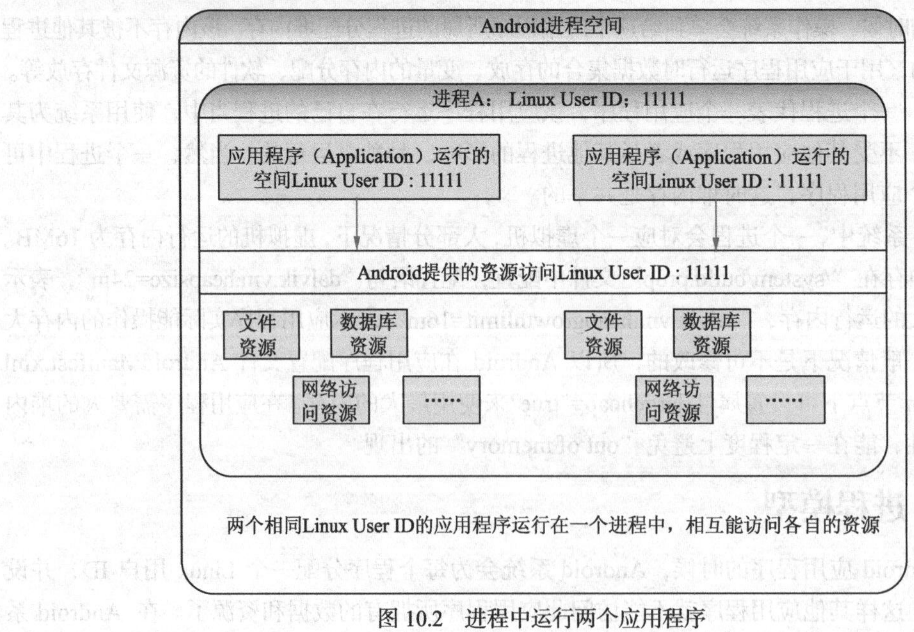

图 10.2　进程中运行两个应用程序

10.1.3　Android 中进程的生命周期

为了让应用程序快速地进入运行状态，Android 系统会尽量让每个开启过的应用程序的进程一直运行着，以便用户在需要切换到应用程序时，能够很快地开启并进入运行状态。但是随着开启应用程序的增多、系统资源的减少，系统会删除一些旧的进程以回收内存给新开启的应用程序或者更需要内存的应用程序。哪些进程称为旧进程呢？

Android 系统为每个应用程序分配了一个进程。应用程序中组件（Activity、Service、BroadCast）的状态决定一个进程的“重要性层次”，层次最低的属于旧进程。这个“重要性层次”有五个等级，也就是进程的生命周期，按最高层次到最低层次排列如下。

（1）前台进程

- 所谓的前台进程就是用户正在使用该应用程序，并且正处于当前应用程序的界面中。当某进程正在前台被用户使用或 Activity 组件的 onResume()方法被调用时，该进程属于前台进程。
- 当某进程中与用户交互的 Activity 相绑定的一个 Service 正在执行任务时，该进程也属于前台进程。
- 当与用户交互的服务 Service 调用 startForeground()时，那么该进程属于前台进程。
- 当它承载的服务正在执行其生命周期回调函数时（onCreate()中，onStart()中，或 onDestroy()中），该进程属于前台进程。
- 它承载的 BroadcastReceiver 正在执行其 onReceive()方法时，该进程属于前台进程。

任一时间内，仅有少数进程会处于前台，仅当内存无法维持它们同时运行时才会被回收。一般来说在这种情况下，设备已经处于使用虚拟内存的状态，必须要杀死某些前台进程来保证用户界面的持续响应。

（2）可视进程

- 没有前台组件（Activity），但仍可被用户在屏幕上看见的进程，称为可视进程。
- 当某进程包含一个不在前台，但仍然为用户可见的 Activity（它的 onPause()方法被调用）时，该进程属于可视进程。比较典型的就是前台 Activity 有一个对话框，Activity 位于其下并可以看到时，该进程称为可视进程。
- 当某进程包含了一个绑定至一个可视的 Activity 的服务时，该进程也属于可视进程。

可视进程依然被 Android 系统视为是很重要的，直到不回收它们便无法维持前台进程运行时，才会被回收。

（3）服务进程

服务进程是由 startService()方法启动的服务，它不会变成上述两类进程。尽管服务进程不会直接为用户所见，但是它们一般都在做着用户所关心的事情（比如在后台播放 MP3 或者从网上下载东西）。所以系统会尽量维持它们的运行，只有在系统的内存不足以维持前台进程和可视进程时，才会回收它们。

（4）背景进程

背景进程包含目前不为用户所见的 Activity（Activity 对象的 onStop()方法被调用）。这些进程与用户体验没有直接的联系，可以在任意时刻被杀死以回收内存供前台进程、可视进程以及服务进程使用。一般来说，背景进程会有很多，它们存放于一个 LRU（最近最少使用）列表中以确保最后被用户使用的 Activity 杀死。如果一个 Activity 正确地实现了生命周期方法，并捕获了正确的状态，那么它的进程被杀死对用户不会有任何不良影响。

（5）空进程

空进程不包含任何活动应用程序组件。这种进程存在的唯一原因是作为缓存以缩短组件再次运行时的启动时间。系统经常会杀死这种进程以保持进程缓存和系统内核缓存之间的平衡。

Android 会依据进程中当前活跃组件的重要程度来尽可能高地估量一个进程的级别，比如一个进程中同时有一个服务和一个可视的 Activity，则进程会被判定为可视进程，而不是服务进程。

此外，一个进程的级别可能会由于其他进程依赖于它而升高。一个为其他进程提供服务的进程级别永远高于使用它服务的进程。比如进程 A 中的内容提供者为进程 B 中的客户提供服务，或进程 A 中的服务为进程 B 中的组件所绑定，则进程 A 最低也会被视为与进程 B 拥有同样的重要性。

10.1.4 Android 进程间的通信

Android 系统并没有采用 Linux 系统中那么复杂的进程通信机制，而是采用了基于 Binder 的机制，可能是考虑到移动终端的硬件设备或者是其设备的内存。Android 的 Binder 是基于 OpenBinder 实现的，有兴趣的读者可以进行相关的了解。Binder 可以参考 Service 来了解 Android 进程的通信。

10.1.5 什么是线程

线程是进程中的一个实体，它的基本思想是将程序的执行和资源分开，只拥有一点必不可少的资源。一个进程可拥有多个线程，它可以和属于同一进程的其他线程共享进程所拥有的所有资源。同一进程中的线程之间可以并发执行。这样的话，并发程度可以获得显著的提高。线程也具有许多进程所具有的特征，因此被称为轻型进程。

结合 Android 系统来说，当一个程序第一次启动时，Android 会同时启动一个对应的主线程（Main Thread）。主线程主要负责处理与 UI 相关的事件，比如用户的按键事件、用户接触屏幕的事件以及屏幕绘图事件，并把相关的事件分发到对应的组件进行处理。所以，主线程通常又被叫作 UI 线程。在开发 Android 应用时，必须遵守单线程模型的原则：Android UI 操作并不是线程安全的（Thread-safe），并且这些操作必须在 UI 线程中执行。

10.1.6 Android 的线程模型

上面讲到 Android 系统的线程模型是单线程模型，并且不是线程安全的。

1. 什么是单线程模型

单线程模型就是在一个进程中只能有一个线程在运行，剩下的线程必须等待当前的线程执行完了才能运行。也可以说，一个线程来操作和管理所有的运行，无论是启动新的线程还是其他操作，都由该线程触发和管理。这种模型的缺点在于系统完成一个很小的任务都必须占用很长的时间。在 Android 系统中，单线程模型就是 UI 线程控制，即在多个线程运行的状态下，其他线程要执行，必须等待 UI 线程的操作处理完成后才能进行。

2. 什么是线程安全

（1）可以同时被多个线程调用，而调用者不需要任何动作（同步）来确保线程的安全性，这称为线程安全。所以，如果在其他线程中调用 UI 线程中的组件，可能使 UI 主线程受到伤害。

（2）当多个线程访问一个类时，如果不用考虑这些线程在运行环境下的调度和交替执行，并且不需要额外的同步及在调用方代码不必做其他的协调，这个类的行为仍然是正确的，那么称这个类是线程安全的。

因为 Android 是单线程的，又是线程非安全的，所以在开发的时候必须考虑以下两点。

① 不要阻塞 UI 线程，就是说耗时的操作不要放在 UI 线程中处理，比如网络连接、下载文件、读取数据库等。UI 线程中只处理界面的呈现和视图（View）事件响应，所以 Google 官方推荐使用 MVC 模式来开发 Android 应用程序。

② 不要在非 UI 线程中调用和刷新 UI 相关的组件（android.widget 和 android.view 包中的组件），这会涉及 Android 线程的不安全性。如果在非 UI 线程中调用了 UI 相关组件，那就等着报错吧。

10.1.7　进程与线程

一个 Android 应用只能存在一个进程，但是可以存在多个线程。也就是说，当应用启动后，系统分配了内存，这个进程的内存不被其他进程使用，但被进程中一个或多个线程共享。宏观地讲，所有的进程都是并发执行的，但进程中的多个线程同时执行并不是并发的，系统的 CPU 会根据应用的线程数触发每个线程执行的时刻。当 CPU 时间轮到分配某个线程执行时刻时该线程开始执行，执行到下一个线程执行的时刻，依此轮询，直到线程执行结束。

10.1.8　进程与线程的重要性

Android 应用的开发者对进程属性的修改是有限的，仅仅操作一些属性就可以了。一个应用最少具有一个线程，但可以有多个线程。合理地应用线程可以提高系统资源的利用率，提高应用的质量，给用户更好的体验，所以每个开发者都应该理解并熟练掌握线程知识。

10.2　Handler 和 AsyncTask

Android 系统的线程模型属于单线程模型，假如在非 UI 线程中去访问或者更新只能在 UI 线程中更新的视图（View，Widget）类，就会报异常。但是很多耗时的工作又不能放在 UI 线程中运行，因为这样容易造成 UI 线程的阻塞，而非 UI 线程又不能去更新 UI 的组件视图。比如在后台非 UI 线程中下载文件时，又想在 UI 线程中更新进度条让用户有更直观的感受，应该怎么办呢？Android 系统提供了两个更新 UI 的辅助类：Handler 与 AsyncTask。

10.2.1　Handler 的基本概念

Handler 类是 Android 操作系统为开发者封装的能异步处理消息的辅助类。通过 Handler 能够很容易地处理消息的发送和接收。Handler 运作的过程中包含了 Android 消息机制。

10.2.2　Android 消息机制

在了解消息机制之前，首先要明白 Handler 是怎么使用的。我们在 Activity 中可以直接使用 Handler，代码如下。

```
Handler handler = new Handler() {
        @Override
```

```
        public void handleMessage(Message msg) {
            switch (msg.what) {
                case TEST_MSG:
                    //执行刷新操作
                    break;
                default:break;
                }
            super.handleMessage(msg);
        }
    };
    //获得 Message 对象
    Message msg = handler.obtainMessage();
    msg.arg1 = 0x01;
    msg.arg2 = 0x02;
    msg.obj = "ObjectType";
    //用于在 HandleMessage 方法中识别消息，也就是用来标识自己
    msg.what = TEST_MSG;
    //将消息发送到消息队列中，由 handleMessage 来处理
    handler.sendMessage(msg);
```

在其他 Thread 中使用 Handler 的代码如下。

```
class LooperThread extends Thread{
    public Handler mHandler;
    @Override
    public void run() {
        //通过该方法创建 Looper 对象，同时初始化消息队列
        Looper.prepare();
        mHandler = new Handler() {
            @Override
            public void handleMessage(Message msg) {
                //在这里接收处理消息
                super.handleMessage(msg);
            }
        };
        //在 Loop 中通过死循环不断从消息队列中取消息，并回调
        //HandleMessage(msg)方法处理该消息
        Looper.loop();
    }
}
```

上述两种情况中的后者是在单独的线程中创建 Handler 实例的，创建 Handler 的步骤如下。

（1）得到 Looper 对象，得到 MessageQueue 对象（Looper.prepare()方法内部已完成这两件事）。

（2）实例化 Handler 并复写 HandleMessage()方法，用来接收传递过来的消息，并做相应的处理。

（3）调用 Loop()方法死循环获得消息队列的变化，并分发消息，最终回调 HandleMessage()。

在 Activity 中可以直接实例化 Handler 对象的原因是，在 Activity 启动的过程中，Android 的框架在主线程也就是 Activity 的主线程已经调用了 Looper.prepare()和 Looper.loop()方法了，也就是说，Activity 所在的主线程启动的时候就已经有了 Looper 和 MessageQueue 的实例对象，而开发者要做的就是实例化 Handler。

前面总是说到消息处理、消息机制，那到底什么是消息机制呢？要了解消息机制，首先必须先了解消息处理过程中的相关类。

- Handler：主要是开发者用来处理不同消息类型的类。
- Message：消息实体类，其中包含了几个重要的成员变量：int arg0，int arg1，int what，Runnable target。
- MessageQueue：消息队列，用于存放 Message 实体，遵循队列数据结构的规则。
- Looper：Handler 与 MessageQueue 间的桥梁。

Handler 的消息机制模型如图 10.3 所示。

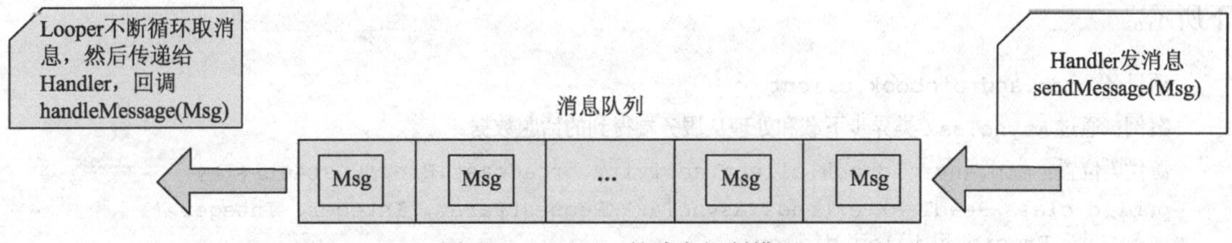

图 10.3　Handler 的消息机制模型

Android 的消息机制就是通过 Handler、Looper 和消息队列来异步处理线程在执行的过程中所引起线程阻塞或线程不安全任务的机制。其中 MessageQueue 是消息能够异步执行的数据结构；Looper 对象则取消息和分发消息以及回调消息处理函数；Handler 是发送要执行的消息到消息队列，以及在回调函数中具体处理这个消息。

10.2.3　Handler 的具体使用场合

使用默认的构造方法“Handler h = new Handler()”实例化的时候，系统默认将该 Handler 的 Looper 对象和 MessageQueue 关联到 Handler 所在的线程。若加入到非 UI 线程，并且没有调用 Looper 的 prepare()方法，那么就会出现“throw new RuntimeException("Can't create handler inside thread that has not called Looper.prepare()")”的异常，意思是没有调用 Looper.prepare()的线程不能实例化 Handler 对象。这是因为不调用 Looper.prepare()，Handler 就不能实现消息机制的整个过程。

本章第 1 节中提到，Android 系统是单线程模型的，在非 UI 线程中更新 UI 组件会伤害 UI 线程，这是一种线程不安全的情况。使用 Handler 就可以避免这种情况，把刷新 UI 的工作留给 Handler 去做，让耗时的任务在非 UI 线程中执行，只要用 Handler 发送消息去更新 UI 即可。怎么做到的呢？就是通过在 UI 线程中实例化 Handler，使得 Handler 处理消息的过程也在 UI 线程中执行，这样就不会危害到 UI 线程了。

10.2.4　AsyncTask 的介绍

前面讲到用 Handler 来进行异步消息的处理和耗时任务的操作，但是使用 Handler 的过程较为复杂。若其服务的对象不是频繁使用 Handler 对象来处理任务和消息，那么使用 Handler 就有点复杂了。所以，Android 系统中还为开发者提供了一个异步处理消息的任务类——AsyncTask，它是一个轻量级的异步任务处理类。下面介绍如何使用它。

10.2.5　AsyncTask 的使用

使用 AsyncTask 来处理任务很简单，分为以下 3 个步骤。

（1）创建一个继承自 AsyncTask 的类。

（2）复写 doInBackground()方法，在该方法中添加后台执行任务的代码。

（3）在 UI Thread 中创建实例并调用 execute()方法，传入执行任务过程中要使用的参数，就是 doInBackground(Param ... param)的参数。

在 onPreExecute()、onPostExecute()中可以访问 UI 组件，在 doInBackground()中不能访问 UI 组件。

本书综合案例中，话题模块通过 AsyncTask 类异步下载和处理从服务端得到的话题数据，如下所示。

```
项目名：com.androidbook.client
案例：通过 AsyncTask 类异步下载和处理从服务端得到的话题数据
源代码位置：com.androidbook.client.activity.broadcast.BroadCastActivity
public class ReadTask extends AsyncTask<RequestParam, Integer, Integer>{
        ProgressDialog dialog;
      //任务执行前执行该方法，可以访问 UI 组件
        @Override
        protected void onPreExecute() {
            dialog = ProgressDialog.show(BroadCastActivity.this,
                                          "",
                                          getText(R.string.waiting));
            super.onPreExecute();
        }

      //后台执行任务，不可以执行任何与 UI 相关的操作
        @Override
        protected Integer doInBackground(RequestParam... params) {
            //省略

            return 0;
        }
      //任务执行完成后调用，可使用 UI 组件
        @Override
        protected void onPostExecute(Integer result) {
            dialog.dismiss();
          //省略
        super.onPostExecute(result);
    }
```

10.2.6 为什么 AsyncTask 要在 UI Thread 中创建才能使用

上一节讲到，只有在 UI Thread 中才能访问 UI 组件。在 Android 源代码中，AsyncTask 维护了一个 Handler 的子类和一个线程池对象。线程池对象用来执行耗时操作，Handler 用来处理消息。因为 Handler 关联的 Looper 对象与 Handler 所在的线程是一样的，若 AsyncTask 不在 UI Thread 中创建，就没有 Looper 对象与 Handler 关联，也就不能执行消息，在 onPreExecute()、onPostExecute()就不能调用 UI 组件。

10.2.7　Handler 和 AsyncTask

AsyncTask 是使用 Handler 的消息处理机制来异步执行任务的，也就是说，AsyncTask 是 Handler 使用方式的一种封装，因此 AsyncTask 的灵活程度就会受到限制，但较 Handler，其使用更为简单、安全、轻巧。Handler 则比 AsyncTask 灵活，没有太多限制，一般在频繁执行任务和刷新操作中使用，但具有一定的线程不安全性。

10.3　Application

1. 什么是 Application

一般情况下，初学者会误以为配置在 AndroidManifest.xml 文件中的“<action android:name ="android.intent.action.MAIN" />”所在的 Activity 在程序启动时最先被调用。其实，Android 程序启动时除去后台内核资源分配以及开启进程的操作外，最先被调用的是 Application 类，随后才是 Activity 或者其他组件。一个应用中可以不包含任何组件，但是不能不包含 Application，也就是 AndroidManifest.xml 下节点为<Application>和</Application>中配置的文件。

我们可以将 Application 看作应用程序的唯一实例，Activity 等组件可以有多个，但是 Application 只有一个。既然它是唯一的，那么在应用开发过程中所需的全局变量及其操作就可存放在 Application 类中。同时，Application 是继承自 Context 的，说明它具备了上下文属性。

2. 如何使用 Application

使用 Application 要遵循以下 2 个步骤。

（1）创建一个类 xxx 继承自 Application。

（2）在<Application android:name=".xxx"></Application>中配置 Application。

这样程序在启动的时候就会先调用 Application，然后调用其他组件。注意：onCreate()方法是其开始创建时就被调用的，onTerminate()方法是其停止时被调用的，onConfigurationChanged()方法则是当其配置发生改变时被调用的，onLowMemory()是当其在低内存时被调用的。需要注意，复写这些方法的时候必须调用其父类的方法 super.onCreate()。

既然 Application 是唯一的应用实例，那么在它里面设置的属性或变量就具有全局性，比如设置<Application android:Theme="@android:style/Theme.NoTitleBar">，在 Activity 没有设置 Theme 的时候，所有的 Activity 都将遵循 Application 的主题，其他的属性也是如此。

3. 单例模式与 Application

有些读者可能存在疑问，单例模式照样能实现这种全局变量的功能，为什么还要使用 Application 呢？实质上 Application 也使用了单例模式，但在 Application 中保存了 Context 上下文变量，而普通的单例模式是无法获得 Context 对象的，这就是 Application 和其他单例模式的区别。

本书综合案例对 Application 的使用如下所示。

```
项目名：com.androidbook.client
案例：使用 Application 来保存一些全局信息，如用户登录信息和本应用的数据库
源代码位置：com.androidbook.client.application.ClientApplication
//配置 Application
<application
```

```
        android:theme="@android:style/Theme.NoTitleBar"
        android:icon="@drawable/icon"
        android:label="@string/app_name"
        android:name=".application.ClientApplication"
        >
```

```
public class ClientApplication extends Application{
        /**
         * 请求协议
         */
        public static final String HTTP = "http";

        /**
         * 服务器地址
         */
        public static final String IP_ADDRESS = "172.18.106.200";
        /**
         * 服务器端口
         */
        public static final int PORT = 8080;
        /**
         * 请求的文件
         */
        public static final String FILE = "/book/Book";

        private DatabaseHelper databaseHelper;

        private SharedPreferences loginUserInfo;
        @Override
        public void onCreate() {
            //官方 SDK 中建议复写父类的方法。
            super.onCreate();
            this.databaseHelper = new DatabaseHelper(this.getApplicationContext(),
"client.db", null, 1);
        }

        //通过这个方法，我们可以以全局的方式获得对数据库的操作
        public DatabaseHelper getDatabaseHelper(){
            return this.databaseHelper;
        }
        //对用户的登录信息提供全局的操作，可以对其保存或者获取
        //我们采用这种方式让用户在登录程序的时候就将其用户信息存储起来
        //在与服务器交互过程中需要配置请求参数
        //我们通过全局方法 getLoginUserInfo()就可以获得该用户的信息了
        public SharedPreferences getLoginUserInfo(){
            SharedPreferences shared = this.getSharedPreferences("lastest_login",
Context.MODE_PRIVATE);
            String name = shared.getString(RequestParam.USER_NAME, "");
            if(name.equals("")) {
            }
```

```
        this.loginUserInfo = this.getSharedPreferences(name, Context.MODE_PRIVATE);
        return this.loginUserInfo;
    }
    //将用户资料保存到"lastest_login"文件中
    public void setLoginUserInfo(String name) {
        SharedPreferences shared = this.getSharedPreferences("lastest_login",
Context.MODE_PRIVATE);
        shared.edit().putString(RequestParam.USER_NAME, name).commit();
    }
}
```

10.4 本章小结

本章前 3 节介绍了 Android 应用开发中的几个重要的概念，包括进程与线程、Handler 与 AsyncTask、Application，还讲解了它们是怎么使用的，以及使用时应该注意的地方。在讲解 Handler 和 AsyncTask 时，还分析了 Android 的消息机制，深入了解了 Android 消息机制运作的整个过程以及 Handler 的使用场景。一般来说，Android 的应用程序开发都离不开上面的几个重要概念。开发者熟知上述概念将对开发应用程序有很大的帮助。我们在此深入了解 Handler 和消息机制，不仅仅是为了知道怎么使用这个机制，更是为了剖析 Android 消息机制的实现过程。因此需要读者深刻理解这些内容，并在理解的基础上创建出符合自己应用程序所需的消息机制或任务机制，这样才能使我们开发的应用程序更加健壮和完美。

习 题

1. 解释 android:shareUserid 属性的作用。

2. 说明 Android 进程的生命周期。如何保证即使程序在后台运行，其所在进程的层次也比较高？

3. 简述空进程的作用。

4. 解释 Android 中的线程安全。

5. 谈谈对 Android 中消息机制的认知，包括 Handler、MessageQueue、Looper、Thread 等。

6. 简述异步任务 AsyncTask 的本质以及使用步骤，并说明 AsyncTask 为什么要在 UI Thread 中创建才能使用。

7. 简述如何使用 Application。

第11章 综合案例灵客详解与部署

第2章介绍了贯穿全书的综合案例“灵客”的功能需求和设计概要，在前面各章节基础知识的学习中，我们也结合这个案例的代码做了相应的讲解。本章将进一步梳理并描述这个案例是如何实现的。

图11.1是整个综合案例的项目框架，分为客户端和服务端。从MVC设计模式的角度去分析，客户端有三个部分：视图、控制器和模块，其中界面视图包含了Activity和一些View模块，用于给用户展示信息，比如话题、好友列表和私信列表的显示等，同时该部分还包含用户事件的捕捉和少量的逻辑处理，比如用户单击某个图标、长按某私信等操作；模块部分对应图11.1的网络模块和数据模块，各个模块能提供不同的功能，比如视图调用数据模块中的数据进行显示。控制器对应图11.1的MsgService部分，控制着整个客户端消息的处理、数据的存储和界面的刷新。控制器在整个任务处理上起到业务逻辑的控制作用，它使用各个模块提供的功能，比如运用网络连接模块获得数据，又如使用数据模块存储数据，然后通知组件刷新界面。服务端的结构很简单，分为网络接口和数据部分（数据库的操作）。

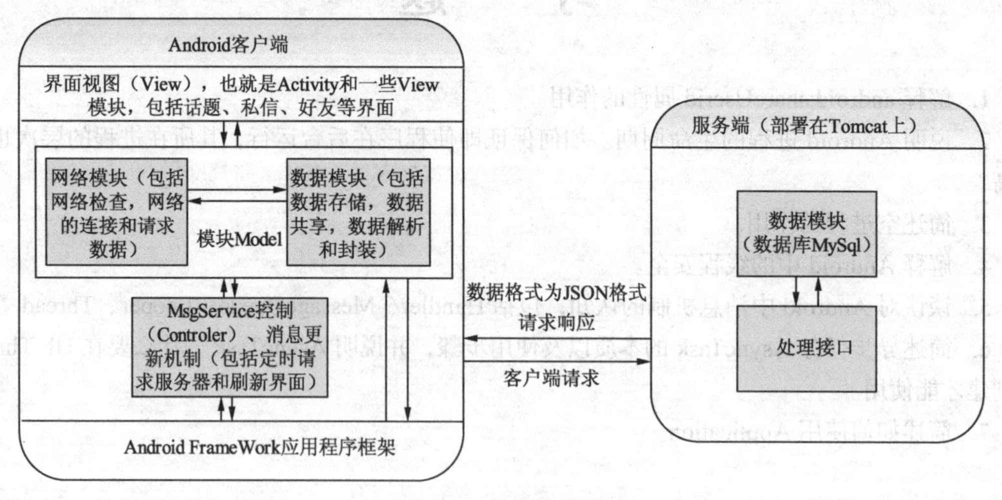

图11.1　项目框架图

下面介绍客户端定时访问服务器的大体流程，帮助读者理解MVC设计模式：首先，MsgService定时通过网络模块向服务器发送服务请求；然后，MsgService通过数据模块对请求响应回来的数据进行解析和储存；最后，MsgService通知视图去刷新界面。有些Acitivity在本综合案例中也充当了控制器的功能。

11.1　客户端

11.1.1　代码结构

客户端代码的结构如图 11.2 所示。activity 包完成界面及界面中的单击事件处理功能；application 包完成程序界面启动之前的初始化功能以及全局的控制变量；broadcastreceiver 包用于接收程序发出的广播并根据广播进行数据处理；contentprovider 包能够将数据库开放，并使数据可被其他应用程序调用；database 包实现数据库的创建与数据表的建立，提供各种符合业务逻辑的方法让程序对数据库进行增、删、改、查等操作；network 包实现请求参数的设置及网络的请求链接；service 包用于后台定时向服务器发送请求，进行数据的更新及界面的刷新；utils 包是一些辅助工具，比如包含程序处理中的对时间的格式化及多处使用到的自定义 Toast 等。

Android 客户端整体包括 4 个部分：用户界面、数据库、事件处理与网络访问，如图 11.3 所示。

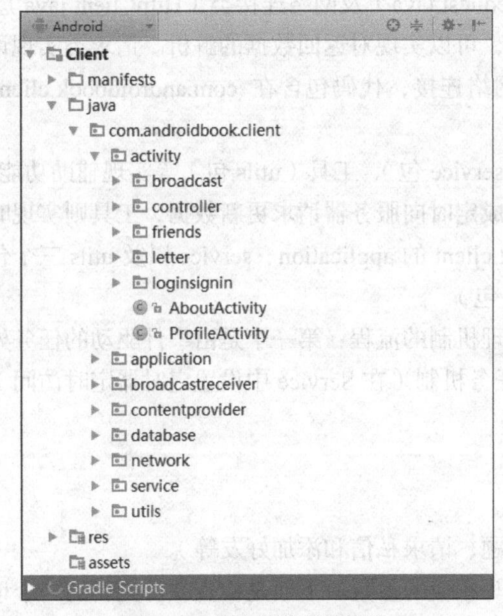

图 11.2　客户端代码的结构

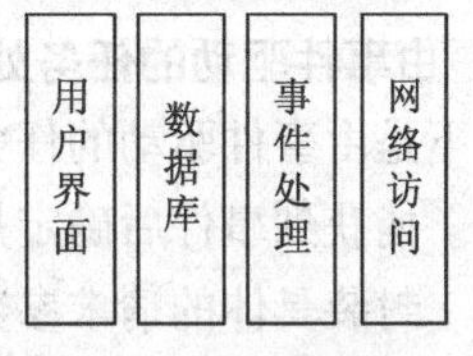

图 11.3　客户端结构

用户界面以 Activity 为核心，包括了基础（controller 包）、启动（loginsignin 包中的 LogoActivity.java）、登录注册（loginsignin 包）、话题（broadcast 包）、好友（friend 包）、私信（privateletter 包）、用户资料（ProfileActivity.java）与关于（AboutActivity.java），实现了各个界面中的显示及事件触发功能，代码都包含在 com.androidbook.client.activity 包中。

两个基本界面为 ClientActivity 与 BaseActivity，它们位于 controller 包中。ClientActivity 实现了 TabActivity 的功能，能够在界面下方显示各个模块的标签。BaseActivity 统一定义了各个模块界面中共有的基本功能，由各个模块界面如话题（topic）进行继承。

其他界面则实现其余各自功能，如登录注册（loginsignin 包）、话题（broadcast 包）、好友（friend 包）、私信（privateletter 包）等都可细化成多个界面，其中具体的 Activity 类分别位于对应的包中，图 11.4 ~ 11.7 显示了这些界面包含的内容。

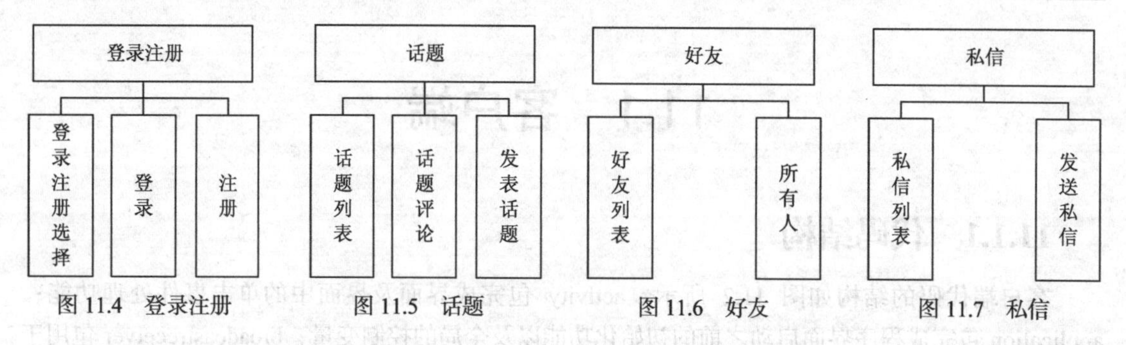

图 11.4 登录注册　图 11.5 话题　图 11.6 好友　图 11.7 私信

数据库部分包括数据库操作类（DatabaseHelper.java）、数据表（table 包）及数据共享（contentprovider 包）。数据库操作类实现数据库与数据表的创建及更新；数据表定义各个表的属性；数据共享能够将数据库中的数据开放给其他应用程序。在 ClientApplication 类（application 包）中初始化 DatabaseHelper 实例对象，通过 DatabaseHelper 中的方法完成数据库的创建与数据表的建立。程序调用各个数据表类中的方法，可以对数据表进行增、删、改、查等操作，代码都包含在 com.androidbook.client.database 包中。

网络部分包括了模块（mode 包）、请求类（Request.java）及网络连接类（HttpClient.java）。模块中包括了针对不同请求类型返回数据的解析类，可以实现对返回数据的解析。请求类实现请求类型、参数的设置。网络连接类实现了具体的网络连接，代码包含在 com.androidbook.client.network 包中。

其他一些包，如配置（application 包）、服务（service 包）、工具（utils 包）等实现辅助功能。配置实现程序的初始化和全局变量的控制，服务完成定时向服务器请求更新数据，工具则实现时间格式化等辅助功能，代码包含在 com.androidbook.client 的 application、service 以及 utils 三个包中。另外还有界面部分中单击事件的处理（activity 包）。

下面具体介绍贯穿整个案例项目的两个任务处理机制的流程：第一个是由事件驱动的任务处理机制（比如用户单击）；第二个是定时器驱动的任务机制（在 Service 中设置定时器定时访问）。下面是具体的流程图。

1. 由事件驱动的任务处理机制

以下是由事件驱动的任务处理机制具体的步骤。

（1）捕获到事件后确定是何种请求（有请求话题、请求私信和添加好友等）。

（2）封装具体的请求参数，根据请求的类型填写相应的参数。下面是检查软件更新的一个请求参数封装。

```
ClientApplication client = (ClientApplication) this.getApplication();
SharedPreferences shared = client.getLoginUserInfo();
RequestParam requestParam = new RequestParam();
//通过登录时存储在 SharedPreferences 中的用户数据来获得用户账号和密码
requestParam.setUserName(shared.getString(RequestParam.USER_NAME, ""));
requestParam.setPassword(shared.getString(RequestParam.PASSWORD, ""));
//用户请求的类型，根据该参数区别不同类型的请求，还有 Login 和 Signin 等
requestParam.setRequestType(RequestParam.UPDATE);
//读者可以忽略
requestParam.setRandomKey("1234");
//根据不同请求追加的参数，比如注册时的用户账号、密码、手机号和性别等参数
requestParam.setParams(new String[]{""});
```

（3）将参数传送到所在 Activity 的 AysncTask 中进行处理，进行网络的判断和数据的请求等。

```
mUpdateTask = new UpdateTask();
mUpdateTask.execute(requestParam);

class UpdateTask extends AsyncTask<RequestParam, Integer, Integer>{
        //省略部分代码
         @Override
         protected Integer doInBackground(RequestParam... params) {
              //网络判断
              if(!HttpClient.isConnect(AboutActivity.this)) {
                   return -1;
              }
              //获得传进的参数
              RequestParam requestParam = params[0];
              //调用网络模块中请求数据的方法请求数据
              String res = Request.request(requestParam.getJSON());
              if ("".equals(res)) {
                   return -1;
              }
             //省略部分代码
         }
```

（4）若请求成功，就需要调用数据模块的解析方法以解析响应的 JSON 格式的数据。

```
//这是上述 doInBackground 中省略部分的解析数据和存储数据的代码，这里不涉及数
//据存储，若涉及数据存储，在代码后面添加存储的方法即可
try {
        //解析参数
         ResponseParam response = new ResponseParam(res);
         if (response.getResult() != ResponseParam.RESULT_SUCCESS) {
              return -1;
         }

        //获得想要的内容
         AboutActivity.this.updateUrl = response.getContent();
         return 0;
         } catch (JSONException e) {
              e.printStackTrace();
         }
```

（5）若上述请求失败了（本案例的失败包括整个过程的所有失败，比如网络未连接和数据解析失败等），跳到该步骤执行通知用户请求失败；若请求成功，则通知用户刷新界面。

```
//该方法来自于 AysncTask 中的方法，doInBackground 执行完后执行
@Override
         protected void onPostExecute(Integer result) {
              super.onPostExecute(result);
        //省略部分代码
         if(result == -1) {
        //请求失败，通知用户
                   Utils.myToast(AboutActivity.this, getString(R.string.update_fail),
R.drawable.toast_error);
```

```
                return;
            }
        //请求成功，刷新界面
         if(result == 0) {
             update();
         }
}
```

由事件驱动的任务处理的步骤如图 11.8 所示。

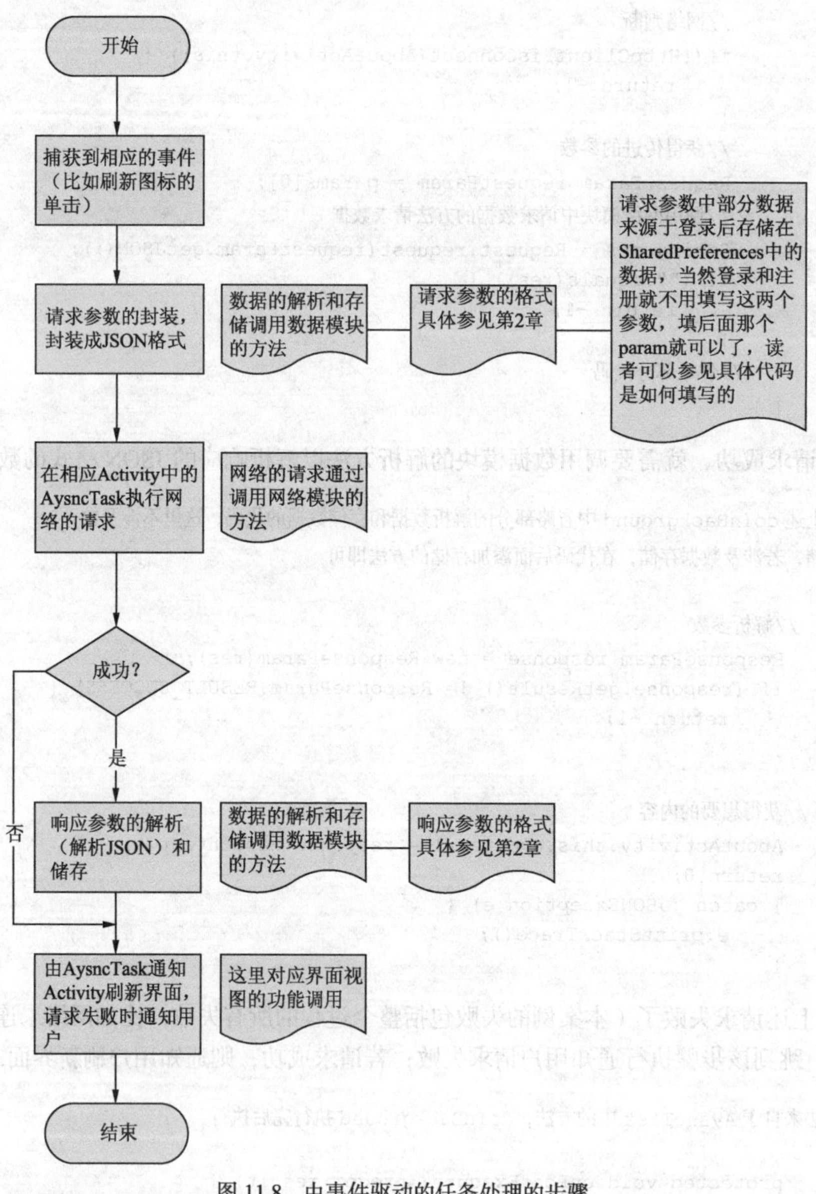

图 11.8　由事件驱动的任务处理的步骤

2. 以定时器驱动的任务机制

以定时器驱动的任务机制的具体步骤如下。

（1）与事件驱动不一样的是，这里采用定时器定时启动网络访问。

源代码位置：com.androidbook.client.activity.AboutActivity

```
/**
 * repeatTime 表示定时的时长
 */
public static void setNextRequestTime(Context context, int repeatTime) {
        //获取当前时间
        long currentTime = System.currentTimeMillis();
        //定时开始
        addAlarmManager(context).set(AlarmManager.RTC_WAKEUP,
                currentTime + repeatTime, addPendingIntent(context));
    }
```

（2）数据的封装与事件驱动一样。

（3）在 Service 中启动新的线程来处理网络连接请求。

源代码位置：com.androidbook.client.service.MsgService

```
@Override
    public void run() {
        synchronized (MsgService.this.getClass()) {

                    //请求消息
                    //请求获得新添加好友
                    if(request(RequestParam.GET_PERSON_STATE)){
                        //具体的请求方法，这里请求的是用户好友列表更新消息
                        request(RequestParam.GET_NEW_FRIENDS);
                        //从返回结果中获得数据发送至 handler
                        Message message = handler.obtainMessage();
                        message.what = MsgService.FRIEND;
                        this.handler.sendMessage(message);
                    }
          //省略部分代码
}

private boolean request(String requestType){
        //省略部分代码
        //如果网络没有连接则更新进度为网络连接异常
    if( !HttpClient.isConnect(clientApplication.getApplicationCon text() ) ) {
            return false;
        }
        //调用网络模块的网络请求数据方法
        String res = Request.request(requestParam.getJSON());
        //如果请求结果为空字符串，则请求失败
        if ("".equals(res)) {
            //请求失败提示
      }
    //省略部分代码
}
```

（4）数据的解析和数据的储存与事件驱动处理中的步骤一样。

（5）界面视图的更新（包含请求失败和请求成功），由于任务的操作在 Service 中，Service 中没有涉及界面更新的方法，所以通过 Handler 和实现 MsgRefresh 接口的 Activity 来完成界面刷新功能。

```
// 进行 UI 更新 handler
private Handler handler = new Handler() {
    @Override
    public void handleMessage(Message msg) {
        switch (msg.what) {
```

```
                case TOPIC:
                    //通过 MsgRefresh 刷新界面
                    MsgRefresh msgRefresh1 = (MsgRefresh)
                            getActivityInList("BroadCastActivity");
                    if (msgRefresh1 != null) {
                        msgRefresh1.refresh(msg.what, "");
                    }
                    break;
                //省略部分代码
                default:
                    break;
            }
            MsgRefresh msgRefresh0 = (MsgRefresh)
                                    getActivityInList("ClientActivity");
            if(msgRefresh0 != null){
                msgRefresh0.refresh(msg.what, newNum);
            }
            super.handleMessage(msg);
        }
    };
```

以定时器驱动的任务机制的步骤如图 11.9 所示。

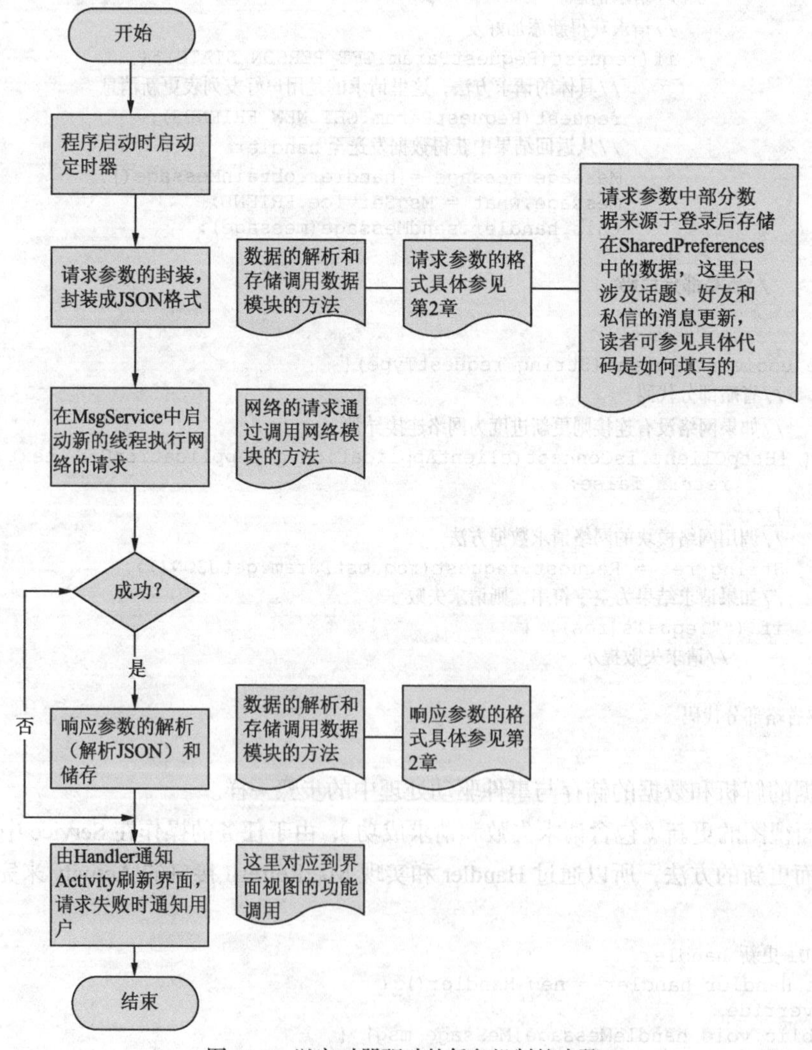

图 11.9　以定时器驱动的任务机制的步骤

接下来的功能模块主要使用上面描述的两种处理方式。后续的讲述主要给出各个模块的实现逻辑和对应的代码位置，具体的代码将不做详细的分析。

11.1.2　功能模块

1. 启动、注册、登录和注销

（1）启动

① 界面

启动界面不使用布局文件进行显示，通过代码生成。

启动界面的具体代码在 com.androidbook.client.activity.loginsignin.LogoActivity 的 OnCreate() 方法中。代码如下。

```
View view = new View(this);
view.setBackgroundResource(R.drawable.logo);
setContentView(view);
```

启动界面效果如图 11.10 所示。

图 11.10　Logo 界面

② 功能描述

在启动界面过程中，用户不能进行任何操作，程序在后台根据上次登录用户的状态判断界面的跳转。若用户是第一次登录，则跳转至登录注册选择界面，再根据用户单击进行跳转。若用户登录成功过，则判断用户上次退出时的状态，若为在线，则跳转至程序主界面——话题界面；若为离线，则跳转至登录注册选择界面。

注意，在启动界面时可以利用启动画面等待的时间，让程序在后台进行一些数据的初始化，如大量数据的读取，以便进入主界面后正常显示或者操作。在本项目中未进行数据初始化。

③ 任务处理

任务处理的具体代码在 com.androidbook.client.activity.loginsignin.LogoActivity 中。

进入启动界面后，利用 LogoLanuch 类进行后台操作。在后台根据用户的状态进行界面跳转的判断：首先利用方法 getLoginUserInfo 获取上次登录用户的用户信息，再利用 LogoLanuch 类中的 run 方法让其根据用户信息中的用户状态（RequestParam.STATUS）进行判断，在线则跳转至主界面，离线则跳转至登录注册选择界面。若用户第一次登录，则获取的上次登录用户的信息为空，同时用户状态也为空，则将其状态设置成默认值——离线（RequestParam.OFFLINE）；若用户之前登录成功过，则根据获取的用户状态进行判断。流程如图 11.11 所示。

（2）注册

① 界面

注册界面的布局文件位于 res/layout/signin_layout 中，界面效果如图 11.12 所示。

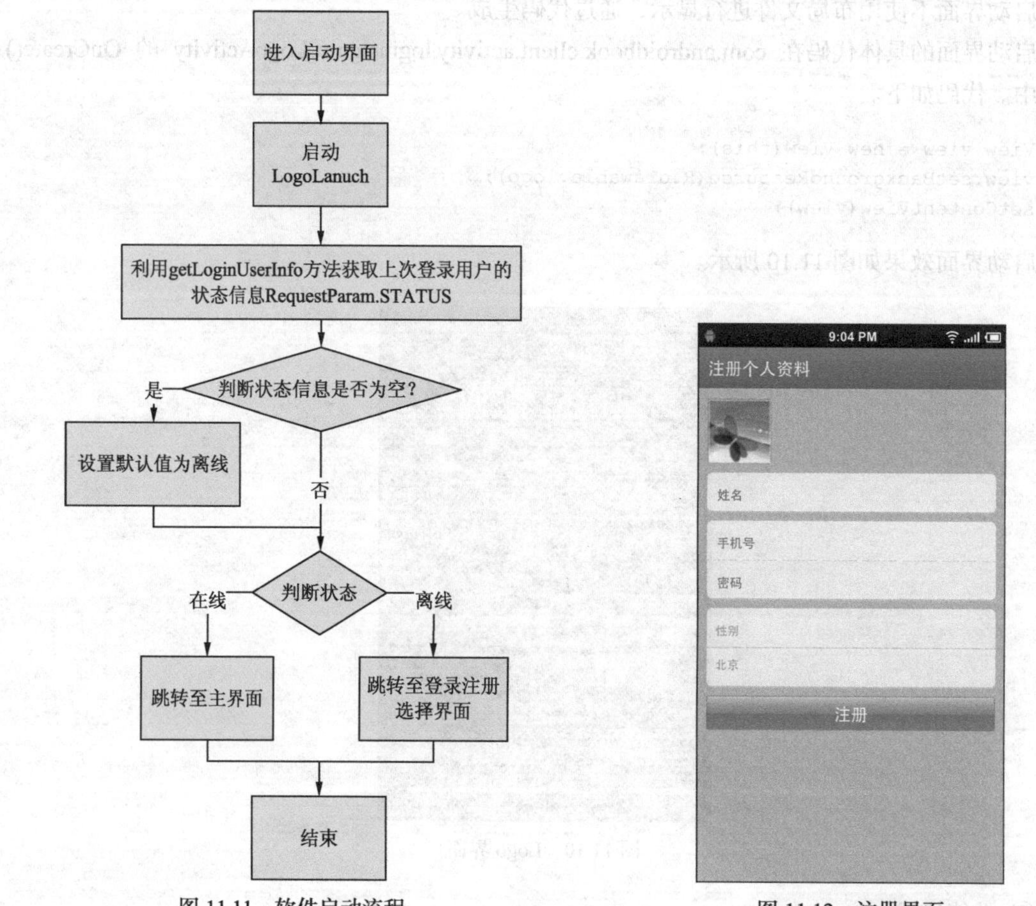

图 11.11　软件启动流程

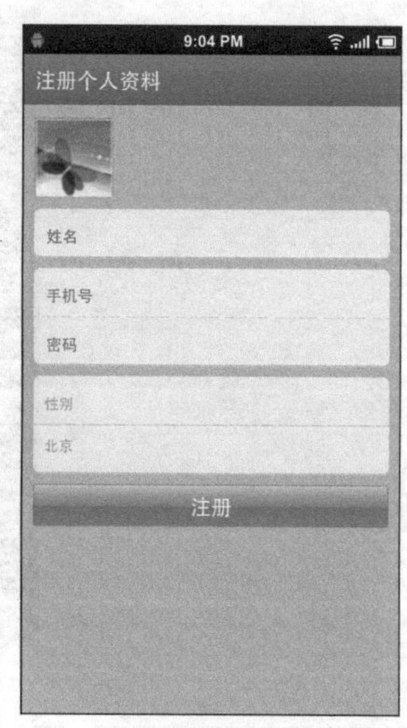

图 11.12　注册界面

② 功能描述

实现用户的注册，用户根据提示进行输入，单击注册按钮，进行注册结果的提示。其中注册内容包括以下几个方面，如表 11.1 所示。

表 11.1　注册内容

注册内容项	填写原则	注册内容项	填写原则
用户头像	不是必填的	用户密码	必须填写
用户名	必须填写	用户性别	不是必填的
用户账号（手机号）	必须填写，唯一标识该用户	用户地址	不是必填的

③ 任务处理

任务处理的具体代码在 com.androidbook.client.activity.loginsignin.SignProfileActivity 中。

当用户单击注册，利用异步任务（AysncTask）机制——注册请求类 SigninTask 向服务器发送注册请求，根据服务器返回数据进行解析判断，在界面上进行成功或者失败的提示。流程如图 11.13 所示。

（3）登录

① 界面

登录界面的布局文件位于 res/layout/login_layout 中，界面效果如图 11.14 所示。

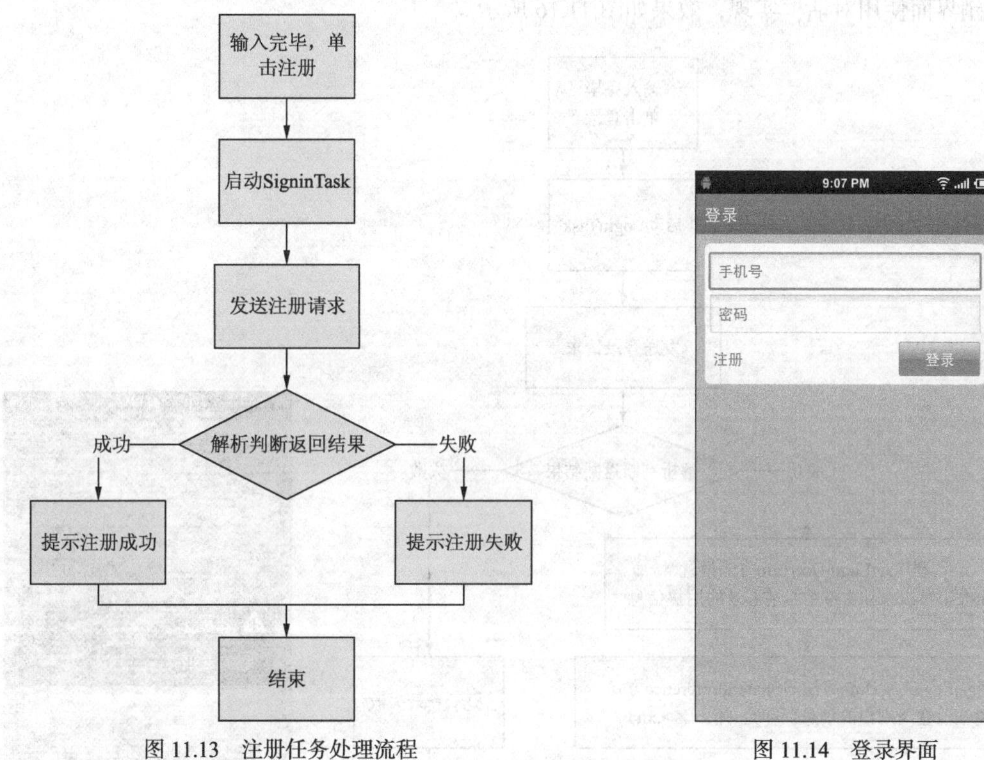

图 11.13　注册任务处理流程　　　　图 11.14　登录界面

登录界面主要组件包括“登录”标题（TextView）、用户名与密码输入框（EditText），“注册”文字（TextView）与登录按钮（Button）。

② 功能描述

在登录界面中，主要完成用户的用户名、密码输入，单击“注册”，则跳转至注册界面；单击登录，对用户名与密码进行验证，并显示登录结果，若验证成功，则跳转至主界面；若验证失败，则在界面上进行错误提示。

③ 任务处理

任务处理的具体代码在 com.androidbook.client.activity.loginsignin.LoginActivity 中。

在登录界面中，主要实现向服务器发送登录请求，对用户名与密码的验证，根据验证结果进行界面的跳转。登录按钮响应 onLoginClick 方法，根据用户的用户名与密码的输入情况进行提示，如“输入不全”，若输入正确，则设置好请求参数，启动登录请求类 LoginTask，利用异步任务（AysncTask）机制在后台完成数据的请求，并根据返回结果进行解析判断，完成登录数据的存储、界面的提示与跳转。流程如图 11.15 所示。

④ 数据存储

数据存储的具体代码位于 com.androidbook.client.activity.loginsignin.LoginActivity 中的登录请求类 LoginTask 下的 doInBackground 方法中。

在登录请求发送后，解析返回数据，若成功，则利用 SharedPreferences 方式存储用户的信息，详细逻辑及使用见“8.1”节。

（4）注销

① 界面

注销界面使用对话框实现，效果如图 11.16 所示。

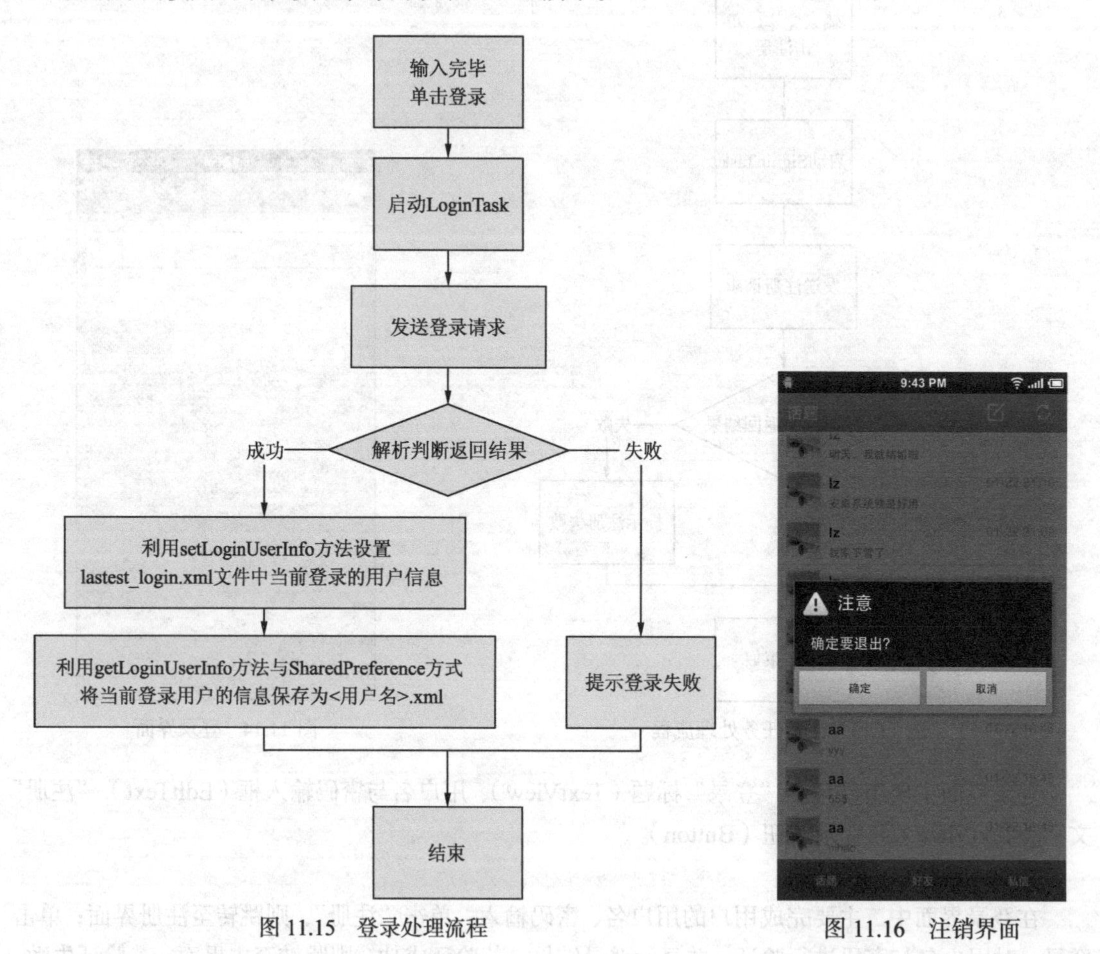

图 11.15 登录处理流程

图 11.16 注销界面

② 功能描述

注销界面中，完成对用户注销的确认与否。若单击“确定”，则根据注销结果，跳转至登录界面或在界面上进行提示；若单击“取消”，则关闭对话框。

③ 任务处理

任务处理的具体代码在 com.androidbook.client.activity.controller.BaseActivity 中。

注销界面主要完成用户的注销操作，当用户单击注销确定，启动注销类 LogoutTask，向服务器发送注销请求，然后根据返回的数据进行判断，设置用户状态为离线，并进行界面跳转。流程如图 11.17 所示。

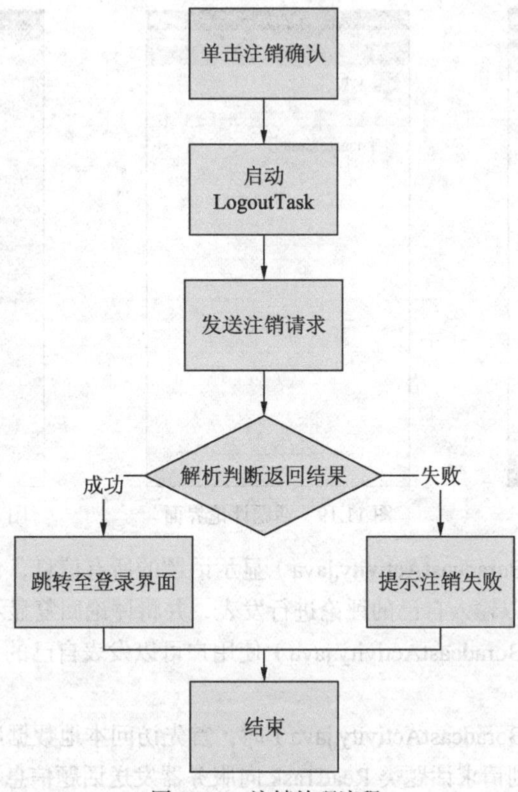

图 11.17　注销处理流程

④ 数据改变

在注销成功后，发送广播，在广播接收类 LoginLogoutBroadCast 中，根据广播类型，利用 SharedPreferences 方式修改存储用户信息中的状态。具体代码位于 com.androidbook.client.broadcastreceiver 中。

2. 话题、好友和私信

（1）话题

① 界面

话题界面的具体代码位于 com.androidbook.client.activity.broadcast 包中，包括话题列表界面（BroadCastActivity.java）、话题评论界面（ComBroadCastActivity.java）与发表话题界面（SendBroadCastActivity.java）。

话题列表界面布局文件位于 res/layout/boradcast_layout 中，还有一个 ListView 中每行的布局文件，也位于 res/layout/topic_layout_item 中，另外，话题评论界面的布局位于 read_ boradcast _layout 中，发表话题布局文件位于 send_ boradcast _layout 中，界面效果如图 11.18~11.20 所示。

话题中的视图流程是：在话题列表界面（如图 11.18 所示）单击某条话题时，就会跳转到话题评论界面（如图 11.19 所示），单击话题列表界面头部上的发表话题图标就可进入发表话题界面（如图 11.20 所示）中。

② 功能描述

话题列表界面（BoradcastActivity.java）以列表的形式显示话题，单击每一条列表中的话题记录，能够跳转至每个话题评论的界面。单击左上方的发表话题与刷新图标，可以跳转至发表话题界面，或者向服务器请求所有话题数据，并刷新界面。

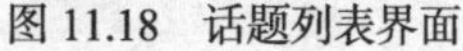
图 11.18　话题列表界面

图 11.19　话题评论界面

图 11.20　发表话题界面

查看话题界面（ComBoradcastActivity.java）显示话题的所有信息，包括发表人、内容及话题的评论回复，同时用户可以输入自己的评论进行发表，并将评论回复显示在界面中。

发表话题界面（SendBoradcastActivity.java）使用户可以发表自己的话题。

③ 任务处理

进入话题列表界面（BoradcastActivity.java）时，首先访问本地数据库，检查是否存在话题信息，若不存在话题信息，则请求话题类 ReadTask 向服务器发送话题信息请求，获取所有话题信息数据。然后将数据进行解析，保存到数据库。最后执行界面刷新，显示每条话题记录的信息。

话题列表界面的具体代码在 com.androidbook.client.activity.broadcast.BoradcastActivity 中。

进入话题评论界面（ComBoradcastActivity.java），从数据库中读取对应话题的信息，同时，由于话题的评论回复未进行本地数据库存储，话题评论的数据都通过话题评论请求类 GetBoradcastComTask 启动，向服务器发送话题评论信息请求，并将返回的数据进行解析并显示。若要发表自己的评论，则通过发表评论请求类 AddBoradcastComTask 向服务器发送请求，根据返回数据进行解析，并在界面上进行提示。

话题评论界面的具体代码在 com.androidbook.client.activity.boradcast.ComBoradcastcActivity 中。

发表话题界面（SendBoradcastActivity.java）中主要完成话题的发表，利用发表话题请求类 SendBoradcastTask 向服务器发送发表话题请求，根据返回数据进行解析，并在界面上进行提示。

发表话题界面的具体代码在 com.androidbook.client.activity.Boradcast.SendBoradcastcActivity 中。具体的流程图参考上一节中的登录、注册等流程，它们的控制过程大同小异，不同的只是输入、输出的数据不一样而已，不影响对任务处理过程的理解。

④ 数据存储

在话题列表界面刷新时，ReadTask 类在后台发送所有话题请求，并将返回数据进行解析，同时将获取的所有话题信息数据利用 insertToDataBase 方法存入数据库中。

数据存储的具体代码在 com.androidbook.client.activity. Boradcast.BoradcastActivity 中。

（2）好友

① 界面

好友界面的布局文件位于 res/layout/friends_layout 中，同时还有一个 ListView 中每行的布局文件，也位于 res/layout/friends_layout_item 中，界面效果如图 11.21 和图 11.22 所示。

图 11.21　好友列表界面

图 11.22　所有用户界面

下面介绍好友界面中的视图流程：在好友列表界面（如图 11.21 所示）长按某个好友时，就会弹出上下文菜单，可选择发私信和删除好友功能。当单击某个条目时就会跳转到该用户的资料界面；当单击头部的添加好友图标时，就会跳转到添加好友的界面（如图 11.22 所示）。

② 功能描述

具体代码位于 com.androidbook.client.activity.friend 包下。FriendsActivity 用于好友数据的请求和显示等。AddFriendsActivity 用于显示所有用户和添加好友。

③ 任务处理

进入好友界面时，首先访问本地数据库中是否存在，若不存在则通过异步机制（AsyncTask）向服务端请求数据。

具体的流程图参考上一节中的登录、注册等流程，它们的控制过程大同小异，不同的只是输入输出的数据不一样而已，不影响对任务处理过程的理解。

④ 数据存储

本地储存好友的信息位于数据库的 friend 表中。

（3）私信

① 界面

私信界面的布局文件位于 res/layout/letter_layout 中，同时还有一个 ListView 中每行的布局文件，也位于 res/layout/letter_layout_item 中，界面效果如图 11.23~11.25 所示。

图 11.23　私信列表界面

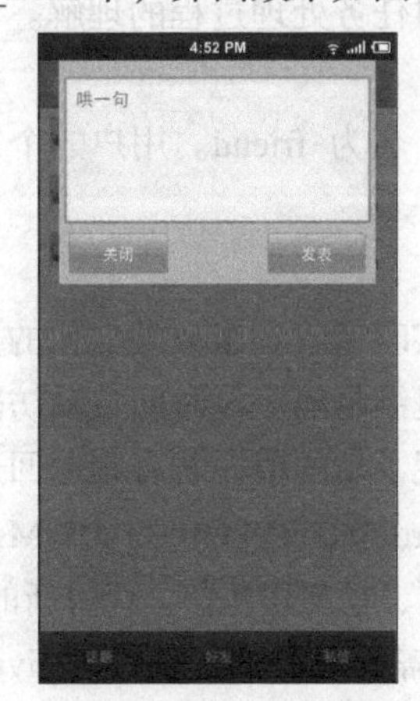

图 11.24　回复私信列表界面

图 11.25　发送私信列表界面

介绍私信中的视图流程是：在私信列表界面（如图 11.23 所示）长按某条私信时，就会弹出上下文菜单可选的操作，有回复（如图 11.24 所示）和删除该私信，单击头部的发送私信图标时就会跳转到（如图 11.25 所示）发送私信界面。

② 功能描述

功能描述代码位于 com.androidbook.client.activity.LetterActivity 和 com.androidbook.client.activity.SendLetterActivity 中，在 LetterActivity 中显示私信和执行与私信相关的操作，比如请求私信、显示私信、删除私信和回复私信等。在 SendLetterActivity 中执行发送私信。

③ 任务处理

上述的功能都是采用 Android 提供的异步任务来完成，包括私信的请求和回复等。

具体的流程图参考上一节中的登录、注册等流程，它们的控制过程大同小异，不同的只是输入输出的数据不一样而已，不影响对任务处理过程的理解。

④ 数据存储

私信储存在本地数据库的 letter 表中，本地保存了该用户所有的私信。

3. 用户资料（包括个人资料和用户资料）

（1）界面

用户资料界面的布局文件位于 res/layout/profile_layout 中，界面效果如图 11.26 所示。

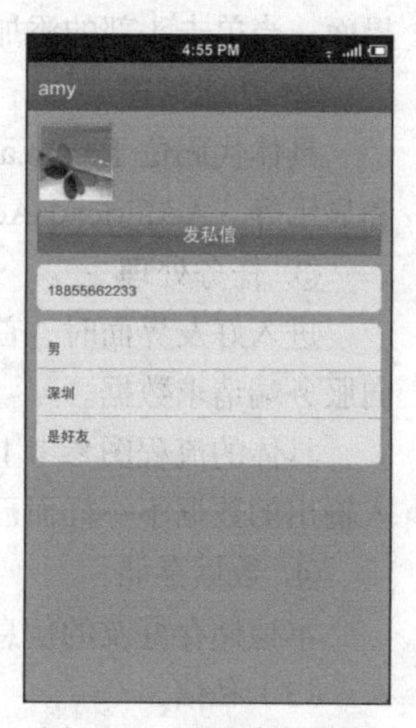

图 11.26　用户资料界面

（2）功能描述

功能描述代码位于 com.androidbook.client.activity.profileActivity 中，该部分具有的功能包含查看个人资料和其他用户的资料，处理过程为通过用户的 ID（UID）来向服务端请求该 UID 的用户个人资料，UID 唯一标识了某个用户。

（3）任务处理

查看个人资料或者其他用户资料时，都是用 ProfileActivity 做显示和操作。当要查看某个用户的资料时，首先在好友表中查询是否存在该用户的信息，如果不存在则通过网络向服务端请求，在请求的参数中放入该用户的 ID（UID），然后通过异步任务（AsyncTask）来请求用户的资料。

具体的流程图参考上一节中的登录、注册等流程，它们的控制过程大同小异，不同的只是输入、输出的数据不一样而已，不影响对任务处理过程的理解。

（4）数据存储

本地只存储了用户好友的信息表，名为 friend。用户的个人资料和其他用户的资料不做本地存储，在需要的时候联网请求。

4. 消息更新机制

为了保证综合案例中各个模块能实时接收到服务端变化的数据，比如好友发表了新话题、有新的私信等，本综合案例采用轮询的机制每隔一段时间自动访问服务器，读取服务器端的话题、好友和私信表，查询这些表中是否出现了新的值，若有则返回这些数据。

消息更新机制的代码位于 com.androidbook.client.service.MsgService 中，通过定时器每隔数秒中向服务器发送 3 个请求，分别是话题、好友和私信。获得新的消息后，通过之前获得的 Activity 引用结合 MsgRefresh 接口刷新对应需要更新的界面（Activity）。这样就要求 TopicActivity、FriendsActivity 和 LetterActivity 实现 MsgRefresh，并在初始化的方法中添加各个 Activity 实例到

MsgService 中的 Activity 列表中。

5. 其他内容

（1）用户登录数据的储存（SharedPreferences）。

用户登录数据存储的代码位于 com.androidbook.client.application.ClientApplication 中。

实现用户登录数据的存储，用 SharedPreferences 来储存用户数据到 xml 文件中。为了保证多用户登录后能正确找到当前用户的数据，将其中一个 xml 文件的命名为 lastest_login.xml，里面存放的内容为最近一个登录用户的用户账号。另外的 xml 文件为在同一台设备上登录过的用户信息，文件的名字为用户的账号，里面存储内容包括用户账号、密码和登录状态等。如果要获得当前用户的数据，先从 lastest login.xml 中找到该用户的用户账号，然后通过该账号去找以该用户账号命名的 xml 文件，就可获得该用户的详细数据了。

下面介绍用户识别多用户的过程。

① 当某个用户登录时，修改 lastest_login.xml 中的对应的数据。

② 生成以该用户账号生成文件名的 xml 文件，比如 15555215552.xml，里面储存着该用户的详细信息。

这样就可以通过 lastest_login.xml 来区分该时刻登录的用户。通过里面的数据可以获得对应的 xml 文件，找到该登录用户详细信息。

（2）广播接收者（BroadcastReceiver）

广播接收者的代码位于 com.androidbook.client.broadcastreceiver.LoginLogoutBroadCast 中。

用户登录成功或注销成功后通知用户，在 broadcastReceiver 中通过 Toast 来实现，并且修改用户登录的状态。

（3）软件更新功能

软件更新功能的代码位于 com.androidbook.client.activity.loginsignin.AboutActivity 中。

实现软件的检查更新功能的过程是：当单击检查更新时，通过异步任务机制向服务端获取最新软件的地址，获得该地址后交给手机自带的浏览器进行下载。

11.2　服务端

11.2.1　服务端功能结构

该案例采用的服务器是 Tomcat6.5，代码用 Java 语言编写，数据库使用 Mysql。图 11.27 和表 11.2 分别是本综合案例中服务端代码的层次和包的说明。

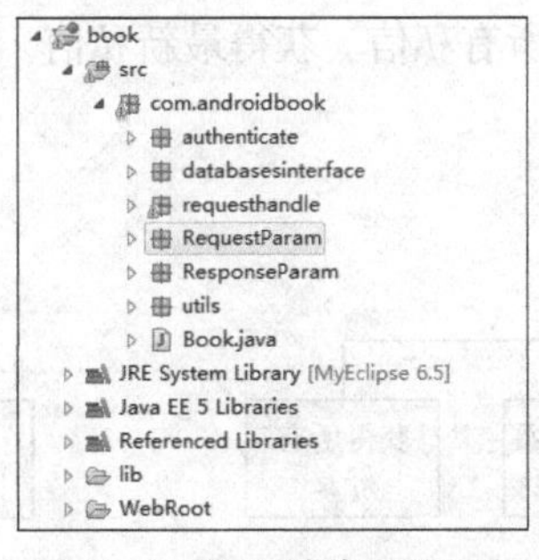

图 11.27　服务端代码的层次

表 11.2　　服务端代码包的说明

服务端代码包子菜单名称	含　义
book	是项目的名称
src	该包是项目代码放置的目录
com.androidbook.authenticate	该包内存放的是客户端请求时的认证模块
com.androidbook.databasesinterface	该包内存放的是数据库的接口
com.androidbook.requesthandle	该包内存放具体的请求处理类，比如 Login、AddFriends 等
com.androidbook.RequestParam	该包内存放客户端传递过来的参数的解析，JSON 格式数据的解析
com.androidbook.ResponseParam	该包内存放服务器返回到客户端的数据的封装，封装成 JSON 格式
com.androidbook.utils	该包存放一些公用的静态方法，比如判断字符串是否为空等
Book.java	该类继承自 HttpServlet，是客户端请求的入口，服务端返回数据的出口
JRE、lib、WebRoot 等	该包是本项目相关的配置文件和使用 java 的类库文件

服务端为 Android 客户端提供服务和数据支持，包含了话题、好友、私信与用户资料等方面的内容，如图 11.28 所示。

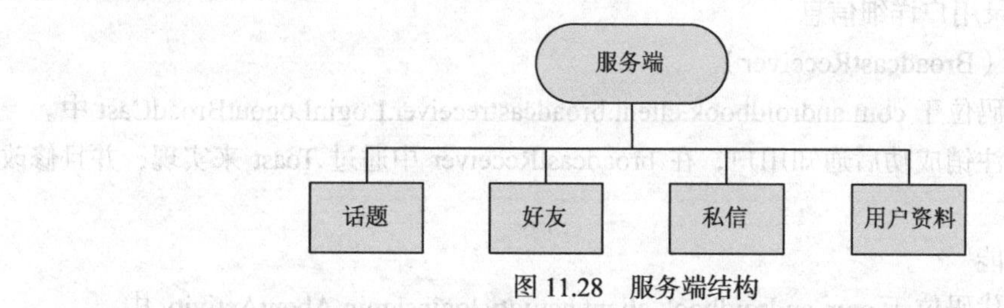

图 11.28　服务端结构

在话题中包含有发表话题、获得所有话题、获得最新话题、评论话题和获得话题评论，如图 11.29 所示。

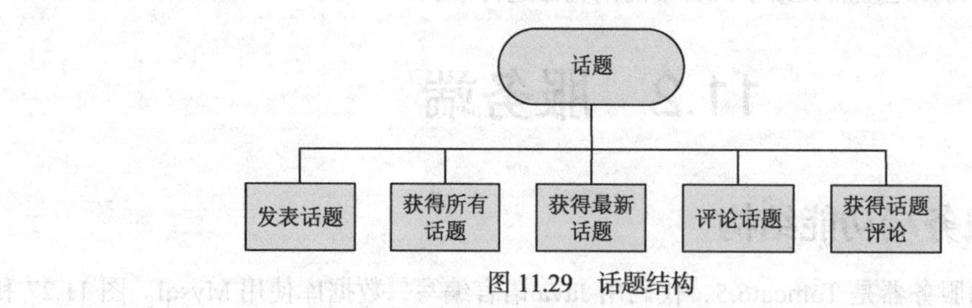

图 11.29　话题结构

在好友中包含有添加好友、删除好友、获得最新添加的好友和获得所有好友，如图 11.30 所示。在私信中包含有发私信、获得所有私信、获得最新私信，如图 11.31 所示。

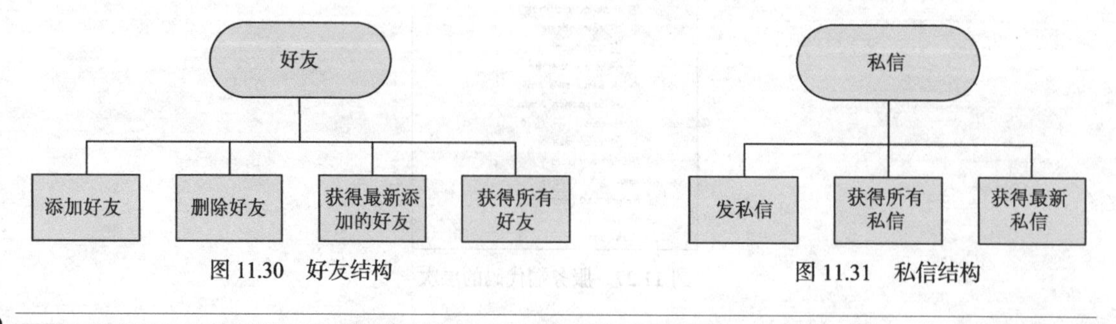

图 11.30　好友结构　　　　图 11.31　私信结构

11.2.2　数据解析和控制流程

服务端是由 Java 语言写的控制处理与 MySql 数据库相结合的方式来实现的，其中 Java 语言写的控制处理用来控制请求和返回数据等业务流程，MySql 是用来存放话题、好友、私信和用户资料等数据的数据库。下面介绍从客户端发请求到服务端处理并返回数据的整个过程，如图 11.32 所示。

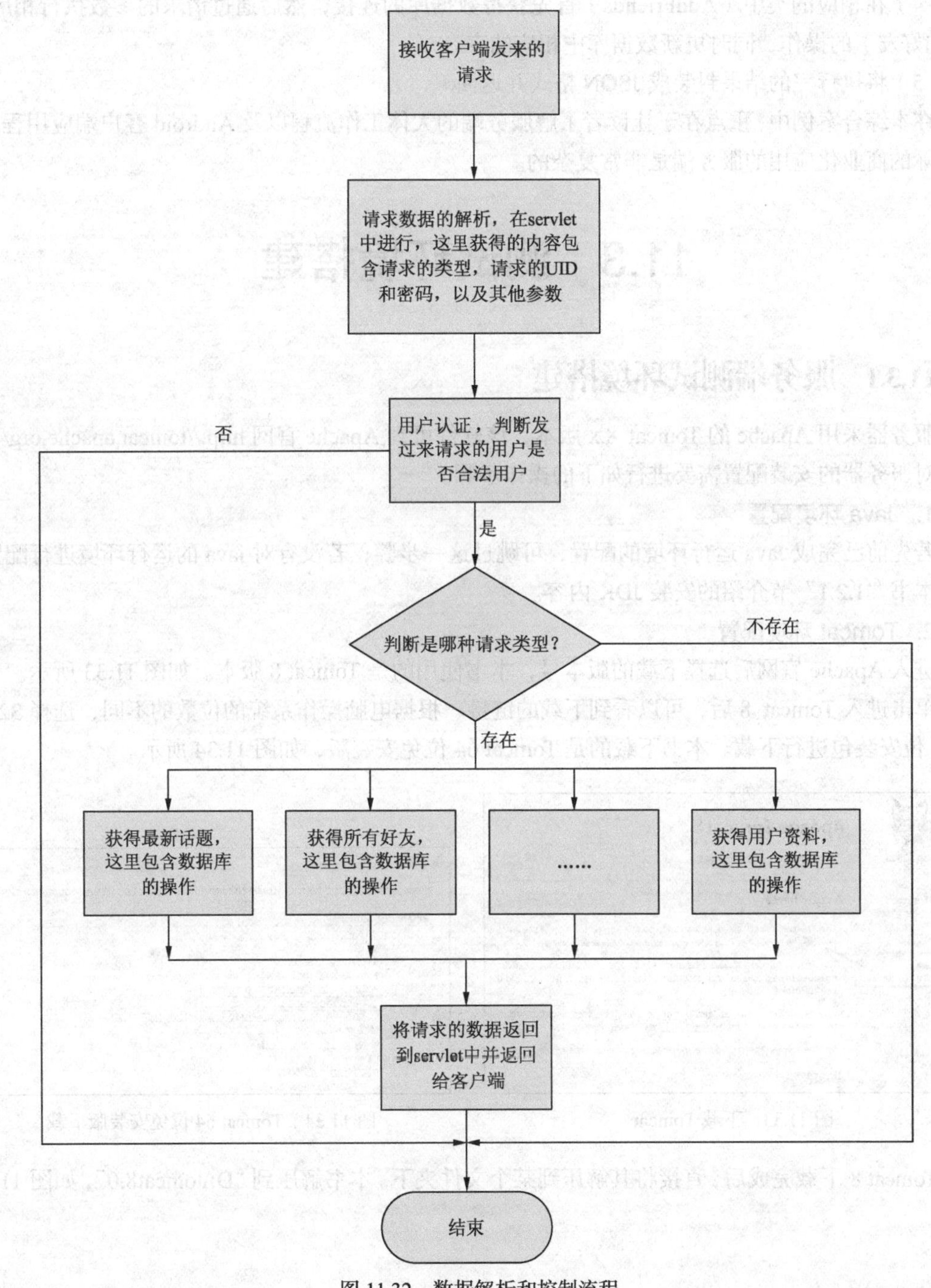

图 11.32　数据解析和控制流程

在整个过程中，用户发来的数据和返回的数据都是 JSON 格式的。整个过程主要分以下 5 步。

（1）接收请求的参数，并分析参数，也就是解析 JSON 格式里面的内容。

（2）通过获得的用户 ID（UID）和密码（password）去验证用户是否合法，如果是注册就跳开该步骤。

（3）通过获得的请求类型（requestType）将任务分发到相应的类中，比如添加好友，此时就调到 AddFriends 中执行。

（4）在相应的类中（AddFriends）首先获得数据库的连接，然后通过请求的参数执行相应的（添加好友）的操作，同时更新数据库中相应的表。

（5）将执行完的结果封装成 JSON 格式并返回。

在本综合案例中，重点在于让读者了解服务端的大体工作流程以及 Android 客户端应用程序，而实际的商业化应用的服务端是非常复杂的。

11.3 测试环境搭建

11.3.1 服务端测试环境搭建

服务器采用 Apache 的 Tomcat 8.x 版本，该软件可到 Apache 官网 http://tomcat.apache.org/ 下载。对服务器的安装配置需要进行如下的操作步骤。

1. Java 环境配置

若先前已完成 Java 运行环境的配置，可跳过这一步骤；若没有对 java 的运行环境进行配置，参考本书“1.2.1”节介绍的安装 JDK 内容。

2. Tomcat 环境配置

进入 Apache 官网后选择下载的版本号，本书使用的是 Tomcat 8 版本。如图 11.33 所示。

单击进入 Tomcat 8 后，可以看到下载的链接。根据电脑操作系统的位数的不同，选择 32 位或 64 位安装包进行下载。本书下载的是 Tomcat 64 位免安装版，如图 11.34 所示。

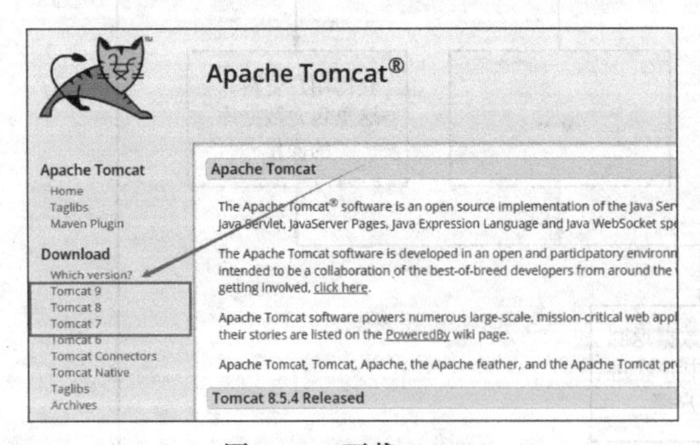

图 11.33　下载 Tomcat

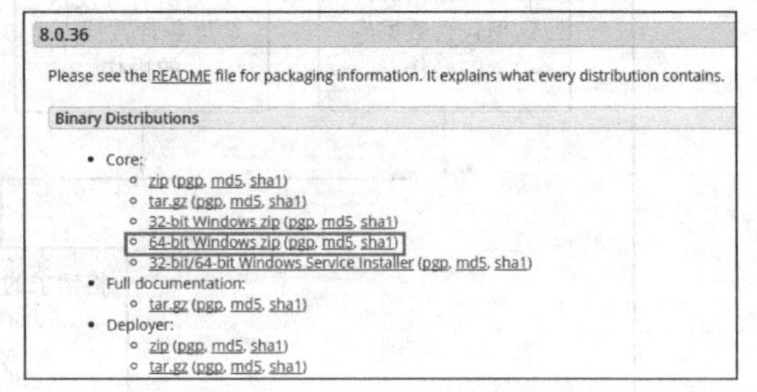

图 11.34　Tomcat 64 位免安装版下载

Tomcat 8 下载完成后，直接将其解压到某个文件夹下。本书解压到“D:\tomcat8.0”，如图 11.35 所示。

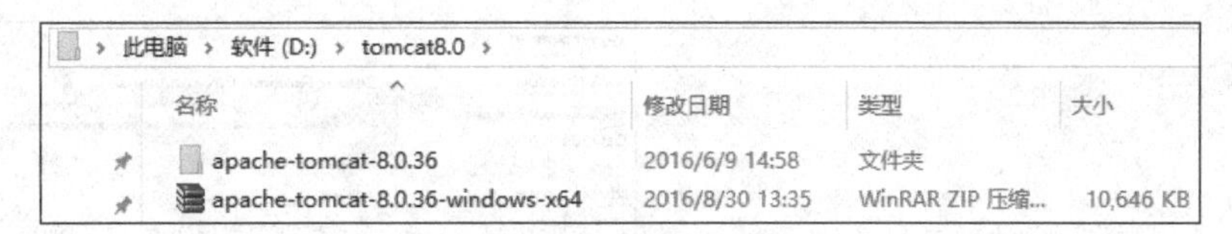

图 11.35　解压 Tomcat

进入之前配置环境变量的位置，在系统变量一栏中单击“新建”，然后输入如下名称：CATALINA_HOME，变量值：D:\tomcat8.0\apache-tomcat-8.0.36（解压后 Tomcat 的路径），如图 11.36 所示。

在系统变量一栏中单击“新建”按钮，然后输入名称：ClassPath，变量值：%CATALINA_HOME%\lib，如图 11.37 所示。

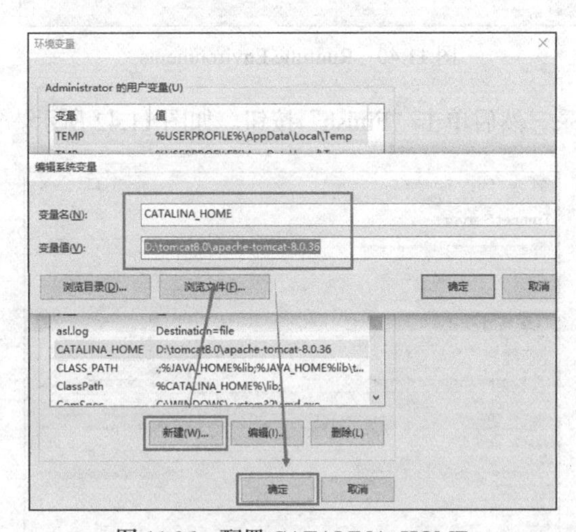

图 11.36　配置 CATALINA_HOME

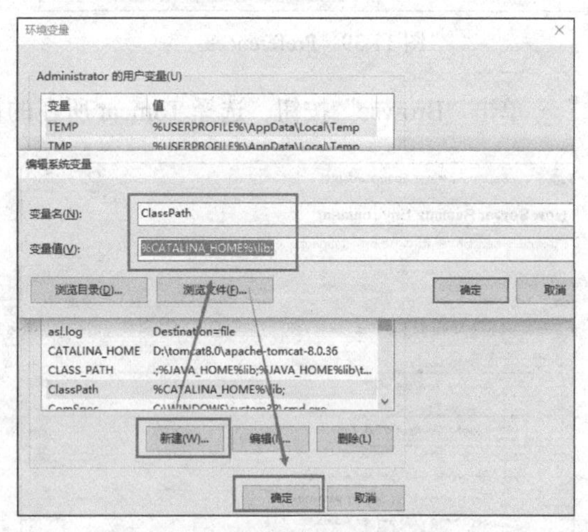

图 11.37　配置 ClassPath

配置完成后需要重启电脑，然后进入 Tomcat 的 bin 目录下，找到 startup.bat 文件，双击这个文件，打开一个 cmd 窗口，Tomcat 启动的相关加载信息就会显示出来，如图 11.38 所示。

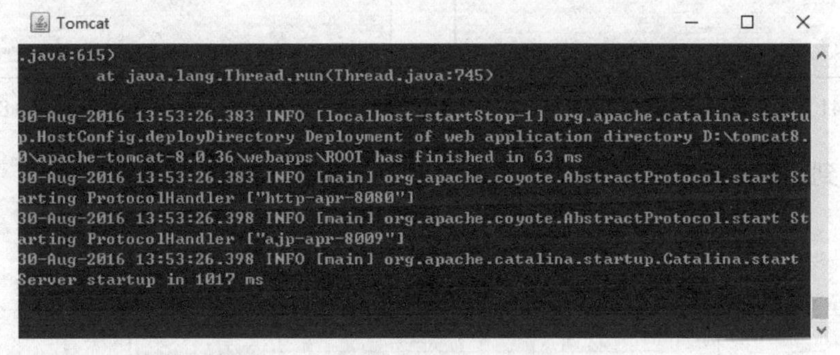

图 11.38　启动 Tomcat

3. Eclipse 下配置 Tomcat

打开 Eclipse，找到 Window→Preferences，如图 11.39 所示。

单击进入后，找到 Server→Runtime Environments，如图 11.40 所示。

单击右边的“Add”按钮，选择添加“Apache Tomcat v8.0”，单击“Next”按钮。如图 11.41 所示。

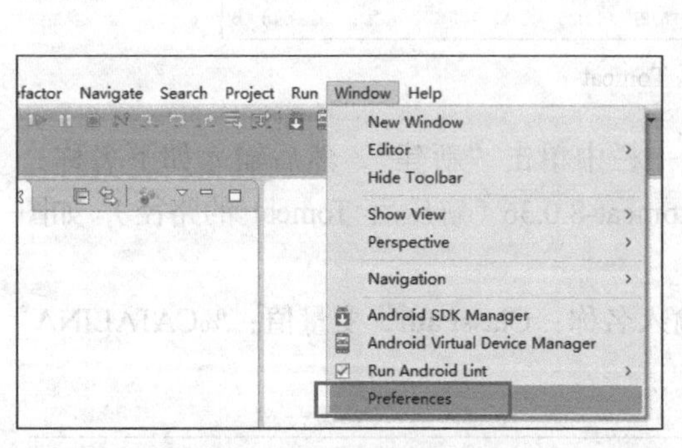

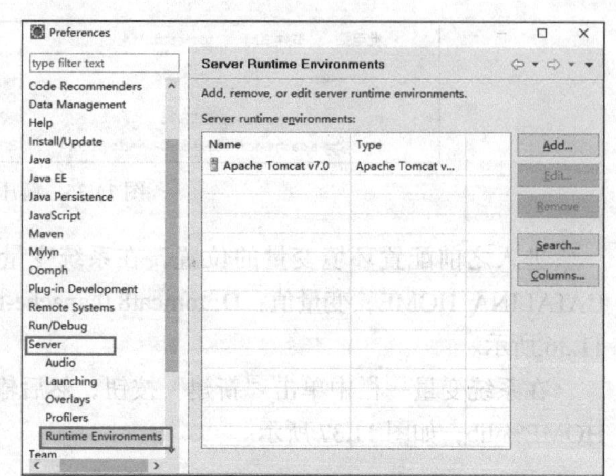

图 11.39　Preferences　　　图 11.40　Runtime Environments

单击“Browse”按钮，选择 Tomcat 所在的目录，然后单击“Finish”按钮。如图 11.42 所示。

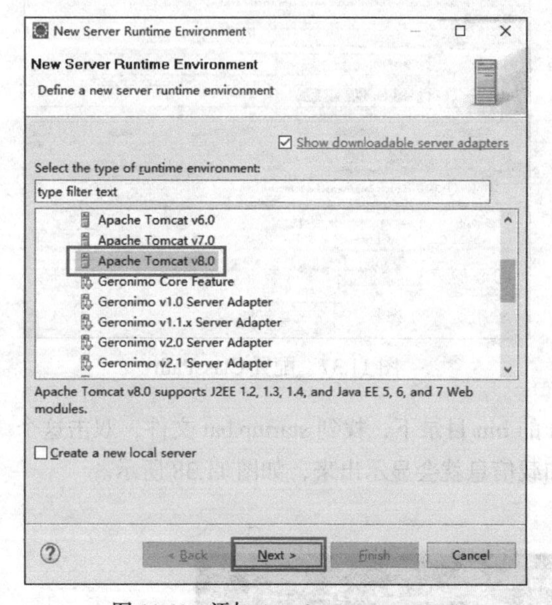

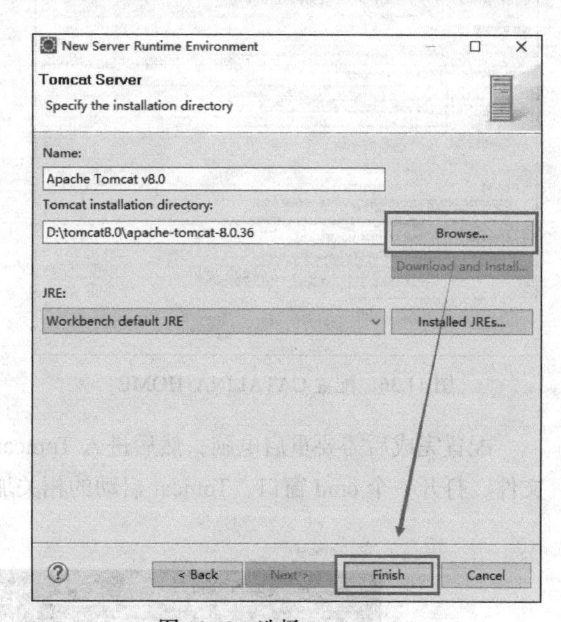

图 11.41　添加 Apache Tomcat v8.0　　　图 11.42　选择 Tomcat v8.0

这样就得到了刚才引入的 Apache Tomcat v8.0 服务器，如图 11.43 所示。

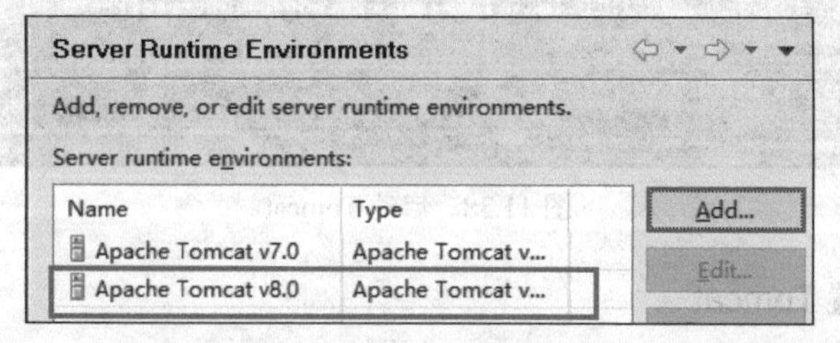

图 11.43　引入的 Apache Tomcat v8.0 服务器

在 JavaEE 下选择服务器工程文件，在 Servers 中会提示没有可用的服务器，需要创建一个新的服务器。如图 11.44 所示。

图 11.44　提示创建新的服务器

单击创建服务器，选择“Tomcat v8.0 Server”，单击“Finish”按钮后得到一个服务器。如图 11.45 和 11.46 所示。

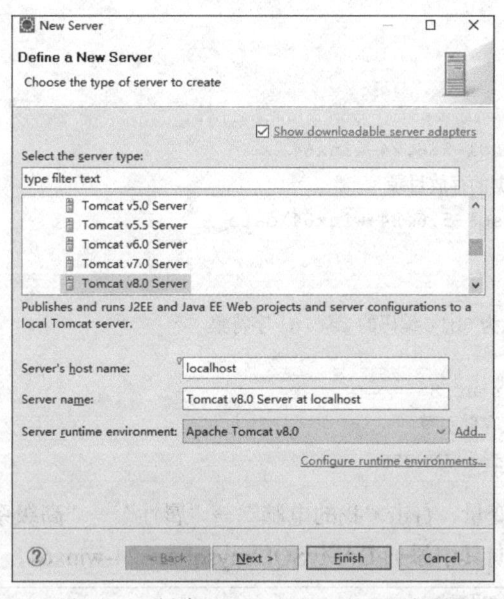

图 11.45　创建 Tomcat v8.0 Server 服务器

图 11.46　得到 Tomcat v8.0 Server 服务器

然后在服务器工程处右击，选择“Run As-Run on Server”。运行后若在控制台出现图 11.47 所示的内容，说明服务器运行成功。

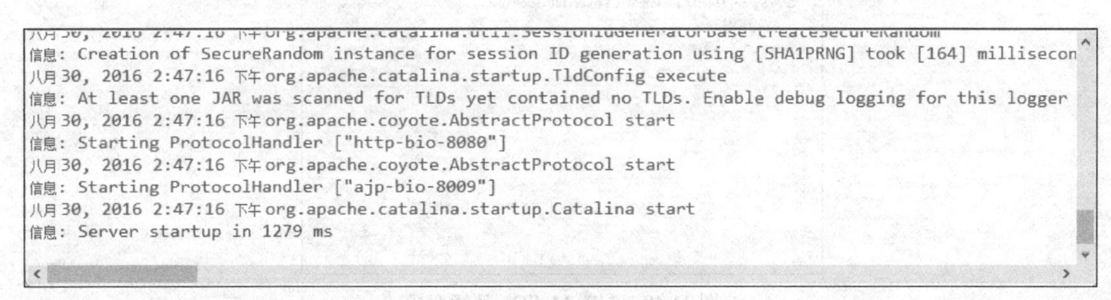

图 11.47　服务器运行成功

4. MySQL 的配置

MySQL 安装文件分为两种：一种是 msi 格式，另一种是 zip 格式。msi 格式的文件可以直接单击安装，按照它给出的安装提示进行配置与安装；zip 格式的文件直接解压缩后，MySQL 就可以使用了，但是这种方式需要进行如下配置。

首先解压 MySQL 压缩包，将已下载的 MySQL 压缩包解压到自定义目录下，此处的解压目录是："D:\MySQL\mysql-5.6.24-winx64"；其次将解压目录下默认文件"my-default.ini"复制一份，改名"my.ini"；最后复制下面的配置信息到 my.ini 并保存（注意下面的路径改成自己的解压路径）。

```
[mysql]
# 设置 MySQL 客户端默认字符集
default-character-set=utf8
[mysqld]
#设置 3306 端口
port = 3306
#设置 MySQL 的安装目录
datadir=D:\MySQL\mysql-5.6.24-winx64
#设置 MySQL 数据库的数据的存放目录
datadir=D:\MySQL\mysql-5.6.24-winx64\data
#允许最大连接数
max_connections=200
#服务端使用的字符集默认为 8bit 编码的 latin1 字符集
[server]
character-set-server=utf8
#创建新表时将使用的默认存储引擎
default-storage-engine=INNODB
```

接下来就是配置环境变量，右击"我的电脑"→"属性"→"高级系统设置"→"环境变量"。选择系统变量中的 Path，向其中添加 D:\MySQL\mysql-5.6.24-winx64，如图 11.48 所示。

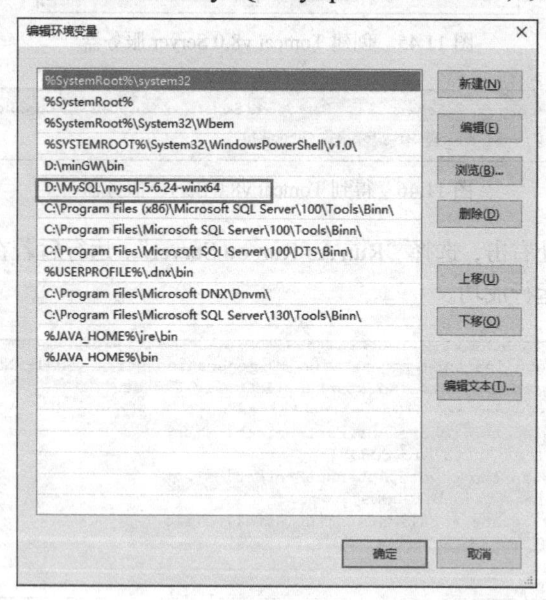

图 11.48　配置 MySQL 环境变量

首先使用管理员身份运行 cmd，在 cmd 窗口下输入：cd D:\MySQL\mysql-5.6.24-winx64\bin，进入 MySQL 的 bin 文件夹，接着输入：mysqld -install；然后会弹出：Service successfully installe，继续输入：net start mysql 会提示"服务已经启动成功"；最后输入：mysql -u root -p，登录成功，如图 11.49 所示。

本测试服务端采用 MySQL 创建一个数据库，在数据库下分别创建了 7 个表，分别是 friend、letter、person、personinfo、topic、topiccomment、userletter。如图 11.50 所示。

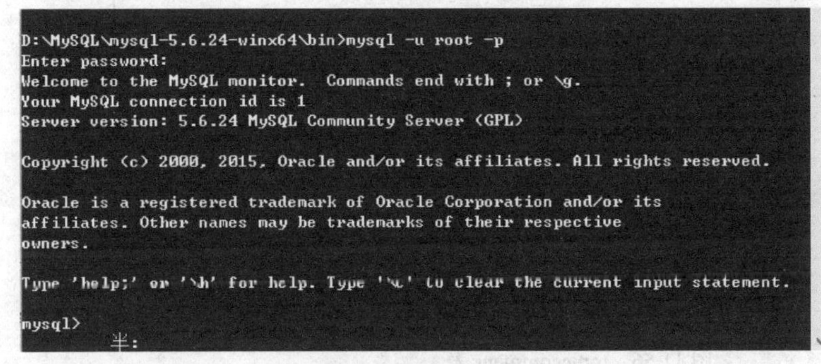

图 11.49　MySQL 登录成功

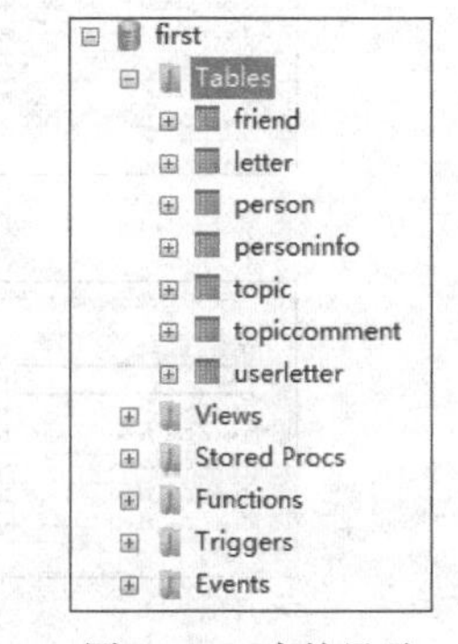

图 11.50　表的目录

在建好数据库后，可以使用数据库管理工具查看数据库的数据，这样能很方便地进行数据测试。本书使用的是 SQLyog 企业版。

下面是测试服务端的数据库表字段的说明。如图 11.51 ~ 图 11.57 所示。

更改表 'friend' 于 'first'

Field Name	Datatype	Len	Default	PK?	Not Null?	Unsigned?	Auto Incr?	Zerofill?	Comment
id	int	11		☑	☑	☐	☑	☐	
UID	longtext			☐	☑	☐	☐	☐	
Friend_UID	mediumtext			☐	☐	☐	☐	☐	
New_UID	mediumtext			☐	☐	☐	☐	☐	
Delete_UID	mediumtext			☐	☐	☐	☐	☐	

图 11.51　friend 表

更改表 'letter' 于 'first'

Field Name	Datatype	Len	Default	PK?	Not Null?	Unsigned?	Auto Incr?	Zerofill?	Comment
id	int	11		☑	☑	☐	☑	☐	
UID	longtext			☐	☐	☐	☐	☐	
PrivateLetter_UID	longtext			☐	☐	☐	☐	☐	
PrivateLetter_ID	longtext			☐	☐	☐	☐	☐	
PrivateLetter_Content	text			☐	☐	☐	☐	☐	
PrivateLetter_Time	int	11		☐	☐	☐	☐	☐	
PrivateLetter_Name	mediumtext			☐	☐	☐	☐	☐	
PrivateLetter_Photo	mediumtext			☐	☐	☐	☐	☐	
PrivateLetter_isSend	tinyint	1		☐	☐	☐	☐	☐	
PrivateLetter_delete	tinyint	1	-1	☐	☑	☐	☐	☐	

图 11.52　letter 表

更改表 'person' 于 'first'

Field Name	Datatype	Len	Default	PK?	Not Null?	Unsigned?	Auto Incr?	Zerofill?	Comment
id	int	8		☑	☑	☐	☑	☐	
UID	longtext			☐	☑	☐	☐	☐	
person_name	mediumtext			☐	☐	☐	☐	☐	
person_password	mediumtext			☐	☑	☐	☐	☐	

图 11.53　person 表

更改表 'personinfo' 于 'first'

Field Name	Datatype	Len	Default	PK?	Not Null?	Unsigned?	Auto Incr?	Zerofill?	Comment
id	int	8		☑	☑	☐	☑	☐	
UID	longtext			☐	☑	☐	☐	☐	
person_name	varchar	11		☐	☐	☐	☐	☐	
person_photo	mediumtext			☐	☐	☐	☐	☐	
person_mobile	varchar	11		☐	☐	☐	☐	☐	
person_sex	varchar	8		☐	☐	☐	☐	☐	
person_password	varchar	11		☐	☐	☐	☐	☐	
person_address	varchar	11		☐	☐	☐	☐	☐	
status	int	11	-1	☐	☑	☐	☐	☐	

图 11.54　personinfo 表

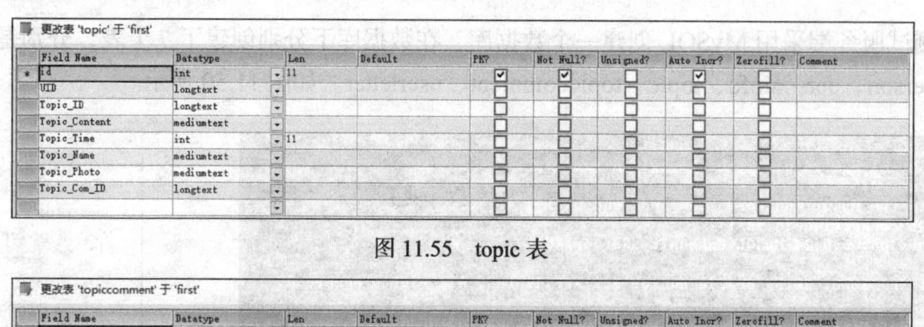

更改表 'topic' 于 'first'

Field Name	Datatype	Len	Default	PK?	Not Null?	Unsigned?	Auto Incr?	Zerofill?	Comment
id	int	11		✓	✓		✓		
UID	longtext								
Topic_ID	longtext								
Topic_Content	mediumtext								
Topic_Time	int	11							
Topic_Name	mediumtext								
Topic_Photo	mediumtext								
Topic_Com_ID	longtext								

图 11.55　topic 表

更改表 'topiccomment' 于 'first'

Field Name	Datatype	Len	Default	PK?	Not Null?	Unsigned?	Auto Incr?	Zerofill?	Comment
id	int	11		✓	✓		✓		
Topic_Com_ID	longtext								
Topic_Com_From	longtext								
Topic_Com_Content	mediumtext								
Topic_Com_Time	int	11							
Topic_Com_Photo	mediumtext								

图 11.56　topiccomment 表

更改表 'userletter' 于 'first'

Field Name	Datatype	Len	Default	PK?	Not Null?	Unsigned?	Auto Incr?	Zerofill?	Comment
id	int	8		✓	✓		✓		
UID	longtext								
PrivateLetterID	mediumtext								
New_LetterID	mediumtext								
Del_LetterID	mediumtext								

图 11.57　userletter 表

11.3.2　Android Studio 发布客户端工程

打开 Android Studio，选中客户端工程，选择 build→Generate Signed APK，如图 11.58 所示。

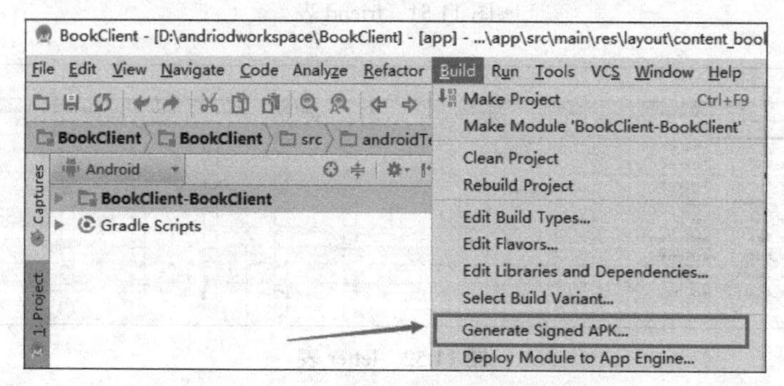

图 11.58　选择 Generate Signed APK

在弹出的对话框中选择“Create new...”，创建一个新的密钥(图 11.59)，弹出图 11.60 所示的表。其中“Key store path”为密钥库文件的地址，“Password/Confirm”为密钥库的密码，“Alias”为密钥名称，“Password/Confirm”为密钥密码，“Validity(years)”为密钥有效时间，“First and Last Name”为密钥颁发者姓名，“Organi-zational Unit”为密钥颁发组织，“City or Locality”为城市，“State or Province”为州或者省市，“Country Code(XX)”为国家。填写完后单击“OK”按钮，得到图 11.61 所示的对话框。

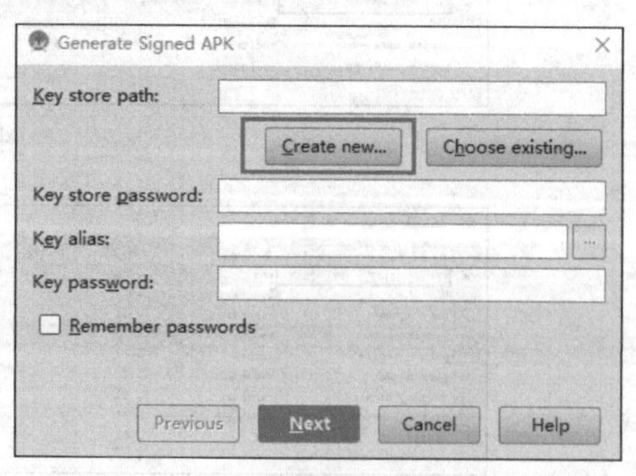

图 11.59　创建新的密钥

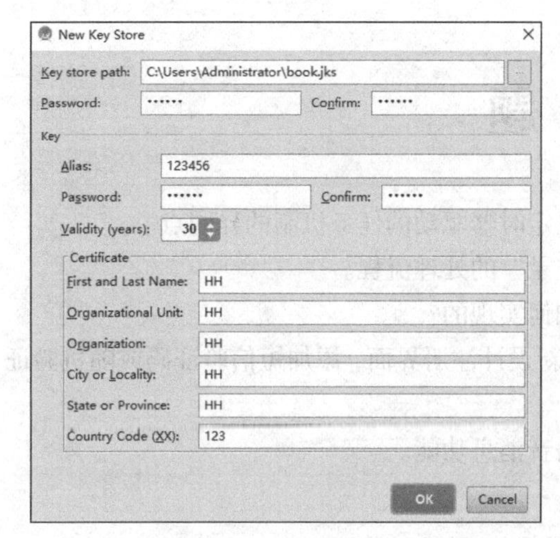

图 11.60　填写新的密钥

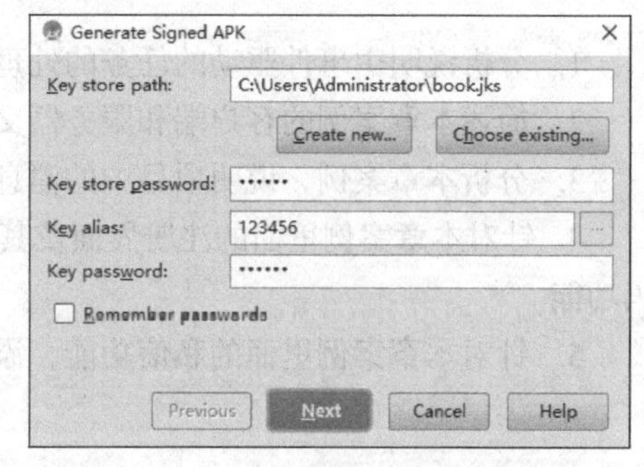

图 11.61　返回 Generate Signed APK

单击“Next”按钮，得到图 11.62 所示的对话框。选择 APK 生成的位置，单击“Finish”按钮，等待一段时间生成 APK 文件。此处生成的 APK 文件在桌面上，如图 11.63 所示。

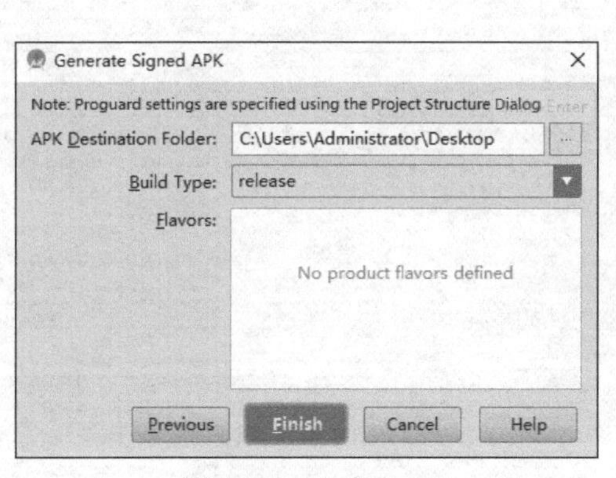

图 11.62　生成 APK

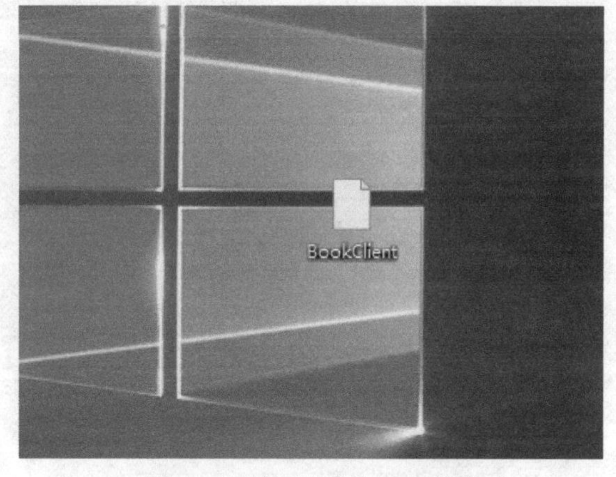

图 11.63　桌面生成的 APK 文件

将 APK 文件导入手机，并直接安装。安装好后，打开服务器，此时手机与服务器、手机与手机之间就可以实现交互。

11.4　本章小节

本章内容包含 Android 客户端的应用程序和服务端的应用程序，主要目的是使读者更好地理解整本书中综合案例的执行过程。本章的重点是关于 Android 客户端应用程序的设计应用部分，该部分所用的案例也是全书各章节案例的主要来源。这样做有利于读者在学习各章节内容的同时，系统性地把握项目整体的设计。而引入服务端部分内容的主要目的是使读者在系统发送请求后且在获得返回内容之前，更清晰地了解系统在程序执行过程中获得的相应内容的具体参数。这样在读者自己设计项目的时候，考虑的角度和范围就会更广一些，更有利于设计、优化项目。

习　题

1. 分析说明由事件驱动的任务的处理机制与以定时器驱动的任务机制的异同点。

2. 简述本章案例的客户端和服务器交互中“登录”的处理流程。

3. 分析本章案例，说明项目中的消息更新是如何实现的?

4. 针对本章案例里面的注册界面及其功能，重新设计注册界面，添加短信验证码或随机验证码功能。

5. 针对本章案例里面的私信功能，添加发送语音消息功能。

第 12 章 Android 新技术与应用

在这个科学技术突飞猛进的时代，新技术的产生和投入应用的时间周期变得越来越短， IT界人士掌握新的技术应用是很必要的。本章主要介绍几种较新的技术应用，及其相关的应用案例。

12.1 热补丁

12.1.1 简介

热补丁（Hotfix），又称为 Patch，指能够修复软件漏洞的一些代码，是一种快速、低成本修复软件版本缺陷的方式。有关热补丁的消息通过电子邮件或者其他途径通知用户，一般在软件供应商的网站上可以免费下载补丁程序。和升级软件版本相比，热补丁的主要优势是不会使设备当前正在运行的业务中断，即在不重启设备的情况下，可以对设备当前软件版本的缺陷进行修复。

当突然发现了 App 有 Bug 需要紧急修复时，公司各方就会忙得焦头烂额：重新打包 App，测试，向各个应用市场和渠道换包，提示用户升级、下载、覆盖安装。有时候仅仅为了修改一行代码，就要付出巨大的代价。

那么，有没有办法以补丁的方式动态修复紧急 Bug，不再需要重新发布 App，不再需要用户重新下载、覆盖安装呢？

虽然 Android 系统并没有提供这个技术，但是很幸运地告诉大家，答案是：可以，我们可以用热补丁动态修复技术来解决以上问题。

QQ 空间 Android 独立版 5.2 发布后，每天都收到用户较多反馈：结合版无法跳转到独立版的访客界面。以前遇到这种问题，只能紧急换包，重新发布，成本非常高，造成了不好的影响。腾讯公司最终决定使用热补丁动态修复技术，向用户下发 Patch，在用户毫无感知的情况下，修复了外网问题，取得非常好的效果。

12.1.2 HotFixDemo

下面结合具体 Demo 来讲解热补丁的实现过程。

1. 项目结构

HotFixDemo 项目结构如图 12.1 所示。

app：Android 应用程序的 Module。

buildsrc：使用 Groovy 实现的项目，提供了一个类，用来实现修改 class 文件的操作。

hackdex：提供了一个类，后面会打包成 hack.dex，也是 buildsrc 里面实现在所有类的构造函数插入的一段代码所引用到的类。

hotfixlib：这个 Module 最终会被 App 关联，里面提供实现热补丁的核心方法。

2. 原理

Android 使用 PathClassLoader 作为其类的加载器，一个 ClassLoader 可以包含多个 dex 文件，每个 dex 文件是一个 Element，多个 dex 排列成一个有序的 dexElements 数组。当找类的时候会遍历 dexElements 数组，从 dex 文件中找类，找到则返回，否则继续在下一个 dex 文件中查找。热补丁的方案，其实就是将有问题的类单独打包成一个 dex 文件（如 patch.dex），然后将这个 dex 插入 dexElements 数组的最前面。

当虚拟机启动，verify 选项被打开时，如果 static 方法、private 方法、构造函数等直接引用（第一层关系）的类都在同一个 dex 文件中，那么该类会被打上 CLASS_ISPREVERIFIED 标记，如图 12.2 所示。

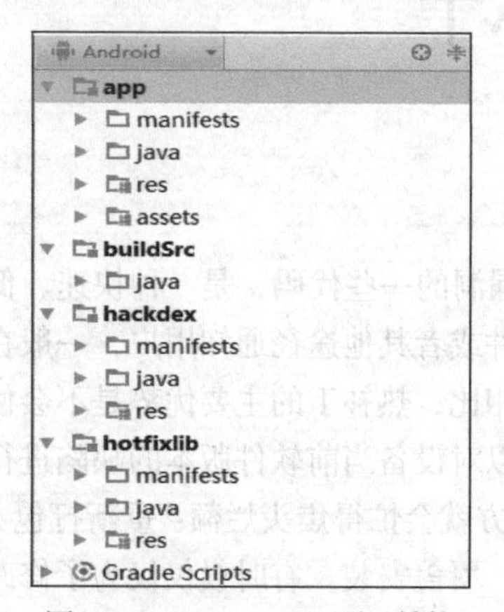

图 12.1　HotFixDemo 项目结构

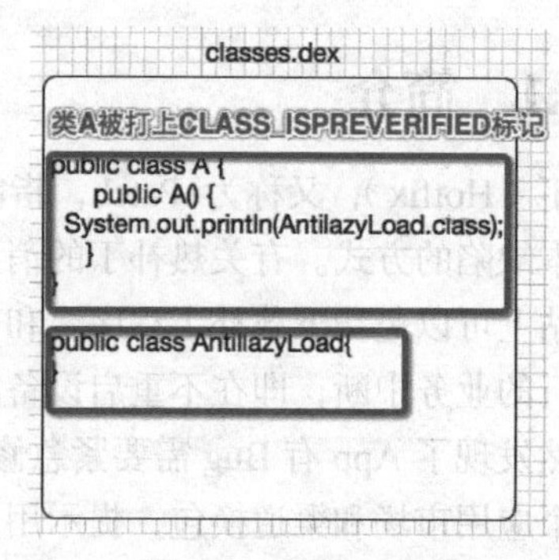

图 12.2　classes.dex

如果一个类被打上了 CLASS_ISPREVERIFIED 标记，而该类引用的另外一个类在另一个 dex 文件，就会报错。简单来说，就是在打补丁之前，你所修复的类已经被打上标记，当你通过补丁去修复 Bug 时，就不能完成校验，就会报错。

要解决上一节所提到的问题，就要在 apk 打包之前阻止相关类打上 CLASS_ISPREVERIFIED 标记，解决方案如下。

在所有类的构造函数中插入一段代码，如下所示。

```
public class BugClass {
    public BugClass() {
      System.out.println(AntilazyLoad.class);
    }
    public String bug() {
      return "bug class";
    }
}
```

其中引用到的 AntilazyLoad 类会单独打包成 hack.dex，这样当安装 apk 的时候，classes.dex 内的类都会引用一个不相同的 dex 中的 AntilazyLoad 类，这样就解决了 CLASS_ISPREVERIFIED

标记问题。

3. Demo 实现细节

（1）创建两个类，代码如下。

```
package dodola.hotfix;

public class BugClass {
    public String bug() {
        return "bug class;
    }
}


package dodola.hotfix;

public class LoadBugClass {
     public String getBugString() {
        BugClass bugClass = new BugClass();
        return bugClass.bug();
    }
}
```

我们需要做的是在这两个类的 class 文件的构造方法中插入一段代码：System.out.println (AntilazyLoad.class)。

（2）创建 hackdex 模块，并创建 AntilazyLoad 类。结构如图 12.3 所示。

向其中添加如下代码。

```
package dodola.hackdex;

public class AntilazyLoad {
}
```

（3）将 AntilazyLoad 单独打成 hack_dex.jar 包。

通过以下命令来实现。

- jar cvf hack.jar com.devilwwj.hackdex/*：此命令会将 AntilazyLoad 类打包成 hack.jar 文件。
- dx --dex --output hack_dex.jar hack.jar：此命令使用 dx 工具对 hack.jar 进行转化，生成 hack_dex.jar 文件。

dx 工具在"sdk/build-tools"下，最终我们把 hack_dex.jar 文件放到项目的 assets 目录下，如图 12.4 所示。

图 12.3　AntilazyLoad 类的结构

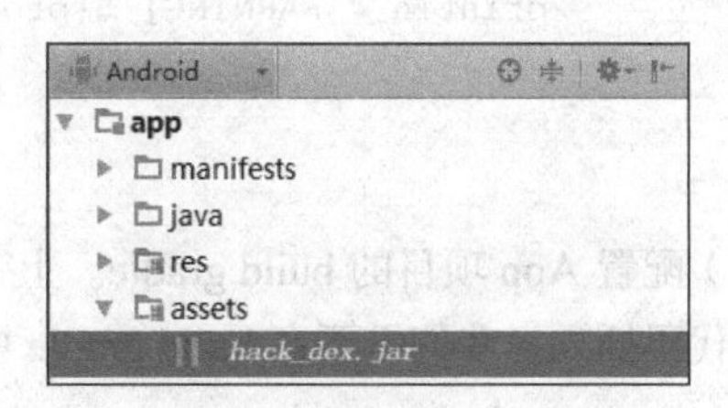

图 12.4　hack_dex.jar 文件

（4）使用 javassist 实现动态代码注入。创建 buildSrc 模块，这个项目是使用 Groovy 开发的，需要配置 Groovy SDK 才可以编译成功。它里面提供了一个方法，用来向指定类的构造函数插入代码。

```
package dodola.patch;

import javassist.ClassPool
import javassist.CtClass
import javassist.CtConstructor
import javassist.CtMethod
import javassist.CtNewConstructor
import javassist.CtNewMethod

public class PatchClass {
    public static void process(String buildDir, String lib) {
      println(lib)
      ClassPool classes = ClassPool.getDefault()
      classes.appendClassPath(buildDir)
      classes.appendClassPath(lib)

      //下面的操作比较容易理解，在将需要关联的类的构造方法中插入引用代码
      CtClass c = classes.getCtClass("dodola.hotfix.BugClass")
      if (c.isFrozen()) {
         c.defrost()
      }
      println("====添加构造方法====")
      def constructor = c.getConstructors()[0];
      constructor.insertBefore("System.out.println(dodola.hackdex.AntilazyLoad.class);")
      c.writeFile(buildDir)

      CtClass c1 = classes.getCtClass("dodola.hotfix.LoadBugClass")
      if (c1.isFrozen()) {
            c1.defrost()
      }
      println("====添加构造方法====")
      def constructor1 = c1.getConstructors()[0];
      constructor1.insertBefore("System.out.println(dodola.hackdex.AntilazyLoad.
class);")
      c1.writeFile(buildDir)
    }

   static void growl(String title, String message) {
      def proc = ["osascript", "-e", "display notification \"${message}\" with title
\"${title}\""].execute()
      if (proc.waitFor() != 0) {
         println "[WARNING] ${proc.err.text.trim()}"
      }
   }
}
```

（5）配置 App 项目的 build.gradle。上一小节创建的 Module 提供相应的方法让我们对项目的类进行代码插入。我们需要在 build.gradle 中进行配置，让它自动来做这件事。代码如下。

```
apply plugin: 'com.android.application'
```

```
task('processWithJavassist') << {
    String classPath = file('build/intermediates/classes/debug')//项目编译class 所在目录
    dodola.patch.PatchClass.process(classPath, project(':hackdex').buildDir
            .absolutePath + '/intermediates/classes/debug')
  //第二个参数是 hackdex 的 class 所在目录

}

android {
   compileSdkVersion 23
   buildToolsVersion "23.0.1"

   defaultConfig {
      applicationId "dodola.hotfix"
      minSdkVersion 15
      targetSdkVersion 23
      versionCode 1
      versionName "1.0"
   }
   buildTypes {
      debug {
         minifyEnabled false
         proguardFiles getDefaultProguardFile('proguard-android.txt'), 'proguard-
rules.pro'
      }
      release {
         minifyEnabled false
         proguardFiles getDefaultProguardFile('proguard-android.txt'), 'proguard-
rules.pro'
      }
   }
   applicationVariants.all { variant ->
      variant.dex.dependsOn << processWithJavassist
//在执行 dx 命令之前将代码打入到 class 中
   }
}

dependencies {
   compile fileTree(include: ['*.jar'], dir: 'libs')
   testCompile 'junit:junit:4.12'
   compile 'com.android.support:appcompat-v7:23.1.0'
   compile 'com.android.support:design:23.1.0'
   compile project(':hotfixlib')
}
```

（6）创建 hotfixlib 模块，并关联到项目中。这是最核心的一步，提供将 heck_dex.jar 动态插入到 dexElements 的方法。

```
package dodola.hotfixlib;

import java.io.File;
import java.lang.reflect.Array;
import java.lang.reflect.Field;
import java.lang.reflect.InvocationTargetException;
```

```
    import android.annotation.TargetApi;
    import android.content.Context;
    import dalvik.system.DexClassLoader;
    import dalvik.system.PathClassLoader;

    /* compiled from: ProGuard */
    public final class HotFix {
        public static void patch(Context context, String patchDexFile, String
patchClassName) {
            if (patchDexFile != null && new File(patchDexFile).exists()) {
                try {
                    if (hasLexClassLoader()) {
                        injectInAliyunOs(context, patchDexFile, patchClassName);
                    } else if (hasDexClassLoader()) {
                        injectAboveEqualApiLevel14(context, patchDexFile, patchClassName);
                    } else {

                        injectBelowApiLevel14(context, patchDexFile, patchClassName);

                    }
                } catch (Throwable th) {
                }
            }
        }

        private static boolean hasLexClassLoader() {
            try {
                Class.forName("dalvik.system.LexClassLoader");
                return true;
            } catch (ClassNotFoundException e) {
                return false;
            }
        }

        private static boolean hasDexClassLoader() {
            try {
                Class.forName("dalvik.system.BaseDexClassLoader");
                return true;
            } catch (ClassNotFoundException e) {
                return false;
            }
        }

        private static void injectInAliyunOs(Context context, String patchDexFile, String
patchClassName)
            throws ClassNotFoundException, NoSuchMethodException, IllegalAccessException,
InvocationTargetException,
            InstantiationException, NoSuchFieldException {
            PathClassLoader obj = (PathClassLoader) context.getClassLoader();
            String replaceAll = new File(patchDexFile).getName().replaceAll("\\.[a-zA-Z0-
9]+", ".lex");
            Class cls = Class.forName("dalvik.system.LexClassLoader");
            Object newInstance =
                cls.getConstructor(new Class[] {String.class, String.class, String.class,
ClassLoader.class}).newInstance(
                    new Object[] {context.getDir("dex", 0).getAbsolutePath() + File.
separator + replaceAll,
```

```
            context.getDir("dex", 0).getAbsolutePath(), patchDexFile, obj});
        cls.getMethod("loadClass", new Class[] {String.class}).invoke(newInstance, new
Object[] {patchClassName});
        setField(obj, PathClassLoader.class, "mPaths",
            appendArray(getField(obj, PathClassLoader.class, "mPaths"), getField
(newInstance, cls, "mRawDexPath")));
        setField(obj, PathClassLoader.class, "mFiles",
            combineArray(getField(obj, PathClassLoader.class, "mFiles"), getField
(newInstance, cls, "mFiles")));
        setField(obj, PathClassLoader.class, "mZips",
            combineArray(getField(obj, PathClassLoader.class, "mZips"), getField
(newInstance, cls, "mZips")));
        setField(obj, PathClassLoader.class, "mLexs",
            combineArray(getField(obj, PathClassLoader.class, "mLexs"), getField
(newInstance, cls, "mDexs")));
    }

    @TargetApi(14)
    private static void injectBelowApiLevel14(Context context, String str, String str2)
        throws ClassNotFoundException, NoSuchFieldException, IllegalAccessException {
        PathClassLoader obj = (PathClassLoader) context.getClassLoader();
        DexClassLoader dexClassLoader =
            new DexClassLoader(str, context.getDir("dex", 0).getAbsolutePath(), str,
context.getClassLoader());
        dexClassLoader.loadClass(str2);
        setField(obj, PathClassLoader.class, "mPaths",
            appendArray(getField(obj,  PathClassLoader.class,  "mPaths"),  getField
(dexClassLoader, DexClassLoader.class,
                    "mRawDexPath")
            ));
        setField(obj, PathClassLoader.class, "mFiles",
            combineArray(getField(obj,  PathClassLoader.class,  "mFiles"),  getField
(dexClassLoader, DexClassLoader.class,
                    "mFiles")
            ));
        setField(obj, PathClassLoader.class, "mZips",
            combineArray(getField(obj,  PathClassLoader.class,  "mZips"),  getField
(dexClassLoader, DexClassLoader.class,
                "mZips")));
        setField(obj, PathClassLoader.class, "mDexs",
            combineArray(getField(obj,  PathClassLoader.class,  "mDexs"),  getField
(dexClassLoader, DexClassLoader.class,
                "mDexs")));
        obj.loadClass(str2);
    }

    private static void injectAboveEqualApiLevel14(Context context, String str, String
str2)
        throws ClassNotFoundException, NoSuchFieldException, IllegalAccessException {
        PathClassLoader pathClassLoader = (PathClassLoader) context.getClassLoader();
        Object a = combineArray(getDexElements(getPathList(pathClassLoader)),
            getDexElements(getPathList(
                new DexClassLoader(str, context.getDir("dex", 0).getAbsolutePath(), str,
context.getClassLoader()))));
        Object a2 = getPathList(pathClassLoader);
        setField(a2, a2.getClass(), "dexElements", a);
        pathClassLoader.loadClass(str2);
    }
```

```
    private static Object getPathList(Object obj) throws ClassNotFoundException,
NoSuchFieldException,
        IllegalAccessException {
        return getField(obj, Class.forName("dalvik.system.BaseDexClassLoader"), "pathList");
    }

    private static Object getDexElements(Object obj) throws NoSuchFieldException,
IllegalAccessException {
        return getField(obj, obj.getClass(), "dexElements");
    }

    private static Object getField(Object obj, Class cls, String str)
        throws NoSuchFieldException, IllegalAccessException {
        Field declaredField = cls.getDeclaredField(str);
        declaredField.setAccessible(true);
        return declaredField.get(obj);
    }

    private static void setField(Object obj, Class cls, String str, Object obj2)
        throws NoSuchFieldException, IllegalAccessException {
        Field declaredField = cls.getDeclaredField(str);
        declaredField.setAccessible(true);
        declaredField.set(obj, obj2);
    }

    private static Object combineArray(Object obj, Object obj2) {
        Class componentType = obj2.getClass().getComponentType();
        int length = Array.getLength(obj2);
        int length2 = Array.getLength(obj) + length;
        Object newInstance = Array.newInstance(componentType, length2);
        for (int i = 0; i < length2; i++) {
            if (i < length) {
                Array.set(newInstance, i, Array.get(obj2, i));
            } else {
                Array.set(newInstance, i, Array.get(obj, i - length));
            }
        }
        return newInstance;
    }

    private static Object appendArray(Object obj, Object obj2) {
        Class componentType = obj.getClass().getComponentType();
        int length = Array.getLength(obj);
        Object newInstance = Array.newInstance(componentType, length + 1);
        Array.set(newInstance, 0, obj2);
        for (int i = 1; i < length + 1; i++) {
            Array.set(newInstance, i, Array.get(obj, i - 1));
        }
        return newInstance;
    }
}
```

（7）准备补丁。补丁是程序修复 Bug 的包。如果已经上线的包出现了 Bug，需要紧急修复，我们就找到有 Bug 的那个类，将它修复。然后我们将这个修复的 class 文件打包成 jar 包，让服务端将这个补丁包放到指定位置。旧程序就可以将这个补丁包下载到 SD 卡，之后就是程序自动打补丁、把问题修复。比如我们上面提到的 BugClass。

未修复之前的代码如下。

```
public class BugClass {
    public String bug() {
        return "bug class";
    }
}
```

修复之后的代码如下。

```
public class BugClass {
    public String bug() {
        return "fixed class";
    }
}
```

我们要做的就是替换这个类，需要先打包，path_dex.jar 就是我们的补丁包。这里我们为了演示，把它放到项目的 assets 目录下。

（8）修复 bug。运行 Demo 程序，得到图 12.5 所示的 Demo 界面，单击右上方选项卡，出现打补丁和测试两个选项，如图 12.6 所示。

图 12.5　Demo 界面

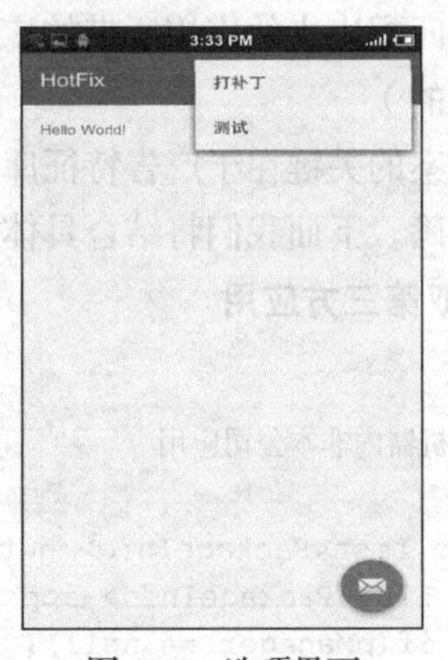

图 12.6　选项界面

此时单击测试，出现 bug class，表示有 Bug 的类，如图 12.7 所示。当我们单击打补丁后，再单击测试，弹出 fixed class，热补丁运行过程结束，如图 12.8 所示。

图 12.7　bug class 提示界面

图 12.8　fixed class 提示界面

12.2 广告拦截技术

目前市场上有很多安全软件，它们拦截第三方应用广告的方式都不一样，“so 注入方式”就是其中一种。要做到拦截，首先要知道广告是怎么出来的。第三方应用大部分是以加入广告 jar 形式加入广告插件，然后在 AndroidManifest 中声明广告 service 或者在程序中执行广告 api，广告插件再通过 http 请求去加载广告。在 Java 中，有四种访问网络的接口，如 apache 的 http 库，首先通过 getaddrinfo 函数获取域名地址，然后通过 connect 函数连接到服务器读取广告信息。

拦截 http 方式广告时，应用程序首先会通过 apache 的 http 库或 jdk 中的 http 方法下载广告数据，然后通过 WebView 显示。这种方式通过注入拦截进程的/system/lib/libjavacore.so 实现广告地址拦截。

目前，广告拦截采用 Android 系统本地扫描第三方应用广告的形式，具体过程如下。

（1）扫描本地所有第三方应用，列出一个应用中的所有类，将包名+类名方式与广告插件特征库进行匹配。

（2）将匹配出来的应用所带的广告特征，通过系统提供的传入接口设入系统（当然，系统代码是需要改的）。

这种方案的关键在于广告特征库的完善，广告插件特征库收集得越全，扫描出来的广告插件就可以越准确。下面我们将结合具体的案例来分析广告拦截技术的实现过程。

1. 获取第三方应用

```
/**
 * 查询机器内非本公司应用
 */
public List<PackageInfo> getAllLocalInstalledApps() {
        List<PackageInfo> apps = new ArrayList<PackageInfo>();
        if(pManager == null){
            return apps;
        }
        //获取所有应用
        List<PackageInfo> paklist = pManager.getInstalledPackages(0);
        for (int i = 0; i < paklist.size(); i++) {
            PackageInfo pak = (PackageInfo) paklist.get(i);

            //屏蔽公司内部应用
            //省略

            //判断是否为非系统预装的应用程序
            if ((pak.applicationInfo.flags & pak.applicationInfo.FLAG_SYSTEM) <= 0) {
                // customs applications
                apps.add(pak);
            }
        }
        return apps;
    }
```

2. 获取某个应用的广告特征

```
public static List<String> getClassNameByDex(Context context,
        String packageName) {

    List<String> datalist = new ArrayList<String>();
    String path = null;
    try {
        path = context.getPackageManager().getApplicationInfo(packageName,
                0).sourceDir;//获得某个程序的 APK 路径
    } catch (NameNotFoundException e) {
        e.printStackTrace();
    }
    try {
        if(TextUtils.isEmpty(path)){
            return datalist;
        }
        DexFile dexFile = new DexFile(path);// get dex file of APK
        Enumeration<String> entries = dexFile.entries();
        while (entries.hasMoreElements()) {// travel all classes
            String className = (String) entries.nextElement();
            String totalname = packageName + "."+className;
            datalist.add(totalname);
        }

    } catch (IOException e) {
        e.printStackTrace();
    }
    return datalist;
}
```

3. 将应用中的所有类名与特征库进行匹配

```
for (PackageInfo info : infolsit) {
    if (info == null) {
        continue;
    }
    data = getClassNameByDex(context,info.packageName);
    if(data == null){
        Log.d(TAG,"getAdFlagForLocalApp() 类名解析出错"+info.packageName);
        continue;
    }
    sgPgmap = new HashMap<String, String>();
    for (String clsname : data) {
        for (ADSInfo adinfo : flaglist) {
            String flag = adinfo.getAdFlag(); //广告样本库的某一标识
            String adpg = adinfo.getAdName(); //广告样本库的某一包名
            if (clsname.contains(adpg)) { //匹配类名与广告特征库里的匹配符，看是否包含关系
                sgPgmap.put(flag,info.packageName);
            }
        }
    }
    if(sgPgmap.size() > 0){
        //一个对应应用里包含了多少个标识
```

```
            adspginfo = new AdsPgInfo(info.packageName, sgPgmap);
            pglist.add(adspginfo);
        }
    }
```

注意

在匹配时，为了避免类名匹配不准确或者漏掉某些广告，应该加上包名，再去匹配特征库里的匹配符，这样就可以百无一漏。

4. 实现广告拦截

匹配出所有应用的所属规则特征后，接下来需要将其传给系统。系统将满足需求的几个接口提供出来。因涉及修改系统层代码，这里主要讲实现思路，列出相应的关键的几个代码。

实现思路：系统根据应用层传入的应用包名以及规则，将其缓存，在 WebView 或 HTTP 处请求时，对其进行判断处理。

（1）添加某应用规则接口。

```
/**
 * 将 pkgName 和 url 传入 Adblock
 */
private boolean addAdblockUrlInner(String pkgName, String url) {
   synchronized (mAdblockEntries) {
     HashMap<String, UrlEntry> pkgEntry = mAdblockEntries.get(pkgName);
    if (pkgEntry == null) {
       pkgEntry = new HashMap<String, UrlEntry>();
       if (pkgEntry == null) {
           Slog.e(TAG, "addAdblockUrl():new HashMap<String, UrlEntry>() fail!");
           return false;
       }
       mAdblockEntries.put(pkgName, pkgEntry);
    }
    UrlEntry entry = pkgEntry.get(url);
    if (entry == null) {
       pkgEntry.put(url, new UrlEntry(0, false));
    } else {
       entry.deleted = false;
    }
  }
  return true;
}
```

（2）对 WebView 类 postUrl 进行判断处理。

```
/**
 * 加载给定的 URL
 */
  public void loadUrl(String url) {
      checkThread();
      if (!isAddressable(url)) {
         return;
      }
     if (DebugFlags.TRACE_API) Log.d(LOGTAG, "loadUrl=" + url);
     if(!isChromium && url.startsWith("file://")){
     Log.e("WebView.java", "loadurl setLocalSWFMode");
```

```
            mProvider.setLocalSWFMode();
        }

    /**
     * 如果 URL 不包括 AdBlock 服务，则返回 true
     */
    private boolean isAddressable(String url) {
        boolean addressable = true;
        AdblockManager adblockManager = AdblockManager.getInstance();
        if (adblockManager != null) {
          String adblockUrl
        adblockManager.containedAdblockUrl(ActivityThread.current PackageName(), url);
        if (adblockUrl != null) {
            addressable = false;
            adblockManager.increaseNumberOfTimes(ActivityThread.currentPackageName(),
adblockUrl);
          }
        }
        return addressable;
    }
```

用 Android 仿 360 恶意广告拦截技术，假设系统中装有 74 个软件，其运行效果如图 12.9 所示。

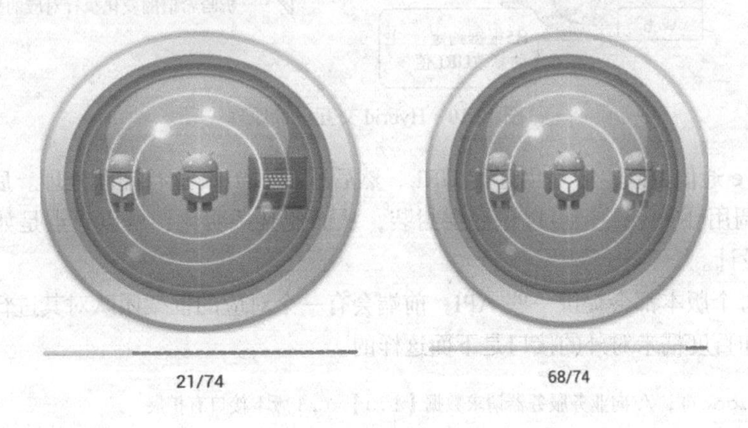

图 12.9　广告拦截技术

12.3　Hybrid 技术

随着移动浪潮的兴起，各种 App 层出不穷，极速的业务扩展提高了对开发效率的要求。这个时候使用 Andriod 开发一个 App 成本似乎有点过高了，而 HTML5（万维网的核心语言、超文本标记语言（HTML）的第五次重大修改）的低成本、高效率、跨平台等特性马上被利用起来，并形成了一种新的开发模式：Hybrid App。

Hybrid App 同时使用网页语言与程序语言进行开发，通过不同的应用商店进行打包和分发。其兼具“Native App 良好用户交互体验的优势”和“Web App 跨平台开发的优势”，总体特性更接近 Native App，但是和 Web App 区别较大。因为同时使用了网页语言编码，所以 Hybrid 的开发成本和难度比 Native App 要小很多。因此，Hybrid App 兼具了 Native App 的所有优势，也兼具了 Web App 使用 HTML5 跨平台、低成本的优势。目前，市场上一些主流移动应用都基于 Hybrid App 的方式开发，比如国外有 Facebook、国内有百度搜索等。

1. Hybrid 交互设计

Hybrid 的交互实际上是 Native 调用前端页面的 JS 方法，或者前端页面通过 JS 调用 Native 提供的接口，两者交互的桥梁皆为 WebView，如图 12.10 所示。

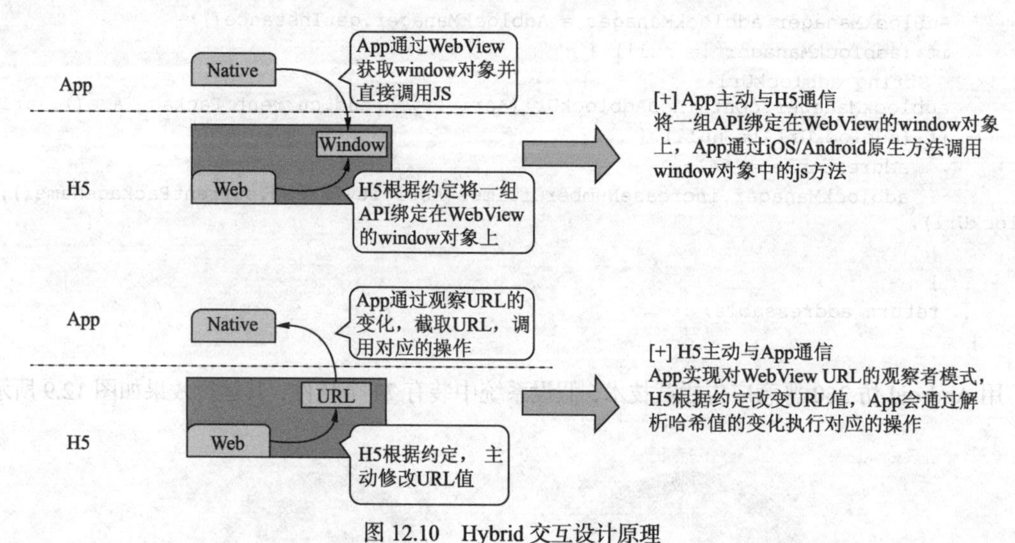

图 12.10　Hybrid 交互设计原理

JS 与 Native 通信方式一般是创建类 URL，然后通过 Native 进行捕获处理。后续也出现了其他方式的前端调用 Native，但可以做底层封装，从而使其透明化，所以重点是如何进行前端与 Native 的交互设计。

Native 在每个版本都会提供一些 API，前端会有一个对应的框架团队对其进行封装，并释放业务接口。比如百度糯米对外的接口是下面这样的。

```
BNJS.http.get(); //向业务服务器请求数据【1.0】 1.3 版本接口有扩展
BNJS.http.post(); //向业务服务器提交数据【1.0】
BNJS.http.sign(); //计算签名【1.0】
BNJS.http.getNA(); //向 NA 服务器请求数据【1.0】 1.3 版本接口有扩展
BNJS.http.postNA(); //向 NA 服务器提交数据【1.0】
BNJS.http.getCatgData(); //从 Native 本地获取筛选数据【1.1】
BNJSReady(function(){
    BNJS.http.post({
        url : 'http://cp01-testing-tuan02.cp01.baidu.com:8087/naserver/user/feedback',
        params : {
            msg : '测试 post',
            contact : '18721687903'
        },
        onSuccess : function(res){
            alert('发送 post 请求成功! ');
        },
        onFail : function(res){
            alert('发送 post 请求失败! ');
```

```
        }
    });
});
```

前端框架定义了一个全局变量 BNJS 作为 Native 与前端交互的对象。只要引入了百度糯米提供的 JS 库，并且在百度糯米封装的 WebView 容器中，前端便获得了调用 Native 的能力。百度糯米的这种设计便于第三方团队的接入使用。

2. 基于 HybridApp 的 Addriod 智能通讯录案例分析

实际上，Hybrid 交互模型是以接口为单位进行设计的，比如获取通讯录的总体交互，如图 12.11 所示。

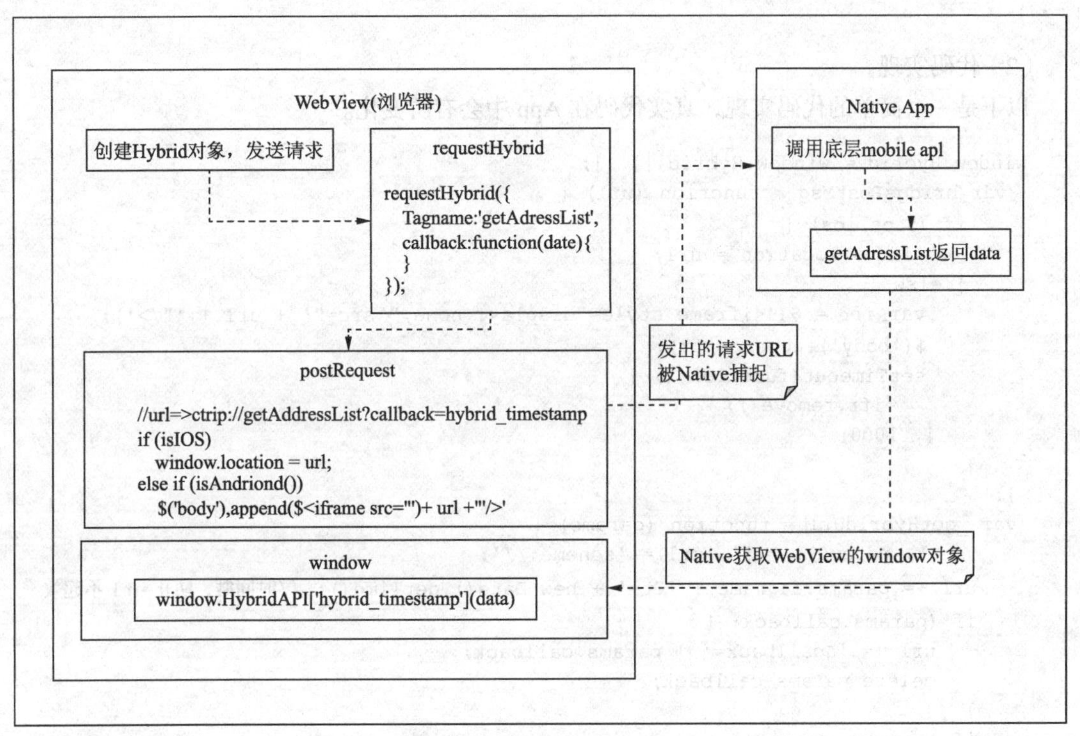

图 12.11　通讯录的总体交互

（1）格式约定。

在本文中与 Native 约定的请求模型如下。

```
requestHybrid({
  //创建一个新的 WebView 对话框窗口
  tagname: 'hybridapi',
  //请求参数，会被 Native 使用
  param: {},
  //Native 处理成功后回调前端的方法
  callback: function (data) {
  }
});
```

数据返回的格式约定如下。

```
{
```

```
  data: {},
  errno: 0,
  msg: "success"
}
```

真实的数据在 data 对象中，如果 errno 不为 0 的话，便需要提示 msg。比如，错误码 1 代表该接口需要升级 App 才能使用，其代码如下。

```
{
  data: {},
  errno: 1,
  msg: "App 版本过低，请升级 App 版本"
}
```

（2）代码实现。

以下是一个简单的代码实现，真实代码在 App 中会有所变化。

```
window.Hybrid = window.Hybrid || {};
 var bridgePostMsg = function (url) {
     if ($.os.ios) {
         window.location = url;
      } else {
         var ifr = $('<iframe style="display: none;" src="' + url + '"/>');
         $('body').append(ifr);
         setTimeout(function () {
             ifr.remove();
         }, 1000)
     }
 };
 var _getHybridUrl = function (params) {
     var k, paramStr = '', url = 'scheme://';
     url += params.tagname + '?t=' + new Date().getTime(); //时间戳，防止 url 不起效
     if (params.callback) {
         url += '&callback=' + params.callback;
         delete params.callback;
     }
     if (params.param) {
         paramStr = typeof params.param == 'object' ? JSON.stringify(params.param) :
params.param;
         url += '&param=' + encodeURIComponent(paramStr);
     }
     return url;
 };
 var requestHybrid = function (params) {
     //生成唯一的执行函数，执行后销毁
     var tt = (new Date().getTime());
     var t = 'hybrid_' + tt;
     var tmpFn;

     //处理有回调的情况
     if (params.callback) {
         tmpFn = params.callback;
         params.callback = t;
         window.Hybrid[t] = function (data) {
             tmpFn(data);
```

```
                delete window.Hybrid[t];
            }
        }
        bridgePostMsg(_getHybridUrl(params));
    };
    //获取版本信息，约定 App 的 navigator.userAgent 版本包含版本信息：scheme/xx.xx.xx
    var getHybridInfo = function () {
        var platform_version = {};
        var na = navigator.userAgent;
        var info = na.match(/scheme\/\d\.\d\.\d/);

        if (info && info[0]) {
            info = info[0].split('/');
            if (info && info.length == 2) {
                platform_version.platform = info[0];
                platform_version.version = info[1];
            }
        }
        return platform_version;
    };
```

运行上述代码，得到图 12.12~图 12.15 所示的案例效果。

图 12.12　开始界面

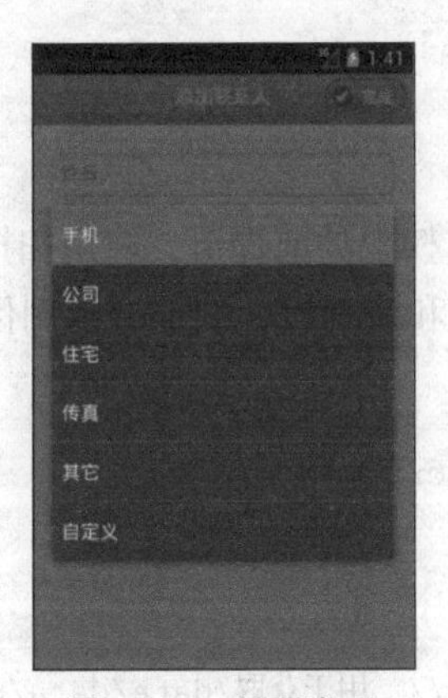

图 12.13　号码类型

图 12.14　添加联系人

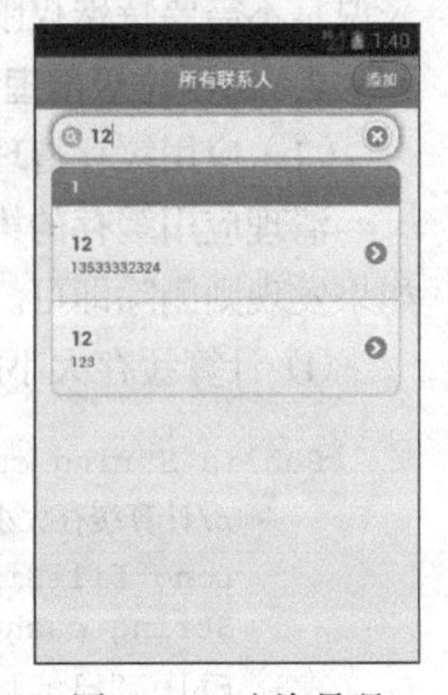

图 12.15　查询号码

12.4　手机应用管理技术

相信大家手机中都有应用管理器，其中包括很多第三方软件。随着时间的推移，人们的需求也在不断地发生着变化，手机里有很多软件可能是我们当前不再需要的。如果无用软件大量存在手机里，就会占用大量手机存储空间，并影响手机的运行速度等。本节主要向读者介绍一些手机应用管理技术，包括手机加速、垃圾清理以及安装、卸载等。

在目前流行的管理软件中以及网络上，“垃圾清理”“手机加速”等并没有明确的定义。在本书中，“垃圾清理”和“手机加速”的定义如下。

垃圾清理：扫描并清理的是静态内容，包括应用的文件缓存、缩略图、日志等系统或应用创建的文件，这些文件不具有“运行时”特征。

手机加速：清理的是动态内容，包括杀死运行时进程、限制开机自启动、限制后台自启动，以及应用运行时所占用的内存等，这些内容都与进程相关，具有“运行时”特征。

12.4.1 垃圾清理

1. 系统垃圾定义

系统垃圾就是系统不再需要的文件的统称。浏览过的网页，卸载应用后的程序残留文件及注册表的键值，这些都是毫无作用的文件，只能给系统增加负担，所以叫作垃圾。

（1）Android 中可以清理的垃圾

Android 手机中可以清理的垃圾有：应用缓存文件、应用卸载残留、无用的安装包、内存数据、系统垃圾（日志、缩略图、空文件夹等）、广告文件、大文件（文件大小大于某个值的文件）、SD 卡上的无用文件。在清理这些垃圾文件时，有的需要 root 权限，有的不需要。

（2）Android 应用数据管理策略

Android 数据存储可以简单地分为内置存储（主要指应用 data 目录）和外置存储（主要是 SD 卡）两种情况。Android 对这两种不同情况的管理策略是不一样的：内置存储中的数据采用进程隔离的原则，外置存储则采用全局共享的原则。

一般来说，清理内置存储中的应用私有数据是需要 root 权限的，清理外置存储中的数据一般来说是不需要特殊权限的。

2. 系统垃圾清理

（1）应用缓存清理

清理应用缓存的第一种方案是：在获得 root 权限的前提下，遍历扫描应用的上述缓存目录，如果发现则删除即可。下面两段是计算缓存大小和清理缓存的部分示例代码。

① 计算缓存大小的代码如下。

```
Public String computeCacheSize(Context cxt){
    //计算缓存大小
    Long fileSize=0;
    String cacheSize="0KB";
    File fileDir=cxt.getFileDir();      // 用于获取/data/data/package_name/file 目录
    File cacheDir=cxt.getCacheDir;      // 用户获取/ data/data/package_name/cache 目录
    fileSize+=getDirSize(filesDir);
    fileSize+=getDirSize(cacheDir);
    //将应用缓存转移到 SD 卡功能
    if(isMethodsCompat(android.os.Build.VERSION_CODES.FROYO)){
        File externalCacheDir=getExternalCacheDir(cxt);
        fileSize+=getDirSize(externalCacheDir);
    }
    if(fileSize>0){
        cacheSize=formatFileSize(fileSize);
}
    return cacheSize;
}
```

② 清理缓存部分的代码片段如下。

```
/**
 *清除 App 缓存。在项目中经常会使用到 WebView 控件，当加载 html 页面时，会在
```

```
*/data/data/package_name 目录下生成 database 与 cache 两个文件夹
*请求的 URL 记录会保存在 WebViewCache.db 中，而 URL 的内容是保存在 WebViewCache 文件夹中
*/
public static void clearAppCache(Context cxt){
    //删除 WebViewCache 目录下的文件
    File file=CacheManager.getCacheFileBaseDir();
    if (file!=null&&file.exists()&&file.isDirectory()){
        for (File item : file.listFiles()){
            item.delete();
        }
        file.delete();
    }
    //删除 WebView 相关缓存数据库
    deleteDatabase(cxt,"webview.db");
    deleteDatabase(cxt,"webview.db-shm");
    deleteDatabase(cxt,"webview.db-wal");
    deleteDatabase(cxt,"webCache.db");
    deleteDatabase(cxt,"webCache. db-shm");
    deleteDatabase(cxt," webCache.db-wal");
//清除数据缓存
clearCacheFolder(cxt.getFilesDir(),System.currentTimeMillis());
clearCacheFolder(cxt.getCacheDir(),System.currentTimeMillis());
//Android 2.2 版本才有将应用缓存转移到 SD 卡的功能
if(isMethodsCompat(android.os.Build.VERSION_CODES.FORYO)){
    clearCacheFolder(getExternalCacheDir(cxt), System.currentTimeMillis());
}
}
```

清理应用缓存的第二个方案是：在 Android 手机的“设置→应用”菜单栏中，利用应用详情页里面有“清除缓存”的功能进行清理。我们是否可以利用系统接口实现“清除缓存”功能呢？答案是可以的，下面给出简单的 Demo。

```
/**清理缓存
*/
private static long getEnvironmentSize(){
    File localFile = Environment.getDataDirectory();
    long l1;
    if(localFile==null)
        l1=0L;
    while(ture){
        String str=localFile.getPath();
        StatFs local StatFs=new StatFs(str);
        long l2=localStatFs.getBlockSize();
        l1=localStatFs.getBlockCount()*l2;
        Log.e("清理缓存",str+":"+l1);
        return l1;
    }
}
public static void getAllMemory() throws Exception{
    PackageManager pm=Splash.mContext.get PackageManager();
    Class[] arrayOfClass=new Class[2];
    Class localClass2=Long.TYPE;
    arrayOfClass[0]= localClass2;
```

```
    arrayOfClass[1]=IPackageDataObserver.class;
    Method localMethod=pm.getClass().getMethod("freeStorageAndNotify",arrayOfClass);
    Long localLong=long.valueOf(get EnvironmentSize()-1L);
Object[] arrayOfObject=new Object[2];
    arrayOfObject[0]= localLong;
    localMethod.invoke(pm, localLong,new IPackageDataObserver.Stub(){
public void onRemoveCompleted(String packageName, boolean succeeded)
    throws RemoveException{
    }
});
}
```

下面是获取各个应用缓存大小的代码片段。

```
/**
*获得手机中所有程序的缓存
*/
private void queryToatalCache(){
    if(mPackageManager==null){
        mPackageManager=getContext().getPackageManager();
    }
    List<ApplicationInfo> apps= mPackageManager.
    getInstalledApplications(PackageManager.GET_UNINSTALLED_PACKAGES
        | PackageManager.GET_ACTIVITIES);
    Sring pkaName=" ";
    for(ApplicationInfo info:apps){
        pkgName=info.packageName;
        try{
            queryPkgCacheSize(pkgName);
        }catch(Exception e){
    e.printStackTrace();
      }
    }
    }
    /**
*取得指定包名的程序的缓存大小
*/
private void queryPkgCacheSize(String pkgName) throws Exception{
    if(!TextUtils.isEmpty(pkgName)){// pkgName 不能为空
        //使用放射机制得到 PackageManager 类的隐藏函数 getPackageSizeInfo
        if(mPackageManager==null){
            //得到被反射调用函数所在的类对象
            mPackageManager=getContext().getPackageManager();
        }
        try{
            String strGetPackageSizeInfo="getPackageSizeInfo";
            //通过反射机制获得该隐藏函数
             Method getPackageSizeInfo=mPackageManager.getClass()
                .getDeclaredMethod(strGetPackageSizeInfo,String.class,
                    IPackageStatsObserver.class);
            getPackageSizeInfo.invoke(mPackageManager,pkgName,mStatsObserver);
        }catch(Exception ex){
            Log.wtf("tag","queryPkgSize()-->NoSuchMethodException");
```

```
                ex.printStackTrace();
                throw ex;
            }
        }
    }
    /**
     *使用 Android 系统中的 ATDL 文件，获得指定程序的大小。ATDL 文件形成 Binder 机制
     */
    private IPackageStatsObserver.Stub mStatsObserver=new IPackageStatsObserver.Stub(){
        public void onGetStatsCompleted(PackageStats pStats, Boolean succeeded)
                throws RemoteException{
            long tmp=totalCacheSize;
            totalCacheSize+=pStats.cacheSize;//累加
            if(tmp!= totalCacheSize){//总缓存大小有变化
                mHandler.sendEmptyMessage(MSG_UPDATE_TOAST_TEXT);
            }
        }
    }
```

（2）应用卸载残留清理

应用卸载残留清理的一个关键点是：应用残留目录的识别。在文件或者数据库中，应用包名（唯一）与 SD 卡上文件存在一个映射信息，识别时可以采用应用包名为 Key，因为不同应用的包名是唯一的，不会重复；再采用 SD 卡上的文件作为 Value，建立映射，如表 12.1 所示。

表 12.1　Key 与 Value 映射表

Key	Value
应用包名（唯一）	文件夹

在检测到应用卸载事件后，判断该应用是否有对应的文件存在，有则提示用户删除。采用这种方案时需要解决如下 2 个问题。

① 映射表的建立：需要对使用频率和用户量较高的应用建立映射表。这里通过提前对后台应用进行扫描，然后将数据下发给客户端；也可以让客户端先上报信息，后台再进行修正。映射表的建立是识别的关键。

② 错误识别问题：一般来说，不同应用的数据放在不同的文件夹中，以免重复。但在实际中难免出现重复的情况。对于这种情景有两种处理方式。

- 映射关系细化到文件，删除完文件后再判断上层文件夹是否为空，为空则删除。
- 有多个应用的映射关系重复时，判断所有应用都已卸载，再删除文件夹。

（3）无用安装包清理

无用安装包的清理比较简单，符合标准即可删除。判断无用安装包的标准如下。

① 存储目录在 APK 文件中，但是该 APK 已被安装。

② APK 文件已损坏，扫描安装包有两种处理方式。

- 深度扫描：扫描 SD 卡上的所有目录。
- 快速扫描：只扫描手机管理软件（如豌豆荚、360 手机助手、应用宝等）、浏览器（如 UCWeb、QQ 浏览器等）和 Download 目录。

清理其他下载文件也可以按照这个思路来实现。

运行上述代码，得到图 12.16 所示的效果。

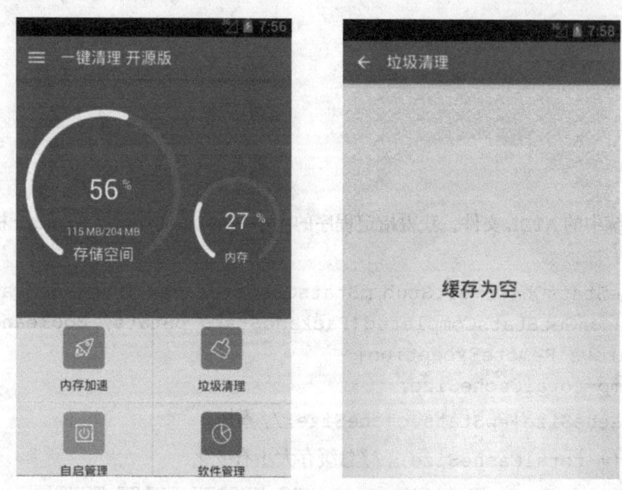

图 12.16　垃圾清理

12.4.2　手机加速

手机加速其实就是清理运行时进程，也就是清理后台进程，有些手机管理软件中也叫“一键加速”或者“一键清理”等。

1. Android 进程优先级

根据 oom_adj，Android 将进程分为 6 个等级，它们按优先级顺序由高到低依次如下。

（1）前台进程（FOREGROUND_APP）。

（2）可视进程（VISIBLE_APP）。

（3）次要服务进程（SECONDARY_SERVER）。

（4）后台进程（HIDDEN_APP）。

（5）内容供应节点（CONTENT_PROVIDER）。

（6）空进程（EMPTY_APP）。

这 6 类进程所对应的 oom_adj 的值在不同的手机中可能会有所不同。

2. 清理运行时进程

杀死运行时进程的一种可行性方案是：可以根据 oom_adj 的值制定一个阈值，在用户触发（当然也可以定时触发）时，如果进程的 oom_adj 的值大于阈值，则将其杀死。

首先读取/proc/pid/oom_adj 的值进行判断，然后通过 Linux 中的 kill 函数杀死进程。Android 系统是通过如下属性定义进程的重要程度的：@/frameworks/base/core/java/android/app/ActivityManager$RunningAppProcessInfo。

```
/**
*在这个进程中系统位置的相对重要性
 *可能是{@link #IMPORTANCE_FOREGROUND}
 *{@link #IMPORTANCE_VISIBLE},{@link #IMPORTANCE_SERVICE},
 *{@link #IMPORTANCE_BACKGROUND},or{@link #IMPORTANCE_EMPTY}之一.
 *这些常量被赋予编号以至于更重要的变量永远和那些相比不太重要
 */
Public int importance;
```

其中，importance 的取值如下，关于各个值的含义在下面的注释中。

```
 /**
  *对于常量{@link #importance}:这是一个持续的进程。
 *仅用于向进程观察者报告
 *@隐藏
 */
 public static final int IMPORTANCE_PERSISTENT= 50;
 /**
  *对于常量{@link #importance}: 这个进程一直在运行
 *前台用户界面
 */
 public static final int IMPORTANCE_ FOREGROUND=100;
 /**
  *对于常量{@link #importance}: 这个进程一直在对用户积极可见的运行
  *尽管不是直接的前台
 */
 public static final int IMPORTANCE_VISIBLE=200;
 /**
  *对于常量 {@link #importance}: 这个进程正在被认为是对用户运行
 *主动感知的东西
 *一个示例是背景音乐回放的应用
 */
 public static final int IMPORTANCE_PERCEPTIBLE=130;
 /**
  *对于常量{@link #importance}: 此程序运行的
 *应用程序无法保存其状态，因此不能被终止
 *@隐藏
 */
 public static final int IMPORTANCE_CANT_SAVE_STATE=170;
```

采用这种方式杀死进程的部分示例代码如下。

```
 /**
  *清理内存
  *@param cxt
  *@return 返回清理出来的内存数量
  */
 private long clearMemory(Context cxt){
     ActivityManager am = ( ActivityManager) cxt.getSystemService(Context
         .ACTIVITY_SERVICE);
     List<RunningAppProcessInfo> infoList = am.getRunningAppProcess();
     List< ActivityManager. RunningServiceInfo> serviceInfos = am.getRunningServices
(100);

     long beforeMem = getAvailMemory(cxt);

     int count = 0;
     if(infoList != null){
         for(int i =0; i< infoList.size(); ++i){
             RunningAppProcessInfo appProcessInfo = infoList.get(i);
```

```
            //一般数值大于 RunningAppProcessInfo.INPORTANCE_SERVICE 的进程长
            //时间没用或者为空进程
        //一般数值大于 RunningAppProcessInfo.INPORTANCE_VISIBLE 的进程都是非
        //可见进程，也就是在后台运行
          if (appProcessInfo.importance > RunningAppProcessInfo
                .INPORTANCE_VISIBLE){
              String[] pkgList = appProcessInfo. pkgList;
                for (int j = 0; j< pkgList.length; ++ j){// pkgList 得到该进程下运行的包名
                    am.killBackgroundProcesses(pkgList[j]);
                    count++;
                }
              }
          }
        }
        long afterMem = get AvailMemory(cxt);
        Toast.makeText(cxt, "clear" + count +"process," +( afterMem-beforeMem)+"M", Toast
            .LENGTH_LONG).show();
        return afterMem-beforeMem;
    }
    /**
     *获取可用内存大小
     * param context
     *@return
    */
    private long getAvailMemory(Context context){
        //获取 android 当前可用内存大小
        ActivityManager am = ( ActivityManager) context.getSystemService(Context
.ACTIVITY_SERVICE);
        MemoryInfo mi = new MemoryInfo();
        am.getMemoryInfo(mi);
        //mi.availMem; 当前系统的可用内存
        return mi.availMem / (1024*1024);
    }
```

在上面的示例代码中，我们是通过 ActivityManager 类中的 killBackgroundProcesses 接口来杀死进程的。下面来看一下 killBackgroundProcesses。

```
    /**
     *使系统立即杀死与给定包相关联的所有后台进程
     *这与内核杀死这些进程以回收内存相同
     *系统将根据需要在将来重新启动这些进程
     *
     *<p>你必须持有许可证
     *{@link android.Manifest.permission#KILL_BACKGROUND_PROCESSES}能够
     *调用这个方法
     *
     *@param packageName 要停止包中的进程
     */
    public void killBackgroundProceses(String packageName){
        try{
            ActivityManagerNative.getDefault().killBackgroundProceses(packageName,
```

```
            UserHandle.myUserId());
    }catch(RemoteException e){
    }
}
```

运行上述代码，得到图 12.17 所示的效果。

图 12.17　内存加速

12.4.3　安装和卸载

在 Android 手机中，软件安装和卸载的方法有很多种，可以使用手机自身的安装程序，也可以使用第三方软件。

在 Android 系统中，安装和卸载软件都会发送广播。当软件安装完成后，系统会发 android.intent.action.PACKAGE_ADDED 广播。可以通过 intent.getDataString()获得所安装的包名。当卸载软件时系统发 android.intent.action.PACKAGE_REMOVED 广播。同样通过 intent.getDataString()获得所卸载的包名。

1. 自定义广播

自定义广播 MyInstalledReceiver 继承自 BroadcastReceiver，实现其 onReceive()方法，具体代码如下。

```
import android.content.BroadcastReceiver;
import android.content.Context;
import android.content.Intent;

public class BootReceiver extends BroadcastReceiver{

    @Override
    public void onReceive(Context context, Intent intent){
        //接收安装广播
        if (intent.getAction().equals("android.intent.action.PACKAGE_ADDED")) {
            String packageName = intent.getDataString();
            System.out.println("安装了:" +packageName + "包名的程序");
        }
        //接收卸载广播
```

```
        if (intent.getAction().equals("android.intent.action.PACKAGE_REMOVED")) {
            String packageName = intent.getDataString();
            System.out.println("卸载了:"  + packageName + "包名的程序");

        }
    }
}
```

2. 注册监听

一般在 Activity 的 onStart()方法中注册监听，在 onDestroy()方法中注销监听（也可以在 onStop()方法中注销，其生命周期在注销时结束）。

```
public void onStart(){
    super.onStart();

    installedReceiver = new MyInstalledReceiver();
    IntentFilter filter = new IntentFilter();

    filter.addAction("android.intent.action.PACKAGE_ADDED");
    filter.addAction("android.intent.action.PACKAGE_REMOVED");
    filter.addDataScheme("package");

    this.registerReceiver(installedReceiver, filter);
}

@Override
public void onDestroy(){
    if(installedReceiver != null) {
        this.unregisterReceiver(installedReceiver);
    }

    super.onDestroy();
}
```

本文以第三方软件卸载 Android 的应用程序为例，得到图 12.18~图 12.21 所示的效果。

图 12.18　软件管理

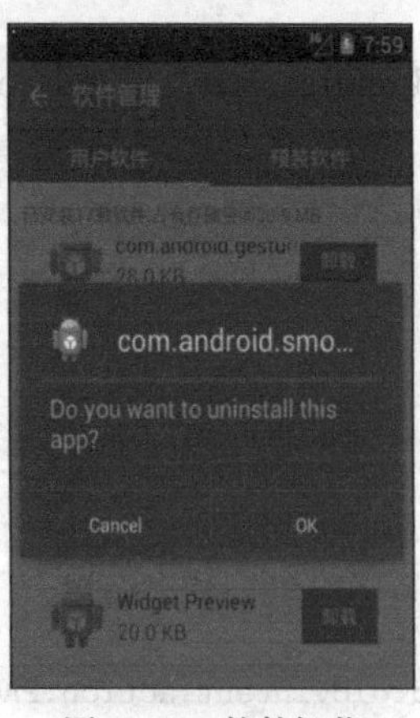

图 12.19　软件卸载

图 12.20　软件卸载中

图 12.21　软件卸载完成

12.5　本章小结

本章主要介绍了 Android 的发展中出现的一些新技术。无论是热补丁、广告拦截、Hybrid 以及手机管理等技术，还是其他新技术，如插件化、Material Design 等，都是对先前 Android 系统的一种完善，并朝着给消费者带来更好体验的方向发展。与此同时，Android 系统也存在许多不足，比如内存碎片化、系统的安全性等。我们也知道将不足加以完善就是发展，同时促使了新技术的诞生。在 Android 的发展中，会出现越来越多的新技术。

习　题

1. 请简述热补丁技术的应用场景。
2. 请简述热补丁技术的原理。
3. 在广告拦截技术中，如何做到对广告插件的准确扫描?
4. Hybird App 和 Native App 比较有什么优缺点?
5. 在第 11 章的案例中，有哪些方面可以应用到 Hybird App 技术?
6. 在 Android 系统下，清除系统垃圾的工作原理是什么?
7. 根据 oom_adj，Android 进程的优先级由低到高依次是哪些?
8. 请查阅相关资料，了解 android oom_adj 的设置流程。
9. 请简述清理后台进程、释放内存的基本思路。

参考文献

[1] Android 官方网站. http://www.android.com/.

[2] 杨丰盛. Android 技术内幕系统卷. 北京：机械工业出版社，2011.

[3] Shane Conder，Lauren Darcey.Android 移动应用开发从入门到精通. 张魏，李卉，译. 北京：人民邮电出版社，2010.

[4] Ed Burnette. Hello Android Introducing Google's Mobile Development Platform,3rd Edition. Pragmatic Bookshelf. 2010.

[5] 谢希仁. 计算机网络（第 5 版）. 北京：电子工业出版社，2010.